ISO 45001:2018
《职业健康安全管理体系　要求及使用指南》
的应用指南

李在卿　编著

中国质检标准出版传媒有限公司
中　国　标　准　出　版　社

北　京

图书在版编目(CIP)数据

ISO 45001:2018《职业健康安全管理体系　要求及使用指南》的应用指南/李在卿编著. —北京：中国标准出版社，2019.5

ISBN 978-7-5066-9220-5

Ⅰ.①I…　Ⅱ.①李…　Ⅲ.①劳动保护—安全管理体系—中国—指南 ②劳动卫生—安全管理体系—中国—指南　Ⅳ.①X92-62 ②R13-62

中国版本图书馆 CIP 数据核字(2019)第 013563 号

中国质量标准出版传媒有限公司
中　国　标　准　出　版　社　出版发行

北京市朝阳区和平里西街甲 2 号(100029)

北京市西城区三里河北街 16 号(100045)

网址:www.spc.net.cn

总编室:(010)68533533　发行中心:(010)51780238

读者服务部:(010)68523946

中国标准出版社秦皇岛印刷厂印刷

各地新华书店经销

*

开本 787×1092　1/16　印张 19　字数 401 千字

2019 年 5 月第一版　　2019 年 5 月第一次印刷

*

定价:66.00 元

前言

职业健康安全管理体系(OHSMS)是20世纪80年代后期在国际上兴起的现代安全生产管理模式，它与ISO 9001和ISO 14001等标准规定的管理体系一并被称为后工业化时代的管理方法。

随着经济发展和工业科技的不断进步，职工的安全健康问题也越来越突出，全球安全生产事故持续增长。据国际劳工组织估计，世界范围内每年约发生2.7亿起职业事故，200万人死于职业事故和与工作相关的疾病，1.6亿人遭受职业病影响，职工的安全健康受到严重威胁。有效做好职业健康安全是企业家的社会责任，也是各国政府关注的重要社会问题。

20世纪90年代后期，为了降低职业健康安全事故，建立规范的管理模式，一些发达国家借鉴ISO 9000认证的成功经验开展了实施职业健康安全管理体系的活动，以保障从业人员的健康安全。从1994年英国标准化协会(BSI)公布了全球第一个OHS(职业健康安全)标准BS8750:1994以来，世界各国发布了多项职业健康安全标准。1995年，ISO正式开展职业健康安全管理体系标准化工作，期间终止过一段时间，2013年再次启动，2018年3月12日正式发布了ISO 45001:2018《职业健康安全管理体系　要求及使用指南》。

ISO 45001是全球首个ISO职业健康安全标准，它将帮助企业通过建立、运行和保持职业健康安全管理体系，为其员工和其他人员提供安全、健康的工作环境，防止发生死亡、工伤和健康问题，并致力于持续改进职业健康安全绩效。

我国作为ISO正式成员国，在职业健康安全标准刚提出之时就非常重视。一直积极参与国际范围的职业健康安全管理体系标准化工作，在国内也积极推动标准的制定和实施。GB/T 28001《职业健康安全管理体系　要求》在我国已经得到17年应用，几十万家企业通过建立职业健康安全管理体系，有效改善了我国的职业健康安全状况。

为了帮助各类组织更好地理解ISO 45001标准的要求，确保标准在我国得到有效实施，全面提升组织案例管理绩效，作者结合近些年在大型企业负责职业健康安全管理的实践，编著了本书。全书共六章：第一章介绍了标准的发展历程；第二章详细解读了ISO 45001标准，从理解要点、应用指南、审核提示进行了详细说明；第三章介绍了依据

ISO 45001 标准建立体系的主要过程的最佳实践；第四章介绍了职业健康安全管理工具；第五章说明如何建设企业安全文化；第六章对我国当前主要的职业健康安全法律法规进行了解读。

本书在编写过程中参阅了部分网站和微信平台上发表的有关 ISO 45001 的培训 PPT 讲义，天润新能的李健伟、刘玉顺、刘晓斌、梁健勇等同事提供了部分案例，在此一并表示感谢。

由于作者水平有限，本书一定存在不少错误，敬请读者批评指正。

李在卿

2018 年 9 月

目录

第一章
概　述

第一节　职业健康安全管理体系标准的发展

国际标准化组织(ISO)于2018年3月12日正式发布了ISO 45001:2018《职业健康安全管理体系　要求及使用指南》(以下简称"ISO 45001"),这意味着经过20多年国际范围共同努力,职业健康安全管理体系的国际标准正式发布。

一、职业健康安全管理体系标准的提出

ISO 9000和ISO 14000系列标准中没有包含职业健康安全的内容。在ISO 9000和ISO 14000系列标准发布和成功实施后,世界范围内更为关注职业健康安全管理体系标准化进程。

1995年ISO正式开展职业健康安全管理体系标准化工作,当时,由中国、美国、英国、德国、日本、澳大利亚、加拿大、瑞士、瑞典以及ILO(国际劳工组织)和WHO(世界卫生组织)代表组成的特别工作组,并于1995年6月15日召开了第一次特别会议,但会上各方观点未能达成一致。

1996年9月5～6日,ISO召开了职业健康安全管理体系标准化研讨会,来自44个国家EY IEC(国际电工委员会)、ILO、WHO等6个国际组织的331名代表。讨论是否将职业健康安全管理体系纳入ISO的标准中,结果会上各方意见分歧较大。

1997年1月,ISO召开TMB(技术管理局)会议做出决定。ISO目前不在职业健康安全管理体系领域开展工作。但ISO始终关注着职业健康安全管理体系标准的需求,后续多次提出制定职业健康安全管理体系标准的议题。

二、其他职业健康安全管理体系标准及我国的实施情况

世界各国均认识到职业健康安全管理体系标准是一种必然趋势,并着手于本国或本地区的职业健康安全管理体系工作。

1996年,英国颁布了《职业健康安全管理体系指南》(BS8800);同年,美国工业卫生协会(AIHI)颁布了《职业健康安全管理体系》的指导文件。

1997年,澳大利亚、新西兰提出了《职业健康安全管理体系原则、体系和技术支持指南》草案;同年,日本工业安全卫生协会(JISHA)提出了《职业健康安全管理体系导则》;挪威船级社(DNV)制定了职业安全卫生管理体系认证标准。

1999 年，国际范围内的数十家标准化组织及相关机构自发成立 OHSAS 项目组，在 1999 年发布了 OHSAS 18001：1999《职业健康安全管理体系规范》，并于 2000 年发布了 OHSAS 18002：2000《职业健康安全管理体系 OHSAS 18001 的实施指南》；2007 年和 2008 年，OHSAS 项目组还对这两项标准做了进一步修订，发布了 OHSAS 18001：2007《职业健康安全管理体系 要求》标准和 OHSAS 18002：2008《职业健康安全管理体系 OHSAS 18001：2007 的实施指南》。

OHSAS 项目组制定的职业健康安全标准在世界范围内具有较大的影响力，目前世界范围内有近 130 个国家基于 OHSAS 18001 标准实施了职业健康安全管理体系。

2001 年 6 月，国际劳工组织（ILO）《职业健康安全管理体系指南》（ILO - OHS：2001）

我国作为 ISO 正式成员国，在职业健康安全标准刚提出之时就非常重视。一直积极参与国际范围的职业健康安全管理体系标准化工作，在国内也积极推动标准制定和实施。

1997 年，中国石油天然气股份有限公司发布《石油天然气体工业健康安全与环境管理体系标准》（EHS）。

1998 年，中国劳动保护科技技术协会提出了《职业健康安全管理体系规范及使用指南》（CSSTLP1001：1998）。

1999 年 10 月，国家经济贸易委员会发布了《职业健康安全管理体系试行标准》，并在国内开展职业健康安全管理体系认证工作。

2001 年，基于 OHSAS 18001：1999 标准，我国制定并颁布了 GB/T 28001—2001《职业健康安全管理体系 规范》；2002 年，基于 OHSAS 18002：2000 标准，制定、颁布了国家标准 GB/T 28002—2002《职业健康安全管理体系 实施指南》；2011 年，基于 OHSAS 18001：2007 标准，我国又重新修订、颁布了 GB/T 28001—2011《职业健康安全管理体系 要求》，基于 OHSAS 18002：2008，修订颁布了 GB/T 28002—2011《职业健康安全管理体系 实施指南》。截至 2017 年底，我国有 92000 多家企业通过了职业健康安全管理体系认证。

第二节 ISO 45001 标准的起草过程

1994 年，英国标准化协会（BSI）公布了全球第一个 OHS（职业健康安全）标准 BS8750：1994；1999 年由 BSI 及少数国家的标准化组织联合发布第一个全球 OHS 管理体系认证标准 OHSAS18001：1999《职业健康安全管理体系 要求》，2007 年进行了修订，中国也参与了该标准 2007 版的制定工作。2013 年国际标准化组织（ISO）成立专门委员会，负责起草 ISO 45001 标准，经过 2014 年 7 月委员会草案（CD 稿）、2016 年 2 月国际标准草案（DIS1 稿）、2017 年 5 月国际标准草案（DIS2 稿）、2017 年 11 月 30 日最终标准草案（FDIS 稿）、2018 年 3 月 12 日正式发布 ISO 45001：2018《职业健康安全管理体系 要求》标准。

标准具体诞生过程如下：

2013 年 3 月，ISO 收到一份关于职业健康安全管理体系(OHSMS)国际标准的新的工作项目建议(NWIP)，同年 6 月进行 ISO 成员组织投票。2013 年 6 月 20 日，ISO 技术管理局(TMB)根据成员组织投票结果做出决定，在 ISO 成立制定 OHSMS 标准的国际标准的项目委员会 PC283。

2013 年 10 月 21～25 日，PC203 在英国伦敦召开第一次全会和工作组(WG)会议，本次会议研讨了 3 个主要工作目标，即评审 PC283 目前的工作范围；批准 PC283 项目计划；产生第一稿的正式的 OHSMS 标准工作草案(WD)。会议经过研讨决定向 TMP 提出扩大 PC283 包括制定标准指南内容工作范围的申请，并确定了 PC283R 3 年项目计划。PC283 基于标准设计规范和"ISO Guider83 High Lever structure, identical core text and comment terms core definitions for use Management Systems Standards"，参考 OHSAS 18001、ILO OHS Guidance、ANSIZ10、AS/NS4801、GB/T 28001、ISO 31000 等相关标准和资料起草了 OHSMS 校样概念性草案(Proof concept draft)，还在本次会议成立了 WG1。

此后，ISO/PC283 和 WG1 多次召开标准制定研讨会，并分阶段形成 CD、DIS 标准稿。

2015 年 11 月，PC283 发布了 ISO/DIS 45001，并于 2016 年 2 月启动投票和征询意见。收到 3000 多条意见，没有获得通过。

2017 年 3 月，PC283 制定了 ISO/DIS 45001.2，并于 2017 年 5 月 19 日～7 月 13 日对标准草案第 2 稿进行投票。2017 年 7 月 16 日，ISO 宣布标准草案第 2 稿获得通过。2017 年 11 月 30 日～2018 年 1 月 25 日，ISO/FDIS 45001 标准投票获得通过。2018 年 3 月12 日，ISO 正式发布了 ISO 45001 标准。

第三节 ISO 45001 标准的基本框架

一、标准的构架

如前所述，与 ISO 9001：2015 和 ISO 14001：2015 标准相同，根据 ISO 的要求 ISO 45001：2018《职业健康安全管理体系 要求及使用指南》，采用了 ISO/IEC 导则规定的标准框架结构。

ISO/IEC 导则规定的标准框架，是国际标准化组织从 2006 年开始，组织所有相关技术委员会(TC)共同参与制定的。在制定这个标准框架过程中，ISO 全面总结了近 20 年来管理体系标准的经验，制定了管理体系标准提升了管理体系标准的合理性和科学性，新的标准框架体现了当代管理科学的最新成果。

ISO 45001 标准采用了导则中的高阶结构以及其他相关要求。新标准由 10 个部分组成：范围、规范性引用文件、术语和定义、组织的环境、领导作用和工作人员参与、策划、支持、运行、绩效评价、改进。

标准采用了 ISO/IEC 确定的"高阶结构"。ISO 45001 与 ISO 9001 和 ISO 14001 的结构对比如表 1－1 所示。

表 1-1 ISO 45001 与 ISO 9001 和 ISO 14001 的结构对比

高级结构	具体条款		
	ISO 45001:2018	ISO 14001:2015	ISO 9001:2015
1 范围	范围	范围	范围
2 规范性引用文件	规范性引用文件	规范性引用文件	规范性引用文件
3 术语和定义	术语和定义	术语和定义	术语和定义
4 组织环境	4.1 理解组织及其所处的环境 4.2 理解员工和其他相关方的需求和期望 4.3 确定职业健康及安全管理体系的范围 4.4 职业健康及安全管理体系	4.1 理解组织及其所处的环境 4.2 理解相关方的需求和期望 4.3 确定环境管理体系的范围 4.4 环境管理体系	4.1 理解组织及其所处环境 4.2 理解相关方的要求和期望 4.3 确定质量管理体系的范围 4.4 质量管理体系及其过程
5 领导作用	5.1 领导作用与承诺 5.2 职业健康安全方针 5.3 组织的岗位、职责和权限 5.4 协商和员工参与	5.1 领导作用与承诺 5.2 环境方针 5.3 组织的岗位、职责和权限	5.1 领导作用和承诺 5.2 方针 5.3 组织的岗位、职责和权限
6 策划	6.1 应对风险和机遇的措施 6.2 职业健康安全目标及其实现的策划	6.1 应对风险和机遇的措施 6.2 环境目标及其实现的策划	6.1 应对风险和机遇的措施 6.2 质量目标及其实现的策划 6.3 变更的策划
7 支持	7.1 资源 7.2 能力 7.3 意识 7.4 信息交流 7.5 文件化信息	7.1 资源 7.2 能力 7.3 意识 7.4 信息交流 7.5 文件化信息	7.1 资源 7.2 能力 7.3 意识 7.4 沟通 7.5 文件化信息
8 运行	8.1 运行策划和控制 8.1.1 总则 8.1.2 消除危险源和降低职业健康与安全风险 8.1.3 变更管理 8.1.4 采购 8.1.4.1 总则 8.1.4.2 承包商 8.1.4.3 外包 8.2 应急准备和响应	8.1 运行策划和控制 8.2 应急准备和响应	8.1 运行策划和控制 8.2 产品和服务的要求 8.3 产品和服务的设计和开发 8.4 外部提供的过程、产品和服务的控制 8.5 生产和服务提供 8.6 产品和服务的放行 8.7 不合格输出的控制

续表

高级结构	具体条款		
	ISO 45001:2018	ISO 14001:2015	ISO 9001:2015
9 绩效评价	9.1 监视、测量、分析和评价 9.2 内部审核 9.3 管理评审	9.1 监视、测量、分析和评价 9.2 内部审核 9.3 管理评审	9.1 监视、测量、分析和评价 9.2 内部审核 9.3 管理评审
10 改进	10.1 总则 10.2 事件,不符合和纠正措施 10.3 持续改进	10.1 总则 10.2 不符合和纠正措施 10.3 持续改进	10.1 总则 10.2 不合格和纠正措施 10.3 持续改进

二、ISO 45001 与 OHSAS 18001 的主要区别

ISO 45001:2018 与 OHSAS 18001:2007 比较,从强调可以用管理体系对职业健康安全进行管理,建立职业健康安全管理体系(OHSMS),到基于创建健康安全的工作环境,建立安全文化。标准按照 ISO 管理体系设计的基本框架,由原来的 5 章扩展为10 章,4~10 章分别为组织所处的环境、领导作用及工作人员参与、策划、支持、运行、绩效评价、改进。ISO 45001 标准与 OHSAS 18001 标准比较主要有 12 个关键变化:

(1)可以和 ISO 9001:2015 及 ISO 14001:2015 标准整合

1)结构上一致,由 17 个条款增加为 40 个条款;

2)术语和定义统一。

(2)更加关注“组织环境”

标准增加此条款的目的在于要求组织从生存和发展的高度,分析组织与职业健康安全管理相关的内部和外部问题,从而全面认识组织的风险和机遇。通过建立和实施职业健康安全管理体系应对相关的风险和机遇,并实现职业健康安全管理体系的预期结果。

理解组织所处的环境是建立、实施、保持和持续改进职业健康安全管理体系的基础。标准中所说的内部和外部问题,对组织及其职业健康安全管理体系而言,可能会导致风险,也会形成机遇。

组织在建立职业健康安全管理体系中要充分理解与上述问题有关的风险和机遇,并策划应对这些风险和机遇的措施。

1)连接组织环境 OHS 管理,融入组织的战略与业务运营流程

职业健康安全管理体系的建立和实施,必须与组织的业务相融合,不能把管理体系的实施和组织的业务脱节。在标准引言中指出:将组织职业健康安全管理体系融入组织的业务过程是职业健康安全管理体系成功实施的关键因素。标准 5.1 要求“确保将职业健康安全管理体系的过程和要求融入组织的业务过程”,标准 6.1.4 要求“将这些措施融入其职业健康安全管理体系过程或其他业务过程,并予以实施”,标准 6.2.2 要求“组织

应确定如何能将实现职业健康目标的措施融入其业务过程”。

2)更加强调相关方

组织要确定利益相关方,明确其需求,并监视和评审需求,有此需求可能成为组织的法定要求。

(3)加强风险管理的管理体系策划,强调基于风险的思维

ISO 45001 标准采用了基于风险的思维,强化了对风险的系统管理,包括理解组织及其所处的环境、确定组织需要应对的风险和机遇、策划应对风险和机遇的措施,对风险进行系统化管理。标准中:

1)增加了“社会心理风险”;

2)增加了“OHS 风险和机遇”;

3)增加“OHSMS 风险和机遇”;

标准 6.1.1 中规定“当需要应对职业健康安全管理体系和其预期结果的风险和机遇时,组织就考虑危险源、职业健康安全风险和其他风险、职业健康安全机遇和其他机遇、法律法规要求和其他要求”。

标准 6.1.4 中要求组织应策划措施以应对这些风险和机遇,并将这些措施融入其职业健康安全管理体系过程或其他业务过程,通过管理体系的运行实施这些措施,并评价这些措施的有效性。这些均体现了对风险的系统化管理的要求。

标准还在 5.1k)、5.2d)、5.4e)、6.1.2.3、6.2.1c)、9.1.1a)、9.3b)中对风险和机遇提出了要求。

(4)强调最高管理者的职责和作用

在 ISO/IEC 导则的高阶结构中增设了“领导作用”一章,体现了“领导作用”在管理体系中的重要地位。

在 ISO 45001 标准引言中指出:实施职业健康安全管理体系是组织的一个重要战略和经营决策。职业健康安全管理体系的成功取决于领导作用、领导的承诺和组织所有各职能和层次的参与。

领导作用在职业健康安全管理体系建立和实施中起着决定性作用,领导的承诺和参与是一个组织职业健康安全管理体系成功的关键。

ISO 45001 标准规定了最高管理层的 13 条职责。例如,最高管理者对防止工作相关的伤害和健康损害,以及提高安全健康的工作场所全面负责并承担总体责任;最高管理者就确保将职业健康安全管理体系要求融入组织的业务过程,确保组织的职业健康安全实现其预期的结果。

(5)体现了建立安全文化的意义

标准在领导作用和承诺中要求最高管理者“在组织内培养、引导和宣传支持职业健康安全管理体系的文化。”这是在相关的职业健康安全管理体系标准中首次提到了文化建设的要求。

(6)增加了“工作人员的协商和参与”

组织建立实施职业健康安全管理体系的目的是防止对员工造成与工作有关的伤害

和健康损害，并提供安全和健康的工作场所。所有组织在建立和实施职业健康安全管理体系的过程中应与各层次和职能的员工进行充分协商，要求员工参与有关工作场所的职业健康安全重要事务。标准 5.4 要求“组织应建立、实施并保持过程，用于在职业健康安全管理体系的建立、策划、实施、绩效评价和改进措施中，与所有适用的层次和职能的员工及员工代表的参与和协商”。

标准还特别强调了非管理岗位员工的协商和参与内容。目的是强调在管理体系策划和实施中听取一线执行工作活动的人员的意见，以便使职业健康安全管理体系更加有效。

(7)增加了“变更管理”要求

标准不仅在 8.1.3 要求“组织应建立一个过程，以实施和控制影响职业健康安全绩效的临时性和永久性的变更”；而且在 4.3.1、4.4.3.2、4.4.6、4.5.3.2 中提出了 9 个有关变更的要求，涉及新的产品、服务和过程的变更，如工作场所、设备设施、工作组织、工作条件、工作强度、法律法规要求的变更。

(8)增加“采购”管理要求

ISO 45001 标准要求组织建立、实施和保持一个或多个过程，用于控制产品和服务的采购以确保他们符合其职业健康安全管理体系。特别要注意，质量管理体系中的采购过程控制的是采购的产品、服务或过程的质量；环境管理体系中的采购过程控制的是与采购的产品、服务或过程相关的环境因素及其对环境的影响；职业健康安全管理体系中的采购过程控制的是与采购的产品和服务相关的危险源及其可能带来的风险。采购过程本身的流程是一样的，但三个管理体系的控制因素是不一样的。

(9)增加“承包商”管理要求

标准要求组织与承包方协商过程，评估和控制 3 种情况的风险，即承包方的活动和运行对组织及其人员的安全健康影响；组织的活动和运行对承包商及其人员的安全健康影响；同一场所内不同承包商的不同活动和运行相互的健康安全影响。总体目标是要求组织确保承包商以及承包商的人员满足组织的职业健康安全管理体系要求。

标准要求组织明确选择承包商的职业健康准则。组织可以在与承包商签订的承包合同中对以上三个方面做出明确的安全健康规定，如签订安全管理协议作为承包合同的补充；也可以通过识别承包商作业活动、承包方可能进入现场的组织的活动或过程、同一作业现场的不同承包商的作业活动的危险源，评价其风险，制定控制措施要求并传递给承包方。

(10)增加“外包”管理要求

由于外包的过程和职能在包含在组织的管理体系之中的，因此相关的危险源和风险的主体责任是组织自己。只是组织由于各种原因委托给组织外部的单位来完成，因此标准要求组织要对外包实施控制，以确保这些过程符合法律法规和其他职业健康相关的要求，并能够实现组织的职业健康安全目标。

由于不同的外包过程涉及的危险源不同，风险程度也不一样，承担外包的外部单位的管理水平和能力也不一样，因此，组织在职业健康安全管理体系中要根据不同的外包情况采取不同的控制措施。

(11)细化了危险源辨识和风险评价的要求

ISO 45001 标准“危险源辨识和风险评价”设置 3 个子条款。在 6.1.2.1“危险源辨识”中，标准要求组织应建立、实施并保持过程，以持续的、主动的进行危险源辨识，并提出应考虑 8 个要求。

在 6.1.2.2“职业健康安全风险和对职业健康安全管理体系的其他风险的评价”中要求组织不仅应从所识别的危险源中评价职业健康安全风险外，还要评价与职业健康安全管理体系的建立、实施有关的风险。这是与 OHSAS 18001 的重大区别。

在 6.1.2.3“职业健康安全机遇和对职业健康安全管理体系的其他机遇的评价”中要求组织除了评价职业健康安全机遇外，还要评价改进职业健康安全管理体系的其他机遇。同样这是与 OHSAS 18001 的重大区别。

(12)细化了运行控制要求

标准从消除风险、采购、运行策划和控制、变更管理、应急准备和响应等方面细化了要求。在消除危险源和降低职业健康安全风险中，提出了采取控制层级的要求，以消除危险源和降低职业健康安全风险。

与 OHSAS 18001 标准相比，ISO 45001 主要增加的要求如表 1－2 所示。

表 1－2 ISO 45001 比 OHSAS 18001 增加的要求

增加的术语	工作人员、参与、协商、承包商、要求、法律法规和其他要求、管理体系、最高管理者、有效性、方针、目标、伤害和健康损害、职业健康机遇、能力、文件化信息、过程、绩效、外包、监视、测量、符合、纠正措施、持续改进	
新增加的条款	在原有相关条款中增加了要求	备注
4.1		
4.2		
4.3		OHSAS 18001 中 4.1 有一句描述范围
5.1		
	5.2d)和 f)	
5.4a)、b)、c)、d)		
6.1.1		
	6.1.2.1a)、b)2)、f)1)	
	6.1.2.2	
6.1.2.3		
6.1.4		
	6.2.1c)	
6.2.2		
	7.3d)、e)、f)	

续表

增加的术语	工作人员、参与、协商、承包商、要求、法律法规和其他要求、管理体系、最高管理者、有效性、方针、目标、伤害和健康损害、职业健康机遇、能力、文件化信息、过程、绩效、外包、监视、测量、符合、纠正措施、持续改进	
新增加的条款	在原有相关条款中增加了要求	备注
7.4.1		
7.5.2		
8.1.1		
8.1.3		
8.1.4		
	8.2.2d)、g)	
	9.3b)3)、d)6	
	10.2d)	
10.3		

三、ISO 45001 的重要思想

ISO 45001 标准体现了以下最新的职业健康安全管理重要思想：

(1)组织对其工作人员和可能被组织活动影响的相关方人员的职业健康安全负有责任，而且这种责任还包括提升和保护他们的身体和精神健康；

(2)职业健康安全管理体系的预期结果是防止工作人员的人身伤害和健康损害，为工作人员提供安全健康的工作场所；

(3)建立符合标准的职业健康安全管理体系，能够使组织职业健康安全风险，提升职业健康安全绩效；

(4)实施职业健康安全管理体系是组织的战略和运营决策。组织要建立与其总体战略目标和方向相适应的清晰的职业健康安全方针；

(5)职业健康安全管理体系的成功取决于组织各个层次和职能的领导作用、承诺和参与。最高管理层发展、领导和促进组织中支持职业健康安全管理体系预期文化的结果。最高管理者对职业健康安全管理体系承担最终责任；

(6)组织应将职业健康安全管理体系整合到组织的业务过程中，并将职业健康安全体系与健康安全的其他因素相融合；

(7)职业健康安全管理体系的方法是基于策划、实施、检查、改进的 PDCA 循环；

(8)组织要确定与其宗旨相关的并影响职业健康安全管理体系实现其预期能力的外部和内部问题；

(9)组织要理解工作人员和其他相关方的需求和期望，并在确定方针、制定应对风险控制措施时考虑相关方的需求和期望；

（10）组织在发展、策划、实施、绩效评价和采取措施以改进职业健康安全管理体系时，组织应建立、实施和保持各层级和职能的工作人员以及员工代表的协商和参与过程；

（11）组织应建立、实施和保持采购过程，以控制产品和服务采购，确保其符合职业健康安全管理体系要求；

（12）组织应促进支持职业健康安全管理体系的文化建设。

四、ISO 45001 标准的基本要求

标准的基本要求如表 1－3 所示。

表 1－3　ISO 45001 中的基本要求

需要建立过程的条款	需要准则的条款	需要沟通和条款	需要文件化信息的条款	需要控制变更的条款	需要确定的条款	需要考虑法律法规要求的条款
4.4	6.1.2.2b)	5.1e)	5.2	6.1.1	4.1	4.2c)
5.4	8.1.1	5.2	5.3	6.1.2.1g）和 h)	4.2	5.2c)
6.1.2.1	8.1.4.2	5.3	6.1.1	6.2.1f)	4.3	6.1.1
6.1.2.2	9.1.1	5.4e)	6.1.2.2	7.5.3	6.2.2	6.1.3
6.1.2.3	9.2.2	6.1.3	6.1.3	8.1.3	9.1.1	
6.1.3		6.2.1e)	6.2.2	9.3		
7.4.1		7.4.1	7.1d)	10.2e)		
8.1.1		7.4.3	7.4.1			
8.1.2		8.2	7.5			
8.1.3		9.1.1	8.1.1			
8.1.4.1		9.3	8.2			
8.1.4.2		10.2	9.1.1			
9.1.1		10.3d)	9.1.2			
9.1.2			9.2.2			
10.2			9.3			
			10.2			
			10.3e)			

第四节　标准换版及认证转换基本要求

标准有三年转换期，图 1－1 给出了国际认可论坛（IAF）和 ISO 有关管理体系转换的

时间安排，组织主要做好以下工作：

(1)获取标准，组织标准培训、理解标准要求；

(2)评审组织现有职业健康安全管理体系与新标准的差异，识别转换重点；

(3)制定实施计划，做好标准转换的策划，特别是文件策划；

(4)修订管理体系文件；

(5)按照新标准要求，识别组织内外环境、识别并确认相关方的需求和期望、重新做好危险源辨识和风险评价、评估组织的风险和机遇、策划风险和机遇应对措施、策划实现目标的措施、规范承包方和外包过程管理、开展相关的沟通、组织员工参与和协商相关活动、运行新建立的管理体系以验证对风险的控制情况；提升所有相关方的意识；

(6)依据新标准开展合规性评价、绩效监视测量、内部审核和管理评审；

(7)与认证机构联系，申请转换认证。

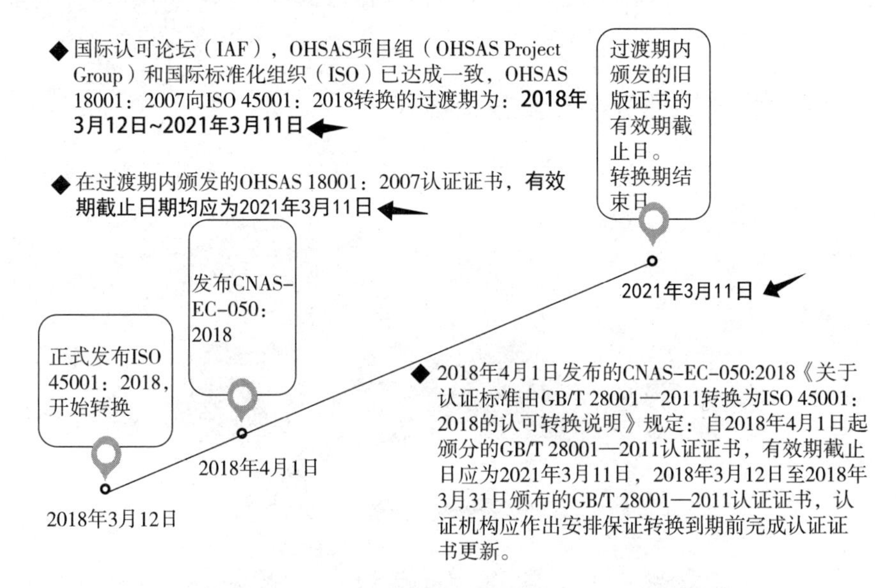

图 1-1 IAF 和 ISO 有关体系转换的时间安排

第二章
ISO 45001:2018 标准条文理解

第一节 标准整体概述

ISO 45001 是全球首个 ISO 职业健康安全标准，它将帮助企业为其员工和其他人员提供安全、健康的工作环境，防止发生死亡、工伤和健康问题，并致力于持续改进职业健康安全绩效。

一、基于过程的职业健康安全管理模式

标准由过去的要素模式修改为过程模式，图 2－1 和图 2－2 给出了 ISO 45001 标准基于过程的职业健康安全管理模式。

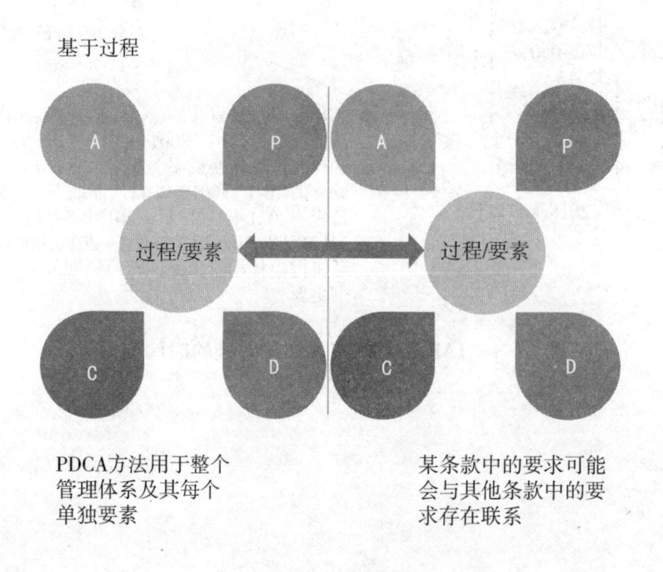

图 2－1 基于过程

二、ISO 45001 标准条款与 OHSAS 18001 标准条款对照

ISO 45001 共 10 章，表 2－1 列出了 ISO 45001 与 OHSAS 18001 的条文对照关系。

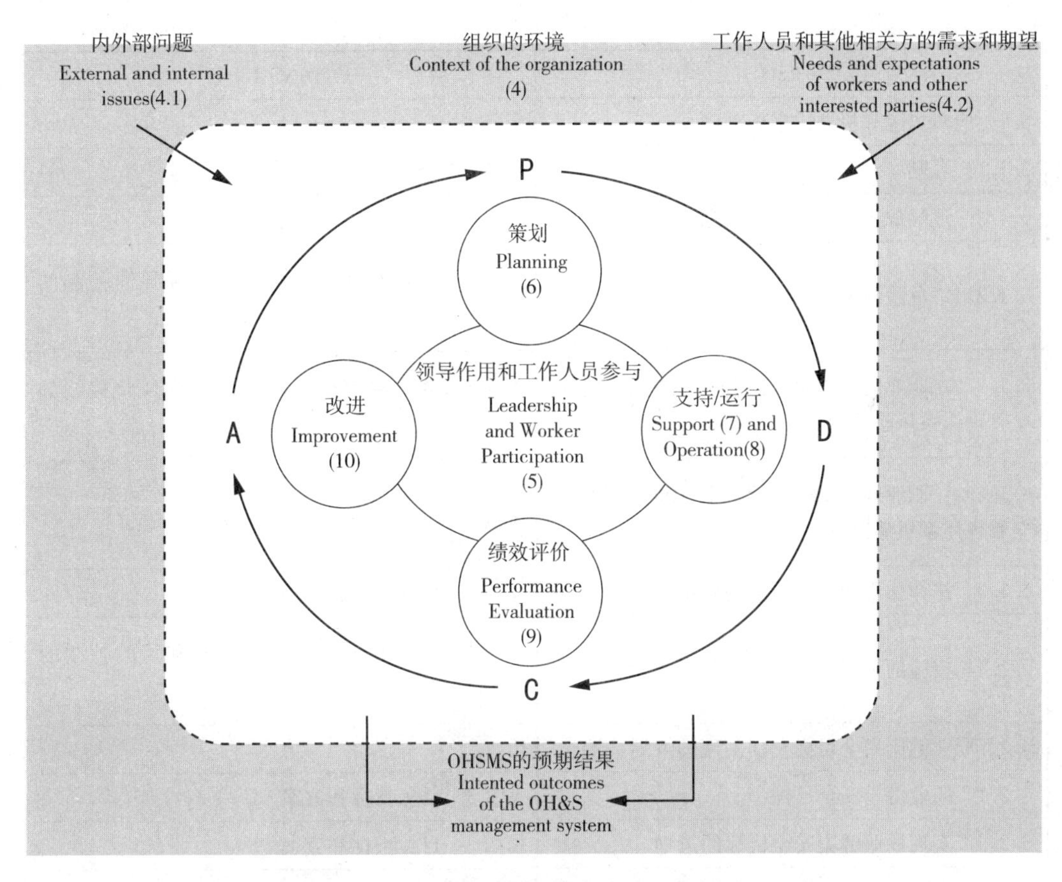

图 2-2 ISO 45001 的职业健康安全管理模式

表 2-1 ISO 45001 与 OHSAS 18001 条文对照

ISO 45001	OHSAS 18001
4 组织的环境	
4.1 理解组织所处的环境	新增
4.2 理解工作人员和其他相关方的需求和期望	新增
4.3 确定职业健康安全管理体系范围	4.1 总要求
4.4 职业健康安全管理体系	4.1 总要求
5 领导作用和工作人员的参与	突出要求
5.1 领导作用和承诺	4.4.1 资源、作用、职责、责任和权限
5.2 职业健康安全方针	5.2 职业健康安全方针
5.3 组织的角色、职责和权限	4.4.1 资源、作用、职责、责任和权限
5.4 工作人员的协商和参与	4.4.3 沟通、参与和协商 4.4.3.2 参与和协商
6 策划	

续表

ISO 45001	OHSAS 18001
6.1 应对风险和机遇的措施	
6.1.1 总则	
6.1.2 危险源辨识和风险与机遇的评价	
6.1.2.1 危险源辨识	4.3.1 危险源辨识和风险评价和风险控制的策划
6.1.2.2 职业健康安全风险和其他职业健康安全管理体系风险评价	4.3.1 危险源辨识和风险评价和风险控制的策划
6.1.2.3 职业健康安全机遇和其他职业健康安全管理体系机遇评价	新增
6.1.3 法律法规和其他要求的确定	4.3.2 法律法规和其他要求
6.1.4 措施的策划	4.3.1 危险源辨识和风险评价和风险控制的策划
6.2 职业健康安全目标及其实现的策划	
6.2.1 职业健康安全目标	4.3.3 目标指标和方案
6.2.2 实现职业健康安全目标的策划	4.3.3 目标指标和方案
7 支持	
7.1 资源	4.4.1 资源、作用、职责、责任和权限
7.2 能力	4.4.2 能力、培训和意识
7.3 意识	4.4.2 能力、培训和意识
7.4 沟通	
7.4.1 总则	4.4.3 沟通、参与和协商 4.4.3.1 沟通
7.4.2 内部沟通	4.4.3 沟通、参与和协商 4.4.3.1 沟通
7.4.3 外部沟通	4.4.3 沟通、参与和协商 4.4.3.1 沟通
7.5 文件化信息	
7.5.1 总则	4.4.4 文件
7.5.2 创建和更新	4.4.5 文件控制 4.5.4 记录控制

续表

ISO 45001	OHSAS 18001
7.5.3 文件化和信息的控制	4.4.5 文件控制 4.5.4 记录控制
8 运行	
8.1 运行策划和控制	4.4.6 运行控制
8.1.1 总则	
8.1.2 消除危险源和减低职业健康安全风险	4.3.1 危险源辨识和风险评价和风险控制的策划
8.1.3 变更管理	4.3.1 危险源辨识和风险评价和风险控制的策划
8.1.4 采购	4.4.6 运行控制 突出要求
8.1.4.1 总则	
8.1.4.2 承包商	
8.1.4.3 外包	
8.2 应急准备和响应	4.4.7 应急准备和响应
9 绩效评价	
9.1 监视、测量、分析和绩效评价	
9.1.1 总则	4.5.1 绩效测量和监视
9.1.2 合规性评价	4.5.2 合规性评价
9.2 内部审核	
9.2.1 总则	4.5.5 内部审核
9.2.2 内部审核方案	4.5.5 内部审核
9.3 管理评审	4.6 管理评审
10 改进	
10.1 总则	
10.2 事件、不符合和纠正措施	4.5.3 事件调查\不符合\纠正和预防措施
10.3 持续改进	

第二节 名词术语

本标准共给出了 37 个术语的定义，以下只对部分重点或难点的术语进行解释。

一、相关方 interested party

能够影响决策或活动、受决策或活动所影响，或感觉自身受到决策或活动影响的个人或组织。本标准规定了与员工有关的要求，员工也属于相关方。

从本定义可知，在职业健康安全管理体系中的相关方包括 3 类：一类是能够影响决策和活动的个人和组织，如股东和政府；第二类是受决策或活动所影响的个人和组织，如员工和供方；第三类是感觉自身受到决策或活动影响的个人或组织，如社区和顾客。

二、员工 worker

或译为“工作人员”，指在组织控制下从事工作或与工作相关活动的人员。

人员在不同的安排方式下从事有偿的或无偿的工作相关的活动，例如定期的或临时的，间歇性的或季节性的，偶尔的或兼职的。员工包括最高管理者，管理人员和非管理人员。在组织控制下从事工作或与工作相关的活动的可以是组织所雇佣的员工，或是其他人员，包括来自外部供方的员工、承包商的员工、个人，也包括组织对派遣员工有一定控制程度的情形。简单地说本标准中涉及的工作人员既包括与本组织有正式劳动关系的人员，也包括来自外部的在组织控制下代表组织工作的相关方的人员。标准中特别强调了非管理人员参与和协商的要求。在本书中统一按“员工”表述。

三、参与 participation

涉及决策，指员工参加职业健康安全管理体系的决策过程。

组织在决策之前向员工征求意见的过程。参与包括加入职业健康安全委员会和工作人员代表。

四、工作场所 workplace

在组织的控制下、且人员出于工作目的的需要、处在或前往的地点。

组织在职业健康安全管理体系中对工作场所的职责取决于对工作场所的控制程度。

五、承包商 contractor

按照约定的规定、条款和条件在一个工作场所向本组织提供服务的外部组织。

服务可以包括在其他的活动中的建造活动。

六、目标 objective

实现的结果。

目标可能是战略性的、战术性的或操作层面的。目标可能涉及不同的领域(例如,财务、健康与安全以及环境目标),并能够应用于不同层面(例如,战略的、组织整体的、项目的、产品和过程的)。目标可能以其他方式表达,例如,预期结果、目的、运行准则、职业健康安全目标,或使用其他意思相近的词语(例如,目的、指标)等表达。

七、人身伤害和健康损害 injury and ill health

对人的身体、精神或认知状况造成的不良影响。

这些状况可包括职业病、疾病和死亡。人身伤害和健康损害意指存在人身伤害或者健康损害,单独或二者的结合。

八、危险源 hazard

可能导致人身伤害和健康损害的根源或状态。

危险源可能包括潜在导致伤害或者有害情况的根源,或者潜在暴露于导致人身伤害或健康损害的情况。

九、风险 risk

不确定性的影响。

影响是指偏离预期,可以是正面的或负面的。

不确定性是一种对某个事件,甚至是局部的结果或可能性缺乏理解或知识方面的信息的情形。

通常是通过有关可能事件(GB/T 23694—2013 中的定义,4.5.1.3)和后果(GB/T 23694—2013 中的定义,4.6.1.3)或两者组合来描述其特性的。通常风险是以某个事件的后果(包括情况的变化)及其发生的可能性(GB/T 23694—2013 中的定义,4.6.1.1)的组合来表述。

十、职业健康安全风险 occupational health and safety risk; OH&S risk

发生危险事件或有害暴露的可能性与随之引发的人身伤害或健康损害的严重性的组合。

十一、职业健康安全机遇 occupational health and safety opportunity; OH&S opportunity

可以改善职业健康安全绩效的情形或一系列情形。

十二、外包 outsource(verb)

安排外部组织承担组织的部分职能或过程。

虽然外包的职能或过程是在组织的管理体系覆盖范围内，但是外部组织是处在覆盖范围之外。

ISO 45001 标准中涉及采购过程的术语主要有“承包商”和“外包”。承包商是组织相关方的一类，是供方的一种，是指依据双方通过协商达成一致的条件或条款、协议等约定向组织提供服务的外部组织。本标准中明确了承包方提供的是服务，但服务可以单独存在，如给组织建造厂房的建筑施工企业；也可以是提供产品的后续服务，如提供设备的供方给组织进行设备安装和定期维护检修。承包方的过程不包含在组织的职业健康安全管理体系中。外包是动词，是一个过程，是组织将组织的生产服务或管理等过程或职能安排给外部组织完成，外部组织处在组织管理体系覆盖范围之外，但外包的职能或过程包含在组织的管理体系范围之内。

十三、事件 incident

因工作或在工作过程中引发的可能或已经造成了人身伤害和健康损害的情况。

事故是已经发生了人身伤害和健康损害的事件。

未发生但有可能造成人身伤害和健康损害的事件通常称为“未遂事件”，在英文中也可称为“near-miss”“near-hit”或“close call”。

尽管一个事件可能存在一个或多个不符合，但没有不符合时也可能发生事件。

十四、监视 monitoring

确定体系、过程或活动的状态。

确定状态可能需要检查、监督或密切观察。

第三节 标准第4章解读

4 组织所处的环境

4.1 理解组织及其所处的环境

组织应确定与其宗旨相关并影响其实现职业健康安全管理体系预期结果的能力的外部和内部问题。

理解要点

1. 定义

组织的环境：对组织建立和实现目标的方法有影响的内部和外部因素及其组合。

2. 分类

组织所处的环境分为外部环境（本标准所称的“外部问题”）和内部环境（本标准所称的“内部问题”）：

(1)组织的外部环境包括:宏观环境和微观环境,宏观环境又包括:政治环境、经济环境、技术环境、社会文化环境、自然环境以及相关方的影响;微观环境又包括市场需求、竞争环境、资源环境等。

1)政治环境:指地缘政治、社会制度、历史纠葛、国际关系;

2)经济环境:指社会经济状况和国家经济政策;

3)技术环境:指技术水平、技术政策、新产品开发能力、技术发展动向;

4)社会文化环境:指社会结构、社会风俗习惯、信仰和价值观念、行为规范、生活方式、文化传统、人口规模、地理分布。

组织所处的外部环境具有以下特征:波动性、不可控性、差异性。

(2)组织的内部环境是指管理的具体工作环境。包括物理环境、心理环境、文化环境。

1)物理环境:指工作地点和空气、光线和照明、声音、色彩;

2)心理环境:对人的一切活动发生影响的环境事实;

3)文化环境:包括组织的宗旨、愿景、管理方针、员工的教育、培训、工作生活气氛、道德、心理习惯以及价值观和道德水准;

4)过程运行环境:过程运行和实现产品及服务符合性所需环境,包括物理的、社会的、心理的环境和其他环境。

3. 关系与作用

(1)组织的内外环境相互依存转化。组织的外部环境直接影响组织的内部环境;

(2)组织环境对组织的形成、发展、壮大有着重大影响。

4. 性质

组织的环境具有以下性质:

(1)客观性:组织环境都是客观存在的,不随组织中管理者及其员工的主观意志为转移,并客观制约着组织的活动;

(2)系统性:组织环境是由与组织相关的各种外部事物和条件相互有机联系所组成的整体,是一个系统;

(3)动态性:组织环境的各种因素是不断变化的,各种组织环境因素又在不断变化地重新组合,不断形成新的组织环境;

(4)复杂性:组织的政治环境、经济环境、技术环境、社会文化环境、自然环境、相关方影响及市场需求、竞争环境、资源环境、行业性质、竞争者状况、消费者、供应商、中间商、员工及其他社会利益集团相关方及其不断变化的环境决定了组织环境的复杂性。

5. 确定与职业健康安全相关的内外部环境("内外部问题")

在其他两个标准(ISO 9001 和 ISO 14001)的理解交流时,我们对这个新条款进行过全面讲解,这是管理体系标准统一的要求。考虑的内外环境的范围,以及使用的分析方法都是一样的。只是基于本标准,我们在分析组织所处的环境时,要从职业健康安全角度来考虑。

标准要组织“确定”组织面临的与职业健康有关的内部和外部问题。但对问题通过两个定语做了限制，也就是不能漫无边际地谈组织的所有问题，一是要与组织的“宗旨”相关，宗旨在组织的章程中有描述，体现在组织的方针、愿景、使命和战略中；二是与“能力”有关，且限定为可能会影响组织的职业健康安全管理体系实现预期结果的能力。职业健康管理体系的预期结果是“防止工作人员的人身伤害和健康损害，为工作人员提供安全健康的工作场所”，因此凡是与员工人身伤害和健康损害有关、与安全健康的工作场所有关的内外问题组织是要确定的。

例如，与职业健康安全有关的内部事项可以包括：组织治理、组织结构、岗位和职责；方针目标及其实现策略；资源、知识和技能（资金、时间、人力资源、过程、体系和技术）；信息系统、信息流和决策过程；引入新的产品、材料、服务、工具、软件、场所和设备；组织的文化；组织采用的标准、指南和模式；合同关系的形式和程度、工作条件以及与上述有关的任何变化。与职业健康安全有关的外部问题可以包括：国际、国内、区域或当地的文化、社会、政治、法律、财务、技术、经济、自然环境以及市场竞争情况；新引入的竞争对手、承包方、分包方、供方、合作伙伴、供应商；与职业健康有关的新技术、新工艺、新材料；有关产品的新知识及对健康安全的影响；与行业有关的对组织具有影响的关键驱动因素和趋势；与外部相关方的关系以及外部相关方的观念和价值观以及与上述有关的任何变化。

确定与职业健康安全相关的内外部环境时，一要确定分析的维度，外部问题的维度有：社会、文化、政策、法规、技术、经济、自然边界、竞争环境、同业水平、承包商和供应商等；内部问题的维度有：组织结构、资源、策略方向、供应链、能力（人员、技术、流程、体系）、IT 技术（如组织设门禁卡，需要在程序中设定不同人可以进入的区域）、员工关系与劳动合同、外包管理、工作条件等。二要选择合适的方法，如分析职业健康外部环境或用 PESTLE 分析模型进行分析：政治因素（Political）如政治体制、国家政策、规划、决定对安全健康的要求；经济因素（Economy）如行业趋势、投资环境；社会因素（Social）如企业形象、劳工就业、地区安全期望；技术因素（Tech）如新安全技术发展、人员能力、同业比较；法律因素（Legal）如国际公约、国家法律法规、环境因素（Environ）如自然环境、工作环境等。

确定的结果可以形成一张由“部门、维度、问题和影响”四列组成的表，尽管标准没有要求，如果这样做到了对组织建立整个体系时在考虑内外环境的要求时都会发挥很好的作用。

应用指南

1. 可以在组织编制《职业健康安全 3 年专项发展战略》的“内外环境洞察”中分析组织面临的与职业健康安全有关的内外环境。说明法律法规要求、相关安全健康政策、国家专项规划、劳动力市场及劳动力特征、同行业遇到的问题及好的实践、同行业发生的安全事故和职业病分析报告、安全健康风险防范技术、承包方要求等外部问题以及组织现行安全制度、组织结构特别是安全管理机构和人员配置、过往发生的职业健康安全事故、组织的员工变化、组织生产作业条件变化。采用 SWOT 方法确定风险、机遇及优势和劣势。作为建立职业健康安全管理体系建立的重要输入。

2. 也可以专门针对依据本标准建立或转换体系进行内外环境的分析。形成包括以下表示内容的专项分析报告。表2-2给出了分析报告中"问题分析清单"的格式主要内容要求的表式。

表2-2 组织与职业健康安全有关的内外问题分析清单

部门或业务单元	维度	问题	对组织实现预期结果的影响
	分别从外部(如法律环境、市场环境)和内部(如组织结构、人员状况)确定几个维度	说明内外环境状况特别是变化情况	说明对组织职业健康安全的影响
如:基建部	外部环境/法律法规	《中华人民共和国安全生产法》要求在新建厂房前要进行项目的安全设施和职业卫生"预评价"和做到安全健康设施与主体工程建设要做到"三同时"。过去是由政府部门审批预评价报告并组织验收、现在政策改为在安监部门备案制并自评验收	强化了公司作为安全主体的法律责任
⋮	⋮	⋮	⋮

审核提示

1. 审核思路

由于不同的组织面临的内外部环境不完全相同,且可以采用不同的方法来识别监视和评审这些内外部因素。因此,对本条款的审核,可从以下方面展开:

(1)与最高管理者交谈,了解组织对目前所处的内外环境及其变化的认识,并结合自己在审核前收集的相关信息评价组织对所处的内外环境的识别和对组织的定位是否充分和准确?

(2)与最高管理者交谈并对职业健康安全管理体系形成文件的信息进行评审,了解组织是如何结合其所处的内外环境策划、运行和保持职业健康安全管理体系的?是否将对组织的环境和所确定的变化的因素的信息作为策划和变更管理体系的输入?形成文件的信息的职业健康安全管理体系是否充分体现了组织的特点和实际,能够从根本上确保职业健康安全管理体系与组织真正共处于一个经营环境之中,而不是照搬标准条文?

(3)现场对各过程的审核,了解组织在过程策划、应对风险的措施确定、监视和测量、内部审核、管理评审中始终关注组织内外环境的变化,并及时根据监视和评审的结果,实施必要的"变更",以确保组织的职业健康安全管理体系能够动态地适应组织内外环境的变化?

(4)在管理体系审核报告中要对组织对所处的环境的识别、监视和评审情况进行描述和评价。对组织的职业健康安全管理体系与其环境的适宜性进行说明。

2. 审核准备

为了有效完成上述审核活动，审核前要做好以下准备工作：

(1)在审核策划阶段对组织所处的环境要尽可能细致地了解；

(2)要编制个性化的审核方案；

(3)获取组织适当的文件化信息以策划对组织的审核；

(4)要基于过程实施审核；

(5)审核报告要体现更加关注结果，体现技术评价的价值。

4.2 理解员工及其他相关方的需求和期望

组织应确定：

a)除了员工以外，与职业健康安全管理体系有关的其他相关方；

b)员工及其他相关方的需求和期望(即要求)；

c)这些需求和期望中哪些是或可能成为适用的法律法规要求和其他要求。

注：确定管理类员工和非管理类员工不同的需求和期望是很重要的。

理解要点

1. 定义

相关方是指可影响决策或活动，或受决策和活动所影响，或他自己感觉到受决策或活动所影响的个人或组织。如立法机构和监管机构、上级组织、顾客、所有者、组织内的员工、供方、银行、监督者、工会、合作伙伴、医疗和社区服务机构、消防等应急机构、媒体、学术研究及教育机构、非政府组织(NGO_S)、职业健康安全组织和职业健康安全护理专业人员以及包括竞争对手或反压力集团的社会团体。

2. 这一条与其他两个管理体系标准整体要求和出发点一样，但具体要求有些区别，标准一是要求组织要确定除本组织的工作人员以外的其他与职业健康安全管理体系有关的其他相关方有哪些，如顾客、股东、供方和承包方、社会等；二是要确定这些相关方有哪些与职业健康安全有关的需求和期望；三是要确定这些需求和期望中哪些可以作为组织职业健康安全管理体系的要求(包括法律法规要求和其他要求)。表 2－3 给出了某企业确定的相关方的需求和期望。

表 2－3 某企业确定的相关方的需求和期望

相关方	需求和期望
顾客	产品、服务的质量、价格和交付
所有者/股东/投资方	持续的盈利能力 投资回报率 透明度
员工	良好的工作环境 职业安全感 得到承认和奖励

续表

相关方	需求和期望
工会代表	需要协作的政策、立场
组织周边邻居/社区	期望组织的绩效是社会上可接受的(或具有社会责任的),组织是诚实和正直的
供方和合作伙伴	互惠和连续性
非政府组织	期望合作,以满足其特定的目标
法规执行者/社会	遵守法律法规要求 满足许可制度要求 保护环境、资源 遵守道德行为

3. 有些需求是强制性的,已经纳入法律法规。对于其他需求和期望,组织可决定自愿同意或采用(例如签署《自愿性倡议》),一旦组织确定采用,在策划和建立职业健康安全管理体系时就要予以应对。确定的结果也可以形成一张由"相关方、需求、影响、要求"4个维度组成的清单,尽管标准没有要求,如果这样做到了对组织建立整个体系时在考虑相关方的需求和期望时能够发挥很好的作用。

应用指南

由组织的安全管理部门组织进行专项调查分析并填写表2-4相关方的需求及是否作为法定和其他要求确认。

表2-4 相关方的职业健康安全需求与期望及是否作为要求确认

相关方	对职业健康安全的需求与期望	对组织职业健康安全绩效和职业健康安全体系的影响	是否应作为组织的法定要求或其他要求	拟定在哪个过程做出安排
例:风资源测定和微观选址技术人员	配备专门的劳动防护用品,以防止在现场工作时受到伤害	如果不配备专用防护用品,相关技术人员在现场作业时可能会摔伤、中暑、冻伤、被毒蛇咬伤等,影响公司职业健康安全绩效,也没有满足体系要求会针对相关风险采取对应措施(防护)的要求	安全生产法及劳动法均有给劳动者配备适当防护用品的要求,应当作为法定要求	在《劳动防护用品管理办法》和《风风资源测定和风机机位微观选址作业安全管理规定》中做出具体安排
⋮	⋮	⋮	⋮	⋮

审核提示

通过与最高管理者沟通,对组织职业健康安全管理体系形成文件的信息进行评审,与组织管理体系策划部门、安全监管部门、人力资源部门、对外关系或市场部门、采购部门负责人进行沟通,对以下内容进行审核:

(1)组织确定了哪些对除员工外的其他相关方？他们有什么需求和期望？哪些可以转化为要求的？

(2)是如何将其纳入职业健康安全管理体系，并作为建立和运行管理体系的输入？

4.3　确定职业健康安全管理体系的范围

组织应确定职业健康安全管理体系的边界和适用性，以界定其范围。

确定范围时组织应：

a)考虑4.1所提及的内、外部问题；

b)必须考虑4.2所提及的要求；

c)必须考虑策划的或执行的与工作相关的活动。

职业健康安全管理体系范围应包括在组织控制下的或在其影响范围内的可能影响组织职业健康安全绩效的活动、产品和服务。

应保持范围的文件化信息，并可获取。

理解要点

1. 组织的特定部分是一个完整的OHSMS，其最高管理者对该部分有完整的管理权限，且拥有调配资源的权力。

2. 确定组织的OHSMS边界时，首先要确定组织控制下的与组织产品实现和服务提供相关的活动，不能将组织管理权限内的、与OHSMS风险相关的活动排除在外；识别外包活动的控制类型和程度，以确定组织的管理权限是否延伸至外包组织；其次，要确定组织控制下的活动分布场所，特别是组织不直接管理的场所(固定的、临时的、流动的)。

3. 确定组织OHSMS范围要考虑4个方面：内外部问题、员工及相关方要求、与工作有关的活动、在组织控制下或在组织影响范围内可能影响职业健康安全活动的活动、产品和服务。其中在组织控制下活动如外包过程；在组织影响范围内可能影响职业健康安全活动的活动指不受组织控制但在工作场所附近发生的、可能对工作场所中的人员造成人身伤害和健康损害的情况，如组织围墙外有一座加油站紧邻组织办公楼，一旦发生火灾可能对组织的员工造成伤害。

4. 组织确定的职业健康安全管理体系范围要形成文件。

审核提示

1. 审核时确定审核范围及认证范围时，一是依据组织确定的OHSMS范围；二是要明确特定时间范围。要考虑：组织各过程的活动、承担职能的组织单元、固定场所、临时场所、外包组织的活动、组织的倒班活动。

2. 体系范围、审核范围和认证范围可能不完全一致。

4.4　职业健康安全管理体系

组织应根据本标准的要求建立、实施、保持并持续改进职业健康安全管理体系，包括依据本标准要求所需的过程及其相互作用。

职业健康管理体系的目的是为管理职业健康安全风险和机遇提供框架。目标和预期结果是防止发生与工作有关的工作人员伤害和健康损害，并提供安全健康的工作场所。组织通过依据本标准建立、实施、保持并持续改进职业健康安全管理体系能够改进组织的职业健康安全绩效。

第四节　标准第5章解读

5　领导作用与员工参与

5.1　领导作用与承诺

最高管理者应通过下述方面证实其在职业健康安全管理体系方面的领导作用和承诺：

a)对防止工作相关的人身伤害和健康损害，以及提供安全健康的工作场所承担全面职责和责任；

b)确保建立职业健康安全方针和相关的目标，并确保其与组织的战略方向相一致；

c)确保将职业健康安全管理体系的过程和要求融入组织的业务过程；

d)确保可获得建立、实施、保持和改进职业健康安全管理体系所需的资源；

e)就有效职业健康安全管理以及符合职业健康安全要求的重要性进行沟通；

f)确保职业健康安全管理体系实现其预期结果；

g)指导并支持员工对职业健康安全管理体系的有效性做出贡献；

h)确保促进持续改进；

i)支持其他相关管理人员在其职责范围内证实其领导作用；

j)在组织内培养、引导和宣传支持职业健康安全管理体系的文化；

k)保护工作人员在报告事件、危险源、风险和机遇时不受报复；

l)确保组织建立和实施工作人员协商和参与的过程；

m)支持健康和安全委员会的建立和运作。

注：本标准所提及的“业务”可从广义上理解为涉及组织存在宗旨的那些核心活动。

理解要点

1. 来自组织最高管理者的领导作用和承诺，包括意识、响应、积极的支持和反馈，对于OHSMS的成功是极其重要的，因此，最高管理者有特殊的责任需要亲自参与或指导。

2. 一个支持组织的职业健康安全管理体系的文化很大程度上取决于最高管理者，并且是个人与集体价值观、态度、管理实践、观念、能力和活动模式的产物，这些决定其OHSMS的承诺、风格和熟悉程度。其具有但不限于工作人员的积极参与、建立在相互信任基础上的合作沟通、通过积极参与发现OHSMS机遇分享OHSMS重要性的观点以及信任预防和保护措施的有效性的特征。最高管理者展示领导作用一个重要方法是鼓励工作人员报告事件、危险源、风险和机遇，并保护工作人员免受诸如威胁解雇惩罚措施的报复。

3. 标准规定了最高管理者13项作用和承诺要求，以下7方面要重点关注：

(1)最高管理者对组织的职业健康安全承担全面责任；

(2)职业健康安全方针和目标要与组织的战略方向相一致；

(3)组织要将职业健康安全目标融入组织的业务过程；不能搞两张皮，可以与其他体系进行有机融合；

(4)要做好职业健康安全文化建设；文化建设有从有利于实现职业健康安全预期结果出发，从培育、引导和推进发力；

(5)要保护工作人员在报告事件、危险源、风险和机遇时不受打击报复；可以越级汇报，让领导及时获取真实信息；

(6)支持组织健康安全委员会的建立和运作；

(7)确保工作人员参与和协商职业健康安全相关的工作。

4. 有关战略、文化建设作者在本书后面的专门章节做了介绍。

实施指南

通过亲自参与和指导以下活动体现领导作用：

(1)通过发布职业健康安全管理职责明确董事长、总经理、其他高级管理人员、职能部门的安全健康职责；真正做到"一岗双责"；

(2)成立组织的健康安全委员会，明确责任和运作机制；

(3)倡导并带头践行安全文化；

(4)参与管理体系策划，使职业健康安全管理融入组织的业务过程；

(5)通过会议、宣传、培训、内部沟通、座谈提升全员职业健康安全意识；

(6)在公司的总体战略中并专门编制职业健康安全专项战略，基于组织内外环境，明确组织的职业健康安全方向、目标及战略措施；并定期进行战略检讨；

(7)保护安全管理人员，支持他们的工作，避免在他们在履行职责、在报告事件、危险源、风险和机遇时受到报复。

审核提示

至少要安排半天的时间与最高管理者沟通交流，通过谈话获得其对履行职业健康安全管理职责的认识及所采取的行动，帮助他总结最佳实践，识别还有待改善的空间，并提出建议。同时在组织的安全健康管理职能部门获得相关证据。

5.2 职业健康安全方针

最高管理者应建立、实施并保持职业健康安全方针，方针应：

a)包括为预防工作相关的人身伤害和健康损害提供安全健康的工作条件的承诺，并适合于组织的宗旨、规模和所处的环境，以及其职业健康安全风险和机遇的具体性质；

b)为制定职业健康安全目标提供框架；

c)包括满足适用的法律法规要求和其他要求的承诺；

d)包括利用消除危险源和减低职业健康安全风险的承诺；

e)包括持续改进职业健康安全管理体系承诺；

f)包括员工及员工代表(如有)参与职业健康安全管理体系决策过程的承诺。

职业健康安全方针应：

——可以文件化信息的形式获取；

——在组织内得到沟通；

——适当时，可为关相关方获取；

——是相关的和适宜性。

理解要点

1. 职业健康安全方针是声明承诺的一系列原则，是最高管理者对组织支持和持续改进其 OHSMS 的长期方向的概括。方针提供了方向的总体含义，同时提供了建立组织目标和采取措施实现 OHSMS 预期结果的框架。

2. 这些承诺反映在组织后续为确保一个健全的、可信的和可依赖的 OHSMS 的建立过程中(包括应对标准的特定要求)。

3. 建立 OHS 方针时，组织应该考虑与其他方针的一致性和协调性。

4. 对方针的内容明确了 5 个承诺(预防伤害、遵守法规、减低风险、持续改进、全员参与)、2 个适合(适用具体情况、适合风险性质)、1 个框架(制定目标)的要求。

5. 对方针的管理提出了 4 条要求(相关适宜、文件化、可获取、沟通)。

实施指南

1. 已经建立 OHSMS 的企业可以借此机会，按照本条的要求对方针进行一次评审，并进行适当完善。

2. 特别是不要用所有企业都适用的方针，根本没有行业特点和企业特色，也不符合标准的要求。如某化工企业的职业健康安全方针是："公司为全员创造、提供和保持健康与安全的工作环境，管理层及员工承诺：全员参与，防治结合，安全健康，遵纪守法，持续改善。"又如某钢铁企业的职业健康安全方针为"以人为本，健康至上；安全第一，预防为主；落实责任，全员参与；科学管理，依法治企；持续改进，追求卓越"。

审核提示

在进行文件评审及对最高管理者进行审核时要对方针内容符合性进行评价并在末次会议上进行讲评。在公司各部门通过审核验证方针的管理情况。是否被全体员工理解并作为 OHSMS 的灵魂贯穿于整个职业健康安全管理体系中。

5.3　组织的角色、职责和权限

最高管理者应确保在组织内部各层次分配并沟通职业健康安全管理体系内相关角色的职责和权限，并保持文件化信息。组织内各层级的员工应对其所控制的职业健康安全管理体系相关方面承担职责。

最高管理者应对下列事项分配职责和权限：

a)确保职业健康安全管理体系符合本标准的要求；

b)向最高管理者报告职业健康安全管理体系的绩效。

理解要点

1. 为实现本标准的要求并实现 OHSMS 的结果，参与组织的 OHSMS 的人员应该清晰地理解其岗位、职责和权限。

2. 虽然最高管理者对 OHSMS 有全面的职责和权限，但是工作场所中每一个人不仅需要考虑他们自身的健康和安全，还要考虑他人的健康和安全。

3. 最高管理者负在责任意味着应就决策和行动向组织的治理机构、执法机构以及更广泛意义的利益相关者负责。这就意味着承担最终责任。且如果某事没有完成、没有正确地完成、没有起到作用或未达到目标时，应该与被问责人员共同承担责任。

4. 工作人员应当被授予报告危险处境的权利，以便采取措施，他们应该能够根据需要向主管部门报告关切事项，而不会受到辞退、惩戒或其他类似报复的威胁。

5. a)和 b)条的职责可以分配至其他岗位。

实施指南

1. 通过文件明确组织各领导岗位、职能部门和业务单位的职业健康安全职责。

2. 在岗位描述或岗位任职条件中描述各岗位的职业健康安全职责。

3. 在策划体系时就要明确各岗位的职业健康安全职责，并在各相关过程及文件中进行描述且确保统一。

审核提示

1. 查阅管理职责和岗位描述文件，确认是否明确了各层次和职能的职业健康安全职责和权限。

2. 结合各过程的审核确认职责确定的全面性和合理性。

5.4　参与和协商

在建立、策划、实施、评价和改进职业健康安全管理体系时，组织应建立、实施和保持所有相关层次和职能部门的员工和员工代表(如有)协商和参与的过程，组织应：

a)为参与提供所需的机制、时间、培训和必要的资源；

注 1：工作人员代表可能作为协商和参与的机制。

b)及时提供有关职业健康安全管理体系的清晰的、可理解的和相关的信息；

c)确定和消除妨碍参与的障碍或屏障，并最大限度地降低那些无法消除的障碍或屏障；

注2：障碍和屏障可能包括没有对员工的输入或建议作出回应，语言或读写障碍，报复或威胁报复以及不鼓励或惩罚员工参与的政策和惯例。

d)特别强调非管理类员工参与以下方面的协商：

1)确定相关方的需求和期望(见4.2)；

2)建立职业健康安全方针(见5.2)；

3)适用时，分配组织的角色、职责和权限(见5.3)；

4)确定如何符合法律法规和其他要求(见6.1.3)；

5)建立职业健康安全目标并策划实现目标(见6.2)；

6)确定适用的外包、采购和承包商的控制方法(见8.1.4)；

7)确定监视、测量和评价的内容；(见9.1.1)；

8)策划、建立、实施并保持审核方案(见9.2.2)；

9)确保持续改进(见10.3)。

e)强调非管理类员工在以下方面参与：

1)确定其协商和参与的机制；

2)危险源辨识和风险与机遇的评价(见6.1,6.1.1和6.1.2)；

3)消除危险源并降低职业健康安全风险(见6.1.4)的措施；

4)确保能力要求、培训需求，进行培训并评价培训(见7.2)；

5)确定需要沟通的事项以及如何沟通(见7.4)；

6)确定控制措施及其有效的实施和应用(见8.1,8.2和8.6)；

7)调查事件和不符合并确定纠正措施(见10.1)。

注3：强调非管理类员工的协商和参与旨在应用于直接从事工作活动的人员，但并不意图排除例如受工作活动影响的管理性工作人员或组织中其他因素。

注4：人们认识到，向员工免费提供培训，并在可能的情况下在工作时间内提供培训，能够消除员工参与的重要障碍。

理解要点

1. 标准要求组织建立工作人员协商参与过程；提出了3个方面的要求，明确对非管理人员“协商”的9个方面、“参与”的7个方面内容，并提出组织可以确定工作人员代表作为协商参与的机制。要求组织为参与提供条件(机制、时间、培训、资源)、提供工作人员获取职业健康安全信息的渠道、确定并采取措施消除影响工作人员参与的障碍和屏障。协商的内容与OHSAS 18001相比增加了确定适用的外包、采购和承包商机制。参与的内容增加了确定协商和参与机制、确定沟通的事项和方法、确定控制措施及其有效的实施和运用。原OHSAS 18001中用的是工作人员，本标准中特别强调是非管理人员，也就是指直接从事生产作业活动的人员，但也没有排除可能会受工作活动影响的管理人员(如管理人员到生产车间现场检查时的情形)。

2. 工作人员及工作人员代表(如有)的协商和参与,可成为职业健康安全管理体系成功的关键,组织应建立过程,予以鼓励。

3. 协商意味着参与对话和交换意见的双向沟通。协商包括及时地向工作人员及工作人员代表(如有)提供所需的信息,在组织做出决定之前提供组织需要考虑的正式反馈。

4. 参与使得工作人员可以为职业健康安全绩效决策过程和提议的变更做出贡献。

5. 对职业健康安全管理体系的反馈取决于工作人员的参与程度。组织应确保鼓励各层级的工作人员报告危险情况,这样可以事先采取预防性措施。

6. 标准特别强调要"确定和消除妨碍参与的障碍或屏障,并最大限度地降低那些无法消除的障碍或屏障",如果工作人员在提出建议时,不害怕解雇、惩罚或其他报复的威胁,接受建议会更好。因此,一要有制度保证,二要鼓励员工参与,三要在工作时间给员工提供培训。

7."参与"是指参与决策,"协商"是指做出决策前征求意见。参与和协商都包括所存在的健康安全委员会和员工代表。

8. 参与和协商贯穿于标准的始终:

(1)4.2 组织应确定工作人员和其他相关方的需求和期望;

(2)5.1 要求最高管理者通过确保建立并实施一个或多外过程,用于工作人员协商和参与,以证实其在职业健康安全管理体系中的作用和承诺;

(3)5.2 要求职业健康安全方针应包括工作人员及员工代表的协商和参与承诺;

(4)5.4 要求组织要求组织建立、实施和保持一个(或多个)过程,用以在开发、策划、实施绩效评价和采取措施改进 OHSMS 管理体系绩效过程中,所有适用层次和职能的工作人员及其员工代表的参与;并对协商和参与提出了具体要求;

(5)6.2.1 要求组织的职业健康安全目标必须考虑与员工或其代表协商的结果;

(6)9.3 要求管理评审的输入应包含工作人员协商和参与有关的信息,最高管理者要将协商和参与的结果与员工及员工代表交流;

(7)10.2 要求当事件和不符合发生时,组织应在由员工的参与和其他相关方参与的情况下,评价采取消除事件或不符合的根本原因的纠正措施的需求;要求组织与有关的员工及其代表交流采取纠正措施及其实施效果的文件化信息。

应用指南

1. 组织不同岗位的人员可能参与职业健康安全管理体系的沟通和协商的内容可能不同。

2. 由职业健康安全管理部门制定年度的协商沟通计划。以确保沟通和协商有效进行。

3. 要发挥工会组织的作用。员工代表可以由工会代表担任,也可通过民主推荐产生,还由组织各部门或业务单元的兼职安全管理人员担任。

4. 可以将沟通或协商过程融合在各具体过程中,在相关的文件中明确沟通和协商要求。

5. 组织可按以下提示建立相应过程：

(1)过程输入

1)必要和适宜的资源(公开渠道、场所、机会、时间、人员)；

2)员工和其他相关方在职业健康安全方面的需求和期望(现状、诉求、措施)；

3)职业健康安全方针的承诺；

4)法律法规要求；

5)影响协商和参与有效性的阻碍和限制，识别消除的措施；

6)协商和参与的事项、内容和要求。

(2)过程的主要活动

1)协商和参与的时机：在涉及开发、策划、实施、绩效评价和采取措施改进OHSMS绩效的过程中，影响他们职业健康安全的任何变更前，应主动邀请员工或员工代表、职业健康安全委员会成员进行协商和参与；

2)协商和参与的形式：协商和参与应以多种形式进行，包括但不限于专项会议、问卷调查、座谈、员工代表会。

3)协商和参与的机制确定，并融入组织的文化。

(3)过程的输出

1)适宜的职业健康安全方针；

2)员工满意的职业健康安全设施、管理及事务；

3)准确而全面的危险源辨识和风险评价结果，有效的风险控制措施；

4)以人为本的组织职业健康安全文化；

5)事件和不符合调查处理报告。

(4)过程的主要绩效指标

1)同工和承包方满意指数；

2)对员工和承包方抱怨和投诉的及时回复率和有效处置率；

3)事件和不符合"四不放过"执行程度和效果。

(5)过程的主要风险

1)没有员工代表和职业健康安全委员会，或形同虚设，没有履行协商和参与的职责；

2)涉及职业健康安全事务及其变更没有与工作人员进行协商；

3)法律法规规定的应当员工进行规定没有执行；

4)协商和参与不充分，导致劳资纠纷。

审核提示

在以往的OHSMS审核中多数组织本条款的实施证据并不充分，用一些会议记录、文件发布作为相应的实施证据。

通过在各过程审核中与员工沟通、查阅沟通和协商计划及实施的记录及反馈证据，以及员工对相关要求的掌握理解情况、观察员工实际操作过程，询问现场作业人员对危险源及风险的控制要点来评价组织开展协商和交流情况。

在审核时安排与员工代表进行专门沟通和座谈来了解组织的协商沟通情况和效果。

第五节 标准第6章解读

6 策划

6.1 应对风险和机遇的措施

6.1.1 总则

策划职业健康安全管理体系时，组织应考虑到4.1(所处的环境)所提及的问题、4.2(相关方)所提及的要求和4.3(职业健康安全管理体系范围)，并确定需要应对的风险和机遇，以便：

a)确保职业健康安全管理体系能够实现其预期结果；

b)预防或减少不期望的影响；

c)实现持续改进。

当确定职业健康安全管理体系的风险和机遇以及需要应对的结果时，组织应考虑：

——危险源(见6.21.2.1)；

——职业健康安全风险和其他风险(见6.1.2.2)；

——职业健康安全机遇和其他机遇(见6.1.2.3)；

——适用的法律法规要求和其他要求(见6.1.3)：

在策划过程时，对于组织内、过程中或职业健康安全管理体系中与职业健康安全管理体系预期结果相关的变更，组织应评价相关的风险并识别相关的机遇。若发生计划内的变更、永久性的或是临时性变更时，该评价应在变更实施前进行(见8.2)。

组织应保持：

需要应保持以下文件化信息：

——风险和机遇；

——确定和应对风险和机遇所需过程和措施(见6.1.1～6.1.4)，其程度应足以使人确信这些过程按策划得到实施。

理解要点

1. 策划不是单一的事件，而是一个持续的过程，对变化的环境进行预测、为工作人员以及职业健康安全管理体系持续地确定风险和机遇。策划要整体考虑管理体系所需要的活动与要求之间的相互关系和相互作用。

2. 非预期结果可包括与工作相关的伤害和健康损害、不符合法律法规要求或损害声誉。

3. 职业健康安全机遇用于应对危险源的辨识、如何沟通危险源、分析和减轻已知的危险源。其他机遇用来应对体系改进策略。

4. 与 OHSAS 18001 相比,本条款是新增加的内容,也是管理体系标准的统一框架条款。其内容包括:

(1)明确了策划职业健康安全管理体系要考虑的 4 个因素(内外环境、相关方需求和期望、体系范围、风险和机遇);

(2)说明了考虑以上 4 个因素要实现的 3 个目的(实现预期结果、减少不期望的影响、持续改进);

(3)说明了组织确定职业健康安全风险和机遇时要考虑的 4 个因素,即危险源、风险、机遇和法律法规要求。

5. 明确了在策划体系时对"变更"要求;无论是计划内、还是永久的或临时的变更都要在实施变更前进行风险和机遇评估。还特别强调了组织内、过程中、体系中三方面的变更都要控制。

6. 提出了策划有关的文件化信息要求。包括风险和机遇清单、应对风险和机遇的控制措施计划。

7. 除本条款外标准还在多个条款对风险和机遇管理提出了要求,体现了对风险和机遇管理的过程方法思想:

(1)5.2 要求职业健康安全方针适合于组织职业健康安全风险和机遇的性质;

(2)6.1.2.2 要求组织评估其危险源和体系有关的职业健康安全风险;

(3)6.1.2.3 要求评估提升组织职业健康安全绩效的机遇和持续改进 OHSMS 的机遇;

(4)6.1.4 要求组织策划应对风险和机遇的措施;

(5)6.2.1 要求组织的职业健康安全目标要考虑风险和机遇评估的结果;

(6)9.1.1 要求组织监视和测量风险和机遇相关的活动和运行;

(7)9.3 要求管理评审风险和机遇的变化;并明确改进 OHSMS 与其他过程整合的机遇。

应用指南

1. 建议组织建立风险控制机制,依据 ISO 31000 标准规定的原则和流程建立组织的风险管理体系。

2. 将职业健康安全管理体系相关的风险纳入组织整体风险管控内容。

3. 结合识别组织内外环境分析确定组织面临的风险和机遇并策划控制措施。

4. 本书后面有专门章节介绍了风险控制的理论和方法。

5. 改进职业健康安全绩效的机遇的示例:

(1)检查和审核职能;

(2)工作危险分析(工作安全分析)和与任务相关的评估;

(3)通过减少工作单调性、或按事先确定的潜在危险源劳动生产率进行工作以改进职业健康安全绩效;

(4)工作许可及其他认可及控制方法;

(5)事件类或不符合调查和纠正措施；

(6)人类工效学和其他与预防伤害有关的评估。

6. 改进职业健康安全绩效的其他机遇的示例：

(1)为设备搬迁、工艺再设计或机器和厂房替代而进行的设备、设施或工艺策划的生命周期初始阶段整合职业健康安全；

(2)在设施搬迁策划、过程再设计或更换机器和厂房的早期就融入职业健康安全要求；

(3)使用新技术改进职业健康安全绩效；

(4)改善职业健康安全文化，如扩展要求之外的与职业健康安全有关的能力、或鼓励工作人员及时报告事件；

(5)提升最高管理者对职业健康安全管理体系支持的可见度；

(6)强化事件调查结果；

(7)改进工作人员参与过程；

(8)标杆管理，既考虑组织自己过去的绩效也考虑其他组织的绩效；

(9)与关注职业健康安全事项的论坛进行合作。

【案例 2－1】 风险识别工具表(表 2－5)

表 2－5 某组织有关职业健康案例的风险识别工具表

风险因素	公司存在这种情况(圈选恰当的答案)	潜在的负面影响(如果选了“是”，就意味着有潜在负面影响)
工人和管理人员在国籍、种族或宗教方面有差别	是/否	歧视；处罚措施滥用和骚扰；贩卖人口和/或强迫劳动
管理人员和基层主管不了解工人根据国家劳动法规或集体协定应享受的权利	是/否	工资、福利不足，合同不完整；过度加班；受歧视；处罚措施滥用和骚扰
有一个培训年轻工人、帮助其获得工作经验的学徒项目	是/否	强迫劳动；童工
儿童在父母工作或休息时和他们在一起	是/否	童工；儿童面临工作场所的各种危险隐患
女工占员工的大多数，而多数管理人员和安保人员是男性	是/否	歧视；处罚措施滥用和(性)骚扰
没有记录员工进出公司时间的系统	是/否	工时过长；缺少加班工资
有些员工是计件工资制，而不是按工作时间获得工资	是/否	健康和安全风险；工资不足；工时过长
支付的工资不一定能达到法定最低工资或满足家庭需要	是/否	营养不良；童工；过度加班；疲劳过度

续表

风险因素	公司存在这种情况（圈选恰当的答案）	潜在的负面影响（如果选了“是”，就意味着有潜在负面影响）
经常使用招募工人的中介机构和合同工	是/否	工资、福利不足，合同不完整；强迫劳动
经常使用家庭工人或使用家庭工人的承包商	是/否	工资、福利不足，合同不完整；童工
经常使用季节性或临时性工人	是/否	工资、福利不足，合同不完整；过度加班
有些工人是来自其他地区的移民	是/否	强迫劳动；歧视
雇用移民工人或季节性工人来从事更危险的工作	是/否	歧视
为某些或所有工人提供宿舍	是/否	缺乏活动自由；缺少清洁、足够的空间；宿舍收费过高
对宿舍的清洁状况、卫生状况、是否有足够空间、安全的饮用水和良好的卫生设施不进行定期检查	是/否	缺少清洁、足够的空间；因缺乏卫生设施或洁净的饮用水而导致疾病或健康隐患
工人不能随便离开他们的宿舍	是/否	缺乏活动自由；强迫劳动
公司有安保人员	是/否	缺乏活动自由；骚扰
位于一个自由贸易区内	是/否	工资、福利不足，合同不完整
根据工作需要工人的工作时长有很大波动	是/否	过度加班；将工作时间平均化而不付加班工资；裁员
本地存在劳动力短缺问题	是/否	童工
所在地区没有强大的工会组织	是/否	歧视；限制结社和集体谈判的自由
公司没有诸如集体谈判、工会或其他形式的工人代表权这样的传统	是/否	缺乏结社自由
工会成员和工人代表不能享受与其他工人同样的待遇	是/否	缺乏结社自由；歧视
员工的雇用、薪酬和晋升不是基于工作要求和员工技能	是/否	歧视
没有供员工表达不满的程序（投诉机制）	是/否	歧视；处罚措施滥用和骚扰；工人受伤，患慢性病
公司过去曾经有过集体解雇，或由于财务状况或技术原因今后有可能进行集体解雇	是/否	歧视

续表

风险因素	公司存在这种情况（圈选恰当的答案）	潜在的负面影响（如果选了“是”，就意味着有潜在负面影响）
我们在雇用工人时不对其年龄进行核实	是/否	童工；雇用年轻工人；让年轻工人从事危险的工作
要求员工将钱款或证件原件（如各种证明、入境文件、护照等）交由公司保存，作为被公司雇用的条件	是/否	强迫劳动；骚扰
扣留工人一个月的工资作为保证金	是/否	强迫劳动
工人没有独立于作业区的干净的用餐和更衣地点	是/否	工人患病
不对卫生和洗浴设施进行定期检查	是/否	工人患传染病
生产包括很多抬举、背负重物的操作或重复性动作	是/否	工人受伤，患慢性病
使用大型设备	是/否	工人受伤，患慢性病
不对设备、机器和工具进行定期检查和维护	是/否	工人受撕裂伤、失去手臂、腿脚或指（趾）头
生产活动要求工人和机器打交道	是/否	工人受伤，患慢性病
某些生产活动会造成粉尘排放/噪声水平高	是/否	呼吸系统隐患；因噪声导致的听力丧失
工人在暴露于阳光、紫外线辐射和/或极度高温的地方工作	是/否	高温和日晒导致的皮炎；黑色素瘤；唇癌；脱水
工人要在危险地点和高处工作	是/否	摔伤；因空中坠物造成头部受伤
工具未得到良好维护，或是工具的设计不太符合工作要求	是/否	疲劳；割伤和撕裂等身体伤害
道路狭窄，限制车辆或人员的移动	是/否	由于撞车或翻车造成工人受伤或死亡
对电子设备不进行定期检查和维护	是/否	工人触电、烫伤或被电死
未对密闭空间进行标识，未对工人进行充分的安全操作培训	是/否	工人接触有毒气体（硫化氢、甲烷、氨气、一氧化碳、二氧化碳）；缺氧和窒息
使用敞篷卡车将工人从一个地点运到另一个地点	是/否	身体伤害；由于撞车或其他事故造成死亡
生产活动涉及可能引起火灾或爆炸的危险材料或工序	是/否	工人受伤或死亡

续表

风险因素	公司存在这种情况（圈选恰当的答案）	潜在的负面影响（如果选了“是”，就意味着有潜在负面影响）
对某些危险材料未加以识别或标记，有些工人可能未获得关于安全操作化学品和其他有害物质的培训	是/否	工人患病；接触有毒化学品
尚未对所有需要穿戴个人防护装备（PPEs）的操作进行识别	是/否	工人受伤；接触有毒材料，患慢性病
不是所有工人都了解工作场所存在的隐患以及如何使用恰当的个人防护装备	是/否	工人受伤；接触有毒材料，患慢性病
工人不知道出现紧急情况时应当怎样去做。紧急路线和出口经常被堵塞、锁上	是/否	受伤和死亡
供应链上的其他公司可能会对上面的多数问题回答“是”	是/否	以上全部

【案例2－2】 某组织针对危险物资相关风险的控制计划

公司除了制定危险物质泄漏防控措施外，危险物质的生产、处理和储存达到或超过临界限制的项目还应结合其总体的环境安全/职业健康与安全管理体系（ES/OHS MS），编制《危险物质风险管理计划》。

1. 管理行动

（1）变更管理：变更管理规程应涉及：

1）工艺及操作变更的技术依据；

2）变更对健康和安全的影响；

3）修改操作规程；

4）授权要求；

5）受影响的员工；

6）培训需求。

（2）合规审计：通过合规审计，可评估各工艺遵守预防计划要求的情况。至少应每三年进行一次，范围包括预防措施每个方面（见下文）的合规审计，内容应包括：

1）编写审计结果报告；

2）针对每项审计结果，确定并书面说明相应的应对措施；

3）关于任何已纠正缺陷的说明。

（3）事故调查：对于现场危险和需要采取哪些步骤来预防意外泄漏，事故可提供宝贵的信息。事故调查机制应包括以下规程：

1)迅速启动调查；

2)提交调查报告；

3)根据报告中提出的结论和建议采取行动；

4)与工作人员和承包商共同学习研究调查报告。

(4)员工参与：编制书面行动计划，说明员工如何积极参与事故的预防。

(5)承包商：应建立控制承包商的机制，包括要求承包商制定符合危险物资管理计划的危险物资管理规程。该等规程应与发包公司的危险物资管理规程相一致，并且承包商的员工队伍也应接受相同的培训。另外，规程应做以下要求：

1)向承包商提供安全作业规程和安全及危险信息；

2)遵守安全制度；

3)采取负责任的行为；

4)对员工提供适当的培训；

5)确保员工了解工艺危险及相应的应急措施；

6)编制并向发包公司提交员工的培训记录；

7)向员工告知其工作所涉及的危险；

8)评估反复性类似事故的趋势；

9)制定和实施管理反复性类似事故的管理制度。

(6)培训：应对项目员工进行危险物资管理培训。培训计划应包括：

1)参加培训员工的名单；

2)具体的培训目标；

3)实现目标的机制(即有实践环节的授课、收看视频材料等)；

4)培训计划有效性的认定手段；

5)新员工培训程序和老员工的进修课程。

2. 预防措施

预防措施旨在确保考虑工艺和设备的安全问题、明确周知对操作的限制以及在有关领域采用的获认可标准及规则。

(1)工艺安全信息：应针对每种危险物质编写安全规程，包括：

1)编写材料安全数据表(MSDS)；

2)确定计划储存量的上限和参数的安全上限/下限；

3)书面记载设备规格以及用于工艺的设计、建造和操作的准则和标准；

4)操作规程：为项目内所有工艺及操作的每个步骤(即初始启动、正常操作、临时操作、紧急停车、紧急操作、正常停车、正常或紧急停车或重大变更后的开车)编写标准操作规程。标准操作规程应对工艺或操作中所使用危险物质做出特别考虑(即通过控制温度来防止排放挥发性危险化学物质；紧急情况下，将工艺的危险污染物气态排放物分流至临时储罐)。

(2)其他要制定的规程包括偏离的影响、避免偏离的步骤、预防化学品接触、接触控制措施和设备检查；

(3)工艺设备、管道和仪表的机械完整性:应制定书面的检查和保养规程,以确保设备、管道和仪表的机械完整性,防止项目发生不受控制的危险物质泄漏。这些规程应作为项目标准操作规程的一部分。重要的工艺组成部分包括压力容器和储罐、管道系统、泄压及放气系统及装置、紧急停车系统、控制装置和泵。检查及保养计划包括以下内容:

1)制定检查及保养规程;

2)建立设备、保养材料和备件的质量保证计划;

3)对员工进行检查及保养规程的培训;

4)对设备、管道和仪表进行检查和保养;

5)识别和改正缺陷;

6)评估检查及保养结果,必要时更新检查及保养规程;

7)向管理层报告结果。

(4)动火许可:动火作业例如硬焊、气割、研磨、软焊和焊接可能因动火作业中产生的烟雾、气体、火花和高温金属及放射能量而产生健康、安全和财产危险。任何使用明火或产生热量和(或)火花的作业都必须取得动火许可。标准操作规程关于动火作业的部分应包括动火作业许可的审批责任、个人防护用(PPE)、动火作业规程、人员培训和记录存置。

(5)事先审核:如要进行足以要求对变更管理规程中的安全信息进行修改的重大改造,则应制定开展事先审核的规程。该规程应:

1)确认新的结构或改造后的结构和(或)设备符合设计规范;

2)确保安全、操作、维护和应急规程的适足性;

3)包括工艺危险评估,并提出或实施对新工艺的建议;

4)确保对所有受影响员工进行培训。

3. 紧急情况应对准备和处理

处理危险物质时,应制定相关的规程和做法,确保对可能造成人身伤害或破坏环境的事故做出快速和有效的响应。应编制"紧急情况应对准备和处理计划",作为设施的总体环境安全/职业健康与安全管理体系(ES/OHS MS)的一部分并与之保持一致,内容涉及:

(1)制定协调计划:应编制以下规程:

(2)向公众和应急机构通报事故;

(3)急救和紧急医疗;

(4)采取应急响应措施;

(5)审核及更新应急响应计划以反映相关的变化,确保员工了解该等变化;

(6)应急设备:应编制应急设备的使用、检查、测试和保养规程;

(7)培训:对员工和承包商进行应急响应规程培训。

4. 社区参与和宣传

如果危险物质的使用量超过临界数量,管理计划应包括与危险评估研究中所确定项目潜在风险相称的社区宣传、通知和参与体系。该体系应包括以及时、容易理解和具有文化敏感性的方式与潜在受影响社区分享危险及风险评估研究结果的机制，以收集公众反馈。社区参与活动应包括：

(1)向潜在受影响社区提供项目作业性质及范围的一般信息，并介绍为确保不影响人类健康而采取的预防及控制措施；

(2)说明拟建或现有危险装置发生事故后，对现场外的人类健康或环境造成影响的可能性；

(3)明确和及时地说明发生事故后应采取的适当行为及安全措施，包括风险较高的地点进行演习；

(4)获得理解事故可能产生之影响的性质所需要的信息，并有机会以适当方式有效参与涉及危险装置以及制定应急准备计划的决策。

审核提示

1. 在组织的职业健康安全管理部门通过查阅标准要求的两个文件化的信息(风险和机遇、控制措施)了解其对风险和机遇的识别和控制策划情况。

2. 结合各过程的审核，通过对实施情况及绩效评价来确认其策划的有效性及措施的可执行性。

3. 这是新的要求，要结合标准在多个条款的要求，按过程方法进行审核。具体审核内容在本书后面的章节中专门列出了对各条款的审核检查内容。

6.1.2 危险源辨识和风险和机遇评价

6.1.2.1 危险源辨识

组织应建立、实施并保持一个或多个过程，以持续主动辨识危险源。此过程应考虑但不限于：

a)工作组织形式和社会因素，包括工作量、工作时间、受害、骚扰和欺凌、领导作用和组织文化；

b)常规和非常规的活动和情形，包括考虑：

1)工作场所的基础设施、设备、材料、物质和物理条件；

2)因产品设计而产生的危险源，包括研究、开发、测试、生产、组装、施工、服务交付、维护或处置；

3)人为因素；

4)工作如何进行。

c)组织内部和外部以往的相关事件、包括紧急情况和原因；

d)潜在的紧急情况；

e)人员，包括考虑：

1)进入工作场所的人员及其活动，包括员工、承包商人员、访问者和其他人员；

2)在工作场所附近的可能受到组织活动影响的人员；

3)在不受组织直接控制的地点的员工。

f)其他问题,包括考虑:

1)工作区域、过程、装置、机器/设备、操作程序和工作组织的设计,包括它们对人员能力的适应性;

2)组织控制下由工作相关的活动对工作场所附近造成的情况;

3)不受组织控制并在工作场所附近发生的、可能对工作场所中的人员造成人身伤害和健康损害的情况。

g)组织内实际或有计划的变更,包括运行、过程、活动和职业健康安全管理体系的变更(见8.2);

h)关于危险源的知识和信息的变更。

理解要点

1. 本条款与OHSAS 18001有较大变化。要求组织建立的有效运行用于持续进行危险源辨识的过程。

2. 危险源辨识旨在事先确定所有由组织活动产生、可能导致人身伤害和健康损害的根源、状态和行为(或其组合)。包括:

(1)根源:如运转着的机械、辐射或能量源等;

(2)状态:如在高处进行作业;

(3)行为:如手工提/举重物。

人身伤害和健康损害是指对人的身体、精神或认知状况的不良影响。可以包括人身伤害或者健康损害以及单独或二者的结合。

3. 危险源辨识宜考虑工作场所内的危险源的不同类型,包括物理的、化学的、生物的、心理的、机械的、电的、基于运动和能量的。有关危险源辨识的要求组织在进行危险源辨识时要考虑以下8个因素:

(1)工作组织(如劳动安排)、领导作用和文化的内容,特别强调了要考虑的社会因素(工作质量、工作时间、受害、骚扰和欺凌),这是新增加的内容;图2-3列出了人的社会心理健康状况的征兆和类型。

(2)例行和非例行活动,增加了产品和服务全生命周期因素;非常规活动示例:

1)设施和设备的清洗;

2)过程临时更改;

3)非预期的维修;

4)厂房和设备的启动和关闭;

5)现场外的访问;

6)翻修整新;

7)极端气候条件;

8)公用设施(供水、供电、供气)的毁坏;

9)临时安排;

征兆：情绪、认识、行为	社会心理亚健康类型
情绪：暴躁，莽撞，烦躁 行为：宣泄，出言不逊，严重失眠	偏执症
情绪：恍惚 行为：迟钝，严重失眠	焦虑症
情绪：自卑 行为：自语，严重失眠、出现幻觉	忧郁症
情绪：慌张、怀疑 行为：发呆，严重失眠	恐惧症
情绪：坐立不安 行为：僵硬、自语、重复	强迫症
情绪：兴奋 行为：冲动，严重失眠	狂躁症
情绪：质疑 行为：挑战制度，冒险行为	逆反型
情绪：喜怒无常 行为：逞能，抢话，否定他人	狂想症
情绪：冷漠 行为：懈怠	忧郁症

图 2－3　人的社会心理健康状况的征兆和类型

10)紧急情况。

(3)过去发生的内外部职业健康安全事件及原因。

(4)3 种人员：进入组织作业现场的人员，不仅包括组织的人员，还包括外来人员，如承包方人员；作业现场附近可能受组织活动影响的人，如风电场内进入风机周边进行耕作或放牧的农牧民可能会在冬天受到风机的叶片甩下的冰的伤害、在组织以外工作现场工作的组织的人员，如组织安排去供方现场负责监造的工程师可能受到供方生产作业活动的伤害；考虑进入场所的所有人员：

1)因他们的活动所产生的危险源和风险；

2)因他们所提供给组织的产品或服务所产生的危险源；

3)他们对工作场所的熟悉程度；

4)他们的行为。

(5)3 种特殊情况：影响安全健康的工作区域(如现场平面布置)、过程(生产工艺流程)、装置、设备、操作规程(操作手册、作业指导书)、工作组织设计(如夜班作业)及与人员适应性；组织控制的活动对工作场所组织边界以外的附近造成的影响，如组织车间设备的噪声对相邻组织办公楼工作人员的影响，特别是当法律法规对此类危险源规定了相应义务和责任时一定要进行识别；组织边界以外附近其他组织或人员活动对组织人员的影响，如相邻组织作业活动排放的有毒气体。

(6)计划内和计划外的变更。

(7)有关危险源的知识和信息的变更；如危险物资(原材料、化学品、废物、产品、副产品)中的化学品的安全说明书(MSDS)的变化、设备规范的变更。

(8)潜有的紧急情况。

4. 标准特别强调了对人员的适应能力。实际上是要求组织在进行工作区域、过程、装置、机器/设备、操作程序和工作组织的设计时要考虑人类工效学的要求，每当存在人机界面时，都要考虑人机工效学。即要考虑以下各项及相互作用：

(1)工作性质(工作场所布局、操作者信息、工作负荷、体力劳动、工作类型)；

(2)环境(热、光噪声、空气质量)；

(3)人的行为(性格、习惯、态度)；

(4)心理能力(知觉、注意力)；

(5)生理能力(生物力学、人体测量或人的身体变化)。

5. 危险源知识的来源应包括但不限于：

(1)内部或外部来源或情况；

(2)潜在紧急情况；

(3)多雇主工作场所；

(4)工作场所和设施；

(5)产品和服务设计，研究、开发、测试、生产、组装，施工，服务提供，维护和处理；

(6)采购、承包商和外包；

(7)新技术及其应用；

(8)计划或意外的变化；

(9)工作组织、人和社会因素。

6. 危险源辨识要考虑领导作用和组织的文化。在解读标准"领导作用和员工参与"时我们会对领导作用进行说明，在本书后面我们有专门章节讨论企业安全文化建设。危险源辨识需要领导的参与和支持，管理层也是组织的一员也要符合协商参与的要求；企业文化可以通过形成全员重视安全健康以及全员参与的体现来参与危险源辨识；从企业文化本身而言，危险源辨识也要考虑组织形成的安全健康理念和惯例。

7. 本标准增加了危险源要考虑"受害、骚扰和欺凌"，这些社会因素。如性别欺视、性骚扰、社会动乱和战争对职业健康安全的影响。

应用指南

1. 组织要具备特定的、与其职业健康安全管理体系范围相关的危险源辨识的工具和技术。方法包括：

(1)对行为和工作实践的观察以及对不安全行业的根本原因的分析；

(2)水平对比；

(3)访谈和调查；

(4)安全巡视和检查；

(5)事件评审和随后的分析；

(6)对有害暴露(化学的或物理的因素)的监视和评价；

(7)检查表。

2. 组织在开展危险源源辨识时，要考虑下列信息的输入：

(1)职业健康安全及法律法规和其他要求；例如有关如何辨识危险源的规定；

(2)职业健康安全方针；

(3)监视数据(监测报告，如作业场所有害物浓度、噪声、电磁辐射、特种设备检测)；

(4)职业接触和健康评价(如职业病体检)；

(5)事件(过去发生的安全事故和职业伤害和职业病情况)；

(6)以往审核、评价或评审的结果，如上次审核提出的不符合；

(7)来自员工和其他相关方的输入信息；

(8)其他管理体系信息；

(9)员工的职业健康安全协商信息；

(10)工作场所内的过程改进和评审活动：

(11)类似组织的最佳实践；

(12)类似组织已发生过的事件报告；

(13)组织的设施、过程和活动信息，如工作场所设计、工艺流程图、操作手册、危险物资、设备规范、产品规范、MSDS 等。

3. 危险源辨识和评价情况要动态进行。过去审核发现不少组织在这个环节总是有不符合项出现。这一工作应当由专业的职业健康安全人员与熟悉生产作业活动的直接的非管理人员一并完成。

4. 组织在建厂之初进行了工厂的安全设施与职业卫生预评价报告可作为危险源辨识和评价的重要依据。

5. 本书后面章节系统讲述了主要危险源辨识的过程和方法。图 2-4 给出了工业企业危险源辨识和风险评价过程的案例。

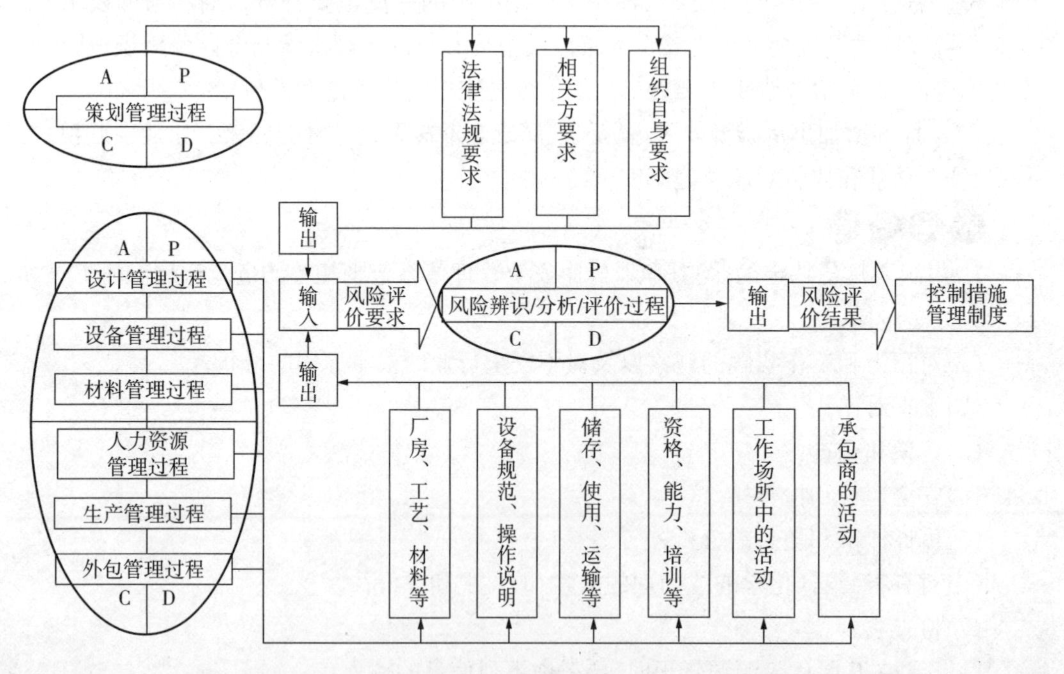

图 2-4 工业企业危险源辨识和风险评价过程

审核提示

1. 在安全健康管理部门重点审核组织整体的危险源辨识和评价情况，从清单入手，审核全面性和充分性，同时追踪过程策划和实施情况。

2. 在各部门和生产作业现场结合职业和过程审核其危险源辨识和评价情况，同时根据具体生产情况评价识别的完整性、评价的合理性。

3. 应当由专业审核员完成这一过程的审核，全要有足够的时间进行审核和评价。

4. 在审核报告中要对此过程的实际情况进行充分描述。

6.1.2.2 职业健康安全风险和其他职业健康安全管理体系风险的评价

组织应建立、实施和保持一个或多个过程，以便：

a)评价已识别出的危险源中的职业健康安全风险，此时须考虑适用的法律法规要求和其他要求以及现有控制措施的有效性；

b)识别和评价与建立、实施、运行和保持职业健康安全管理体系有关的风险。

组织用于评价职业健康安全风险的方法和准则应根据范围、性质和时机方面进行界定，以确保其是主动的而非被动的并且以系统的方式运用。应保持和保留这些方法和准则的文件化信息。

理解要点

1. 职业健康安全风险是指发生危险和有害暴露的可能性，与随之引发的人身伤害和健康损害的严重性的组合。标准要求组织建立过程，确定准则，考虑现有控制措施的有效性，确定风险，形成文件化信息。

2. 风险评价的输入

风险评价的输入可包括但不仅限于以下信息或数据：

(1)工作场所的详情；

(2)工作场所内各项活动之间所存在的相互危害的程度和范围；

(3)安全保障措施；

(4)通常或偶尔执行危险作业的人员的能力、行为、培训和经验；

(5)毒理学数据、流行病学数据和其他健康相关信息；

(6)可能受危险性工作影响的其他人员(如清洁人员、访问者、承包方和公众等)的邻近程度；

(7)任何为危险作业所制定的作业指导书、工作制度和许可工作程序的详情；

(8)制造商或供应商有关设备和设施运行和维修的说明书；

(9)控制措施的可用性及应用情况(如通风设施、防护设施、个体防护装备等)；

(10)异常状况(如供电和供水等公用服务中断的可能性，或其他过程失效的可能性等)；

(11)影响工作场所的环境条件；

(12)厂房和机械的组件及安全装置发生故障的可能性，或者因暴露于恶劣天气中或接触工艺材料而使其性能降低的可能性；

(13)可获得应急程序、应急疏散预案、应急设备、应急疏散路线(包括标志等)、应急通信设施和外部应急支持等的细节，及其充分性或状况；

(14)关于特定工作活动相关事件的监视数据；

(15)对任何与危险工作活动有关的现有评价的发现；

(16)实施活动的人员或其他人员(如临近人员、访问者和承包方人员等)以往不安全行为的详情；

(17)由某一故障导致相关故障或控制措施失效的可能性；

(18)实施作业的持续时间和频率；

(19)可用于风险评价的数据的准确性和可靠性；

(20)对如何开展风险评价或对何为可接受风险做出强制规定的任何法律法规和其他要求，例如测定有害暴露的抽样方法、特定风险评价方法的运用、可容许的有害暴露程度等。

负责实施风险评价的人员需具备相关风险评价方法和技术方面的能力，并具有相应工作活动的知识。

3. 风险评价的方法

组织可使用不同的方法评估其职业健康安全风险，以此作为应对不同危险源或活动的总体策略的一部分。评估的方法和复杂程度不取决于组织的规模，而是取决于与组织活动有关的危险源。宜使用适宜的方法评估其他职业健康安全风险。

作为总体策略的组成部分，组织可能使用不同的风险评价方法来处理不同的区域或活动。在试图确立伤害的可能性时，组织宜考虑现行控制措施的充分性。风险评价的详尽程度以能足够确定适当的控制措施为宜。

有些风险评价方法较为复杂，适合于特定的或特殊的危险活动，例如化工厂的风险评价可能需要针对影响工作场所内的人员或公众，就制剂泄漏事件发生的可能性进行复杂的数学计算。关于何处必须使用如此复杂的方法，有时行业法律法规可能会做出相关规定。

在许多情况下，职业健康安全风险可采用更简单的方法进行评价，甚至也可仅进行定性评价。由于这些简单方法几乎不依赖于定量数据，因此，此类评价通常包含很大的主观判定成分。在某些情况下，这些方法可作为初始筛选工具，以确定何处需要进行更进一步的详尽评价。

风险评价宜包含与工作人员协商并促使其适当参与，以及对法律法规和其他要求的考虑。

适当时，宜考虑监管机构所发布的指南。

组织宜考虑风险评价所用数据质量和精度的局限性及其对风险计算结果的可能影响。数据的不确定度愈大，判定风险是否可接受时则需愈加谨慎。

4. 职业健康安全管理体系风险评估过程宜考虑日常的运行和决策(如工作流中的峰值、重组)以及外部事项(如经济的变化)。方法可包括与受日常活动影响的工作人员持续进行协商(如改变工作强度)、监视并沟通新的法律法规和其他要求(如监管改革、与职业健康安全有关的集体协议的修订),确保资源满足当下以及变化的需求(如购买新改进的设备或供应物资或开始与之相关的培训)。

5. 风险评价需要考虑的其他方面

对于发生在若干不同现场或场所的典型活动,某些组织可能开发了通用的风险评价方法。为了开展更具体的评价,以此类通用评价方法为起点,组织将会因此而受益,但可能还需有针对性地进一步开发以适合特定情况。这种做法可提高风险评价过程的速度和效率,增强相似作业风险评价的一致性。

当组织的风险评价方法使用描述性分类来评价伤害的严重性或可能性时,分类所用的措辞宜明确予以定义,例如需对诸如"可能"和"不太可能"等分类措辞给出明确的定义,以确保不同人员能理解一致。

组织不仅要考虑敏感人群(如怀孕的工作人员等)和易受伤害的群体(如缺乏经验的工作人员等)的风险,还要考虑对参与执行特定作业存在某种特定感知缺陷的人员的风险(如色盲人员阅读指令的能力等)。

对于风险评价将如何考虑可能暴露于特定危险源下的人员的数量,组织宜予以评估。对于可能导致大量人员伤害的危险源,即使这种严重后果发生的可能性较低,也宜予以仔细考虑。

对因暴露于化学、生物和物理因素中而造成的伤害进行评估,此类风险评价可能需运用合适的仪器和抽样方法来测量暴露的程度。组织宜将所测量的暴露程度与适用的职业接触限值或标准进行比较。组织宜确保风险评价既考虑到短期又考虑到长期的暴露后果,还考虑到多重因素和多重暴露的叠加效应。

在有些情况下,风险评价通过使用涵盖各种状况和场所的抽样方法来实施。需注意确保所用样本能充分且足够的代表所有被评价的状况和场所。

应用指南

1. 按照策划的过程,组成熟悉业务的技术和管理人员评价小组;评审前了解法律法规和其他要求;确定评价准则,包括定性和定量评价的准则;评价方法可定性和定量结合。

2. 评审后可形成表2-6的危险源识别和风险评价表,最后根据确定是需要优先控制确定并形成组织的职业健康重要风险清单。

3. 风险评价的步骤

(1)风险识别:发现、列举和描述风险的过程,包括危险源、事件及原因和后果的识别、可包括历史数据、理论分析、获知的和专家意见、利益相关者需求;

(2)风险分析:理解风险性质和确定风险等级的过程,为风险评价和风险处置决策提供基础,风险分析包括风险估计;

(3)风险评价:将风险分析结果风险准则对比,以确定风险及其大小是否可接受或容忍的过程,协助风险处置决策。

4. 本书后面章节介绍了风险评价的方法。

表 2-6　职业健康安全风险评价表

序号	活动产品服务	危险源	风险	现有的保护措施或防护措施	状态			时态			作业条件危险性评价				风险等级	是否需要优先控制	目前控制方式的风险	有无改进机会
					正常	异常	紧急	过去	现在	将来	L	E	C	D				
1	高空作业	登高工具损坏	人员摔伤	登高作业前检查登高工具的完好性		√				√	1	2	7	14	稍有危险，可以接受	□不需要 ■需要	登高作业制度不规范，人员缺少培训，安全意识不强	修订登高作业制度，登高作业人员在工作前进行登高作业培训
⋮	⋮	⋮	⋮	⋮											⋮	⋮	⋮	⋮

注：L：发生事故的可能性大小；E：人体暴露在这种危险环境中的频繁程度；C：发生事故会造成的损失后果；D：危险分值。

审核提示

需要专业审核员进行此过程的审核。从清单入手，追踪评审准则的合理性、评价方法的适宜性、优先控制的风险的全面性。从定性和定量结合综合考虑评价的准确性。对于行业认可、法律法规有要求但组织有漏项的要指出。同时结合现场审核控制过程和体系运行有效性的情况对风险评价有效性进行审核。

6.1.2.3　识别职业健康安全机遇和其他机遇

组织应建立、实施和保持一个或多个过程，以识别：

a)提升职业健康安全绩效的机遇，此时须考虑：

1)组织及其过程或活动的计划内的变更；

2)消除或减少职业健康安全风险的机遇；

3)使工作、工作组织和工作环境适合于员工的机遇；

b)持续改进职业健康安全管理体系的机遇。

注：职业健康安全风险和机遇可能导致组织的其他风险和机遇。

理解要点

1. 职业健康安全机遇是指可以改善职业健康安全绩效的情形或一系列情形。要求组织建立识别职业健康安全机遇和其他机遇过程，考虑组织、方针、计划内的变更，确定可以提升和持续改进职业健康安全绩效的机遇。有关提升职业健康安全绩效的机遇和有关持续改进 OHSMS 的机遇可能不完全一致。

2. 识别机遇时要考虑三个因素：

(1)组织及其过程或活动的计划内的变更；如组织根据市场情况有计划地扩大生

产线；

(2)消除或减少职业健康安全风险的机遇；如组织通过用无毒的原材料替代有毒的原材料，消除了职业健康风险，企业履行了保护员工的承诺，员工对组织更忠诚，企业的生产效率更高了；

(3)使工作、工作组织和工作环境适合于员工的机遇。组织通过生产流水线调整、倒班作业调整、生产作场所条件升级，使员工的工作更舒心、工作安排更合理、作业环境更安全，这也给组织的发展带来好的内驱力，组织的凝聚力更强，也是企业发展的机遇。

3. 评估过程应考虑职业健康安全机遇和其他已经识别的机遇，以及它们对改进职业健康安全绩效的好处和潜力。

4. 职业健康安全风险和机遇可能导致组织的其他风险和机遇。如在处理好职业健康安全风险可能给组织带来新的发展机遇；抓住安全改善的机遇实施新工艺时也可能有新的风险。

应用指南

1. 可以与职业健康安全风险识别一并建立一个过程；明确风险和机遇识别的输入、输出、活动和资源要求；

2. 识别风险和机遇一并进行，职业健康安全风险和机遇可与其他风险和机遇一并识别；可以在编制规划和进行规划年度滚动修编时先进行风险和机遇识别。

3. 识别的结果可以是专题报告，也可以是规划的组成部分。可以形成公司的风险和机遇清单。表 2－7 给出了某公司风险和机遇识别的清单模板。

表 2－7 风险/机遇影响及行动措施策划清单模板

业务单元：

序号	风险/机遇描述	涉及议题	对公司的潜在影响/可能好处	评价方法 □定性 □矩阵 □多因子 □DLEC 法	评价结果 □关键风险/重要机遇 □中风险/一般机遇 □低风险/小机遇	行动措施建议 □规避/抓住 □控制/有条件利用 □接受/放弃 □暂不处理/考虑

编制： 审批： 日期：

审核提示

1. 通过与最高管理者交谈、在战略策划部门、职业健康安全管理部门、风控部门重点审核策划的过程及实施情况，同时结合对各部门和生产作业单位的审核，评价风险和机遇识别的充分性、评价的合理性。

2. 要结合标准整体进行过程审核，因为标准中多个条款涉及机遇的要求。

6.1.3　法律法规要求和其他要求的确定

组织应建立、实施和保持一个过程，以便：

a)确定并获取适用于组织危险源、职业健康安全风险和职业健康安全管理体系最新的法律法规要求和其他要求；

b)确定如何将这些法律法规要求和其他要求应用于组织，并确定需要沟通的内容(见7.4)；

c)组织在建立、实施、保持和持续改进其职业健康安全管理体系时必须考虑这些法律法规要求和其他要求；组织应保持和保留其适用的法律法规要求和其他要求的文件化信息，同时应确保对其进行更新以反映任何变化情况。

注：法律法规要求和其他要求可能会给组织带来风险和机遇。

理解要点

1. 要求组织建立识别、确定、获取、应用、考虑、沟通适用组织的危险源、职业健康安全风险和OHSMS的法律法规和其他要求的过程。

2. 法律法规和其他要求是指组织必须遵守的法律法规要求，以及组织必须遵守和选择遵守的其他要求。法律法规要求和其他要求可能给组织带来风险和机遇。当有新的法律法规要求时，如果组织不能满足，可能受到处罚；当组织已经满足相关要求时可能带来机遇。如某IFC是某组织港股的十大股东之一，IFC对组织的EHS提出了要求，组织因为建立了满足IFC要求的环境和风险管理体系，得到IFC的好评，IFC给组织在北美推荐了新业务，且增持了组织的股票。

3. 法律要求可包括：

(1)法律(国家、区域和国际)，包括法规和规章；如法律、条例；

(2)法令和指令；如欧盟对危险废弃物的指令；

(3)监管机构发布的指令；如应急管理部发布的部门规章；

(4)许可证、执照或其他形式的授权；如安全生产许可证；

(5)法院判令和其他形式的授权；

(6)条约、公约、议定书；如我国人大批准加入的国际公约；

(7)集体协商协议。如与员工组织或工会签订的集体劳动合同。

4. 其他要求包括：

(1)组织的要求；

(2)雇用协议；如与承包方签订的安全生产协议书；

(3)合同条件；如与顾客协议要求；

(4)与相关方协议；如与社区居民的协议；

(5)和卫生健康主管部门的协议；

(6)非强制性标准、一致同意标准和指南；

(7)自愿性原则、实施准则、技术规范、最佳做法或行为准则、章程;

(8)本组织或上级组织的公开承诺。如健康安全评估文件承诺的事项和其他承诺。

5. 某些承诺或协议可能除针对职业健康安全事务之外还针对其他一系列问题。职业健康安全管理体系仅需考虑其中涉及组织职业健康安全危险源部分的内容。

6. 标准中与法律法规和其他要求有关的内容:

(1)5.2 要求组织的方针承诺遵守法律法规和其他要求;

(2)5.4 要求与员工协商如何符合法律法规的其他要求;

(3)6.1.1 要求组织地在确定职业健康安全风险和机遇及应对预期要考虑法律法规的要求;

(4)6.1.4 要求组织策划应对风险和机遇措施时要应对法律法规和其他要求;

(5)6.2.1 要求组织确定职业健康安全目标是考虑适用的要求;

(6)8.1.3 要求组织管理变更时要考虑法律法规和其他要求的变更;

(7)9.1.1 要求组织监视和测量法律法规和其他要求满足的程度;

(8)9.2.1 要求组织开展合规性评价;

(9)9.3 要求组织在开展管理评审时评审法律法规和其他要求的变化、并输出合规性评价的结果。

应用指南

1. 为了实现方针的承诺,组织宜建立结构化的方法,以确保其能识别法律法规和其他要求,并能评估法律法规和其他要求的适用性,且能获取、传达和保持最新的法律法规和其他要求。

2. 根据职业健康安全危险源、运行、设备和物质等的性质,组织宜获取相关且适用的职业健康安全法律法规和其他要求。为此,组织可通过运用内部知识和(或)外部资源来实现。外部资源示例可包括:

(1)国际互联网;

(2)图书馆;

(3)贸易协会;

(4)监管机构;

(5)法律服务机构;

(6)职业健康安全研究机构;

(7)职业健康安全咨询机构;

(8)设备生产商;

(9)材料供应商;

(10)承包方;

(11)顾客。

3. 组织宜根据初始评审的结果来考虑法律法规和其他要求,但法律法规和其他要求需适宜于:

(1)组织内各部门；

(2)组织的活动；

(3)组织的产品、过程、设施、设备、材料和人员；

(4)组织的场所。

组织也可借助外部资源(如上所述)找出并评估法律法规和其他要求。

4. 对于已识别出来的适用法律法规和其他要求，组织的程序需包含有关获取这些法律法规和其他要求的方式的信息。组织无须为此建立专门的图书室，仅需确保在需要时能获取信息。

5. 对于与组织职业健康安全危险源相关的法律法规和其他要求，组织宜确保其程序能够对任何影响这些法律法规和其他要求适用性的变更加以判定。

6. 组织需确保其程序能够识别宜接受法律法规和其他要求信息的人员，并将相关信息向其传达。

7. 建立适用的法律法规和其他要求清单，表 2－8 给出了模板。并收集相应文件且动态更新。

表 2－8 职业健康安全适用的法律法规和其他要求清单

序号	类别	文件名称	发布部门	发布和实施日期	适用过程	适用条款	备注

审核提示

1. 在职业健康安全管理部门重点审核，并结合具体过程控制在各部门审核，重点关注适用性、在组织的应用及文件有效性。

2. 纳入各过程审核。

3. 整体关注标准中所有与法律法规有关的要求。

6.1.4 措施的策划

组织应策划：

a)措施以：

1)应对这些风险和机遇(见 6.1.2.3 和 6.1.2.4)；

2)应对适用的法律法规要求和其他要求(见 6.1.3)；

3)准备应对紧急情况和对紧急情况做出响应(见 8.6)。

b)如何：

1)在其职业健康安全管理体系过程中或其他业务过程中融入并实施这些措施；

2)评价这些措施的有效性。

> 在策划措施时，组织应考虑控制的优先级(见8.1.2)和职业健康安全管理体系的输出[见10.2g)]
>
> 策划措施时，组织应考虑最佳实践、可选技术方案、财务、运行和经营的要求。

理解要点

1. 明确了措施的三个目的：应对风险和机遇、应对法律法规和其他要求、准备应急准备和对紧急情况做出影响。

2. 规定了对措施2个要求：融入业务过程、评审有效性。

3. 对措施内容提出了4点要求：考虑控制优先级，考虑OHSMS的输出，考虑最佳实践，考虑可选择技术方案、财务、运营、经营要求。

4. 应根据以下的优先次序采纳各种预防性和保护性措施：

(1)消除危险：将危险活动从工作流程中剔除。例如，使用不太危险的化学品作为替代品，采用不同的制造流程等；

(2)控制危险：采用工程控制方法控制危险来源。例如，采用局部排放通风设备、隔离室、机器护罩、隔音措施等；

(3)减少风险：设计安全工作系统以及行政和机构控制措施。例如，采用轮换工作制、进行安全工作规程培训、执行上锁/挂牌安全制度、进行工作场所监视、限制暴露程度和工作时间等；

(4)提供适当的个人保护设备(PPE)：对员工进行个人保护设备的培训，要求员工使用个人保护设备，对个人保护设备进行维护。

5. 策划的措施应主要通过职业健康安全管理体系进行管理，包括与其他业务的融合，例如，为管理环境、质量、业务连续性、风险、财务或人力资源而建立过程。实施所采取的措施是期望获得职业健康安全管理体系的预期结果。

6. 如职业健康安全风险评价和其他风险评价已识别了控制要求，策划活动宜确定这些控制措施如何在日常运行中实施，例如确定是否将这些控制措施与工作指导文件或提升人员的能力的措施相结合。其他的控制措施可能会采用测量或监视等方式。

7. 在对变更进行管理时也宜考虑应对风险和机遇的措施，确保不会产生非预期结果。

应用指南

1. 在完成风险评价和对现有控制措施加以考虑之后，组织宜能够确定现有控制措施是否充分或是否需要改进，或者是否需要采取新的控制措施。

2. 如果需要新的控制措施或者需要对控制措施加以改进，则控制措施的选定宜遵循关于控制措施层级选择顺序的原则，亦即：可行时首先消除危险源；其次是降低风险(或者通过减少事件发生的可能性，或者通过降低潜在的人身伤害或健康损害的严重程度)；将采用个体防护装备作为最终手段。

3. 应用控制措施层级选择顺序的示例如下：

(1)消除——改变设计以消除危险源，如引入机械提升装置以消除手举或提重物这一危险行为等；

(2)替代——用低危害物质替代或降低系统能量(如较低的动力、电流、压力、温度等)；

(3)工程控制措施——安装通风系统、机械防护、联锁装置、隔声罩等；

(4)标示、警告和(或)管理控制措施——安全标志、危险区域标识、发光标志、人行道标识、警告器或警告灯、报警器、安全规程、设备检修、门禁控制、作业安全制度、操作牌和作业许可等；

(5)个体防护装备——安全防护眼镜、听力保护器具、面罩、安全带和安全索、口罩和手套。

4. 应用控制措施层级选择顺序时，宜考虑相关的成本、降低风险的益处、可用的选择方案的可靠性。组织宜考虑：

(1)基于上述控制措施层级选择顺序中各要素的组合，采用组合控制措施的需求(如工程控制措施与管理控制措施相组合等)；

(2)针对所考虑的特定危险源的控制措施建立良好惯例；

(3)使工作适宜于人(如考虑人的心理和生理能力等)；

(4)利用技术进步改进控制措施；

(5)采用能保护每一个人的措施(例如，采用可保护处于危险源附近的所有人的工程控制措施，优于仅对个人采用个体防护装备)；

(6)人的行为，以及特定的控制措施将是否能为人们所接受并能得到有效实施；

(7)典型的人为失误的基本类型(例如，频繁重复动作的简单失误；记忆错误或注意力分散；缺乏理解或判断错误；违反规则或程序等)及其预防方法；

(8)引入计划维护的需求，如对机械防护装置的维护等；

(9)风险控制措施失效时，对紧急或意外情况做出安排的可能需求；

(10)非组织聘用人员(如访问者和承包方人员等)对工作场所和现有控制措施陌生的可能性。

5. 组织一旦确定了控制措施，就宜对其确定优先顺序并予以实施。在确定优先顺序时，组织宜考虑到所策划的控制措施降低风险的可能性。相比那些仅具有降低有限风险效果的控制措施，组织宜优先考虑处置高风险活动的控制措施，或能带来实质性风险降低效果的控制措施。

6. 在有些情况下，有必要修改工作活动直到风险控制措施到位，或者实施临时风险控制措施直到更有效的控制措施完成，例如使用听力保护器作为临时措施直到噪声源被消除，或者将工作场所隔离以减轻对噪声的暴露。临时控制措施不宜长期替代更有效的风险控制措施。

7. 法律法规、标准和守则可能针对特定危险源规定了适当的控制措施。在有些情况下，控制措施需有能力达到“最低合理可行(ALARP)”的风险水平。

8. 组织宜持续进行监视，以确保控制措施的充分性得到保持。

审核提示

1. 在职业健康安全主管部门查策划，在各执行部门和单位查合理性和可操作性。

2. 结合实施和绩效评价策划的有效性。

6.2 职业健康安全目标及其实现的策划

6.2.1 职业健康安全目标

组织应针对其相关职能和层次建立职业健康安全目标，以保持和改进职业健康安全管理体系，实现职业健康安全绩效的持续改进(见条款10)。

职业健康安全目标应：

a)与职业健康安全方针一致；

b)可测量(可行时)或可评价；

c)必要时考虑：

1)适用的要求；

2)风险和机遇的评价结果；

3)与员工及员工代表(如有)协商的结果。

d)得到监视；

e)予以清晰沟通(见7.4)；

f)适当时予以更新。

理解要点

1. 对职业健康安全目标建立的范围做出了要求——在相关的职能和层次。层次包括公司级、部门和车间级、班组级；职能包括各过程的管理部门。

2. 对目标的内容规定了5条要求：

(1)与方针保持一致，方针确定框架，目标是方针的具体化；

(2)可测量或评价；测量可以是定性的或定量的，定量的测量可能是粗略的，诸如从调查、访谈和观察获得；

(3)必要时考虑适用的法律法规和其他要求、体系的要求、本标准的要求；

(4)必要时考虑风险和机遇评价的结果；

(5)必要时考虑与员工及员工代表协商的结果。

3. 明确了目标的3项管理要求：监视、沟通、更新。

4. 如果目标是明确的、可测量的、可实现的、相关的和及时的，那么组织就更易于测量目标实现的进展。在英文中，有时将“明确的(specific)、可测量的(measurable)、可实现的(achievable)、相关的(relevant)和及时的(timely)目标”称为“SMART目标”。

5. 建立OHS目标以保证改进OHSMS绩效。目标应与风险和机遇、以及组织已识别的、实现OHSMS预期结果所需要的绩效准则相联系；目标可以与其他业务目标进行融合，目标可以是战略的、战术的和运行的。本书在后面章节讲解战略管理时结合平衡计分卡谈了在组织层面建立目标的要求，包括职业健康安全目标的建立。

(1)建立战略性目标以及改进 OHSMS 全面绩效(如消除噪声源)；

(2)在设备、项目或过程层面上建立战术性目标(如减少噪声源)；

(3)在活动层面建立运行目标(如单台机器的围挡减少噪声)。

6. 不要求组织对单一风险和机遇建立 OHS 目标。

应用指南

1. 建立目标是职业健康安全管理体系策划所必需的组成部分。组织宜建立目标以实现职业健康安全方针所做出的承诺。

2. 建立和评审目标的过程以及实施为实现目标而所制定的方案的过程,为组织持续改进其职业健康安全管理体系和提高其职业健康安全绩效提供了一种机制。

3. 在建立职业健康安全目标时,组织需考虑已识别的法律法规和其他要求以及职业健康安全风险。组织宜利用从策划过程中所获得的其他信息(如职业健康安全风险优先顺序表等),以确定是否需建立与组织的每项法律法规和其他要求或每项职业健康安全风险均相关的特定目标。但组织无须针对每项法律法规和其他要求或每项已辨识的职业健康安全风险分别建立职业健康安全目标。

4. 组织还宜确定其他需考虑的问题和因素,例如:

(1)可选技术方案,财务、运行和经营要求;

(2)与组织总体业务相关的方针和目标;

(3)危险源辨识、风险评价和现有控制措施的结果;

(4)职业健康安全管理体系的有效性评估(如来自内部审核等);

(5)工作人员的观点(如来自员工的感知或满意度调查等);

(6)关于员工职业健康安全协商的信息,对工作场所评审和改进活动(这些活动在性质上可以是主动的,也可以是被动的)的信息;

(7)对照以往建立的职业健康安全目标所进行的绩效分析;

(8)关于职业健康安全不符合和事件的以往记录;

(9)管理评审的结果;

(10)对资源的需求和资源的可利用性。

5. 为了有助于未来的评审,组织可将建立目标的背景和缘由记录下来。

6. 目标类型的示例可包括:

(1)以具体指定某物增加或减少一个数量值来设定目标(如减少操作事件等);

(2)以引入控制措施或消除危险源来设定目标(如降低车间的噪声等);

(3)以在特定产品中引入危害较小的材料来设定目标;

(4)以提高工作人员有关职业健康安全的满意度来设定目标(如减低工作场所的工作压力等);

(5)以减少在危险物质、设备或过程中的暴露来设定目标(如引入准入控制措施或防护措施等);

(6)以提高安全完成工作任务的意识或能力来设定目标;

(7)以在法律法规即将颁布前做出妥当部署以满足其要求来设定目标。

7. 在建立职业健康安全目标期间，宜关注那些最可能受到职业健康安全目标影响的人员的信息或数据，这可有助于确保目标合理且得到更广泛认可。对源自组织外部（如承包方或其他相关方等）的信息或数据加以考虑，这对建立目标也很有益处。

8. 职业健康安全目标宜既针对组织内广泛、共同的职业健康安全问题，又针对特定于单个职能和层次的职业健康安全问题。

9. 职业健康安全目标可分解为不同的任务，但这取决于组织的规模、职业健康安全目标的复杂程度及其时限要求。在各不同层次的任务与职业健康安全目标之间，组织宜建立明确的联系。

10. 组织内不同职能和层次可建立特定的职业健康安全目标。某些适合于整个组织的职业健康安全目标可由最高管理者建立，其他职业健康安全目标可由或可为各相关单个部门或职能建立，但并非所有职能和部门均需建立特定的职业健康安全目标。

审核提示

1. 在职业健康安全管理主控部门及各部门及作业现场都要审核目标的设定及实现情况。

2. 与最高管理者沟通目标的设定考虑因素及公司总体目标实现情况。

3. 在审核报告中要对目标实现作整体评价。

6.2.2 实现职业健康安全目标的策划

策划如何实现职业健康安全目标时，组织应确定：

a)要做什么；

b)需要什么资源；

c)由谁负责；

d)何时完成；

e)如何评价结果；包括监视所需的参数；

f)如何能将实现职业健康安全目标的措施融入其业务过程。

组织应保持和保留职业健康安全目标及其实现计划的文件化信息。

理解要点

1. 这是标准的新要求，也可以说是由 OHSAS 18001 标准中的管理方案变化的结果。也体现了目标管理的基本思路。

2. 策划有措施包括 5 个要素，即措施内容、需要的资源、责任部门及配合部门、完成时间安排、如何对措施实施的有效性进行评价。

3. 标准要求将措施与各业务过程控制要求进行融合。可以在各过程建立时与其他体系要求同时描述安全健康的控制措施。

4. 目标及实现目标的计划要形成文件并保留。

实施指南

1. 为了实现目标，组织宜建立方案或称"编制计划"。方案是实现所有职业健康安全目标或单个职业健康安全目标的行动计划。对于复杂问题，可能需要制定更为正式的项目计划以作为方案的一部分。

2. 在考虑建立方案的必要手段时，组织宜检查所需的资源（财力、人力和基础设施）和所需执行的任务。根据为实现特定的目标所建方案的复杂性，组织宜为各单个任务指定职责、权限和完成时间，以确保职业健康安全目标可在总体时间框架内得到实现。

3. 组织宜将职业健康安全目标和方案与相关人员进行沟通（如通过培训或小组通报会等）。

4. 方案的评审需定期进行，必要时宜对方案进行调整或修订。这可作为管理评审的一部分来进行，或者可以更频繁地进行。

5. 组织可为实现目标进行单独和共同策划，必要时策划可针对多重目标；

6. 组织宜检查实现目标的所需的资源（如财务、人员、设备、基础设施）；

7. 可行时每个目标宜有指标与之关联，可以是战略性的、战术性的或者可操作性的。

审核提示

1. 在各部门结合职责、危险源和风险、目标制定分解、风险控制措施、目标实现措施一并审核。

2. 主要关注措施策划与目标的一致性及可操作性；结合实现情况一并审核。

3. 可与各过程的控制审核结合。

第六节 标准第7章解读

7 支持

7.1 资源

组织应确定并提供建立、实施、保持和持续改进职业健康安全管理体系所需的资源。

理解要点

1. 对职业健康安全管理体系建立、实施、保持、持续改进所需资源的基本要求。两个关键词"确定"和"提供"。"确定"是一个识别和确认的过程，是策划阶段的事；"提供"是实施阶段的事。提供可以是组织内的资源，也可以是外包方、承包方提供，租赁、采购以及利用现有的。

2. 资源包括基础设施（依据职业卫生与设施设备安全预评价报告批复意见落实安全卫生设施"三同时"形成的安全保障和防护设施，例如粉尘吸收系统、降噪设施、限位器、防护网）、人力资源（安全管理和技术人员、专业技能和培训的需求）、监视测量设备（报警装置)、应急设施设备(防泄漏围堰、洗眼器)、技术(安全治理技术、隐患排查技术)、财力资源(实施安全措施、风险控制措施方案所需要的资金)、信息系统以及自然资源(采光和通风、清洁的空气)。

应用指南

1. 由专业人员和安全健康管理人员一起,结合组织的产品、服务、活动过程,结合危险源和风险控制措施的要求识别组织需要的各类资源;建立清单(表2-9给出了清单的模板);在以往的审核中发现许多企业对资源的管理并不清楚。

表2-9 资源清单

序号	资源类型	资源名称	需要数量	应用过程或应用的方案	责任部门	如何提供	备注

2. 根据组织的实际,通过租赁、采购、建设以及利用现有的和外包方式等准备并提供相应资源,以确保各项安全健康控制和改进措施能落实到位。

3. 最高管理者宜及时而有效地确定和提供防止工作场所内的人身伤害与健康损害所需的全部资源。

4. 组织宜通过管理评审对资源及其配置进行定期评审,以确保其足以实施包括绩效测量和监视在内的职业健康安全方案和活动。对于已建立职业健康安全管理体系的组织,通过比较职业健康安全目标计划与实际结果,至少可对资源的充分性进行部分评估。在评估资源的充分性时,还宜考虑到计划的改变和(或)新的项目和运行的出现。

审核提示

在体系策划和管理部门整体审核资源确定和配备情况,结合各过程和风险的审核确认资源和适用性和充分性。

7.2 能力

组织应:

a)确定对组织职业健康安全绩效有影响或可能有影响的员工所需的能力;

b)基于适当的教育、入职引导、培训或经历,确保员工能够胜任工作;

c)适当时,采取措施以获得所必需的能力,并评价所采取措施的有效性;

d)保留适当的文件化信息作为能力的证据。

注:适当措施可能包括,例如:向现有员工提供培训和指导,或重新分配工作;或聘用、雇佣胜任的人员。

理解要点

1. 能力是指运用知识和技能实现预期结果的本领。标准对能力提出了3项要求:确定能力要求、获得能力和保留满足能力要求的证据。

2. 确定能力要基于教育、培训和工作经历来确定不同岗位人员对职业健康安全能力的要求；标准是能够胜任工作。

3. 获得能力的措施包括向现有员工提供培训和指导、重新分配工作、聘用具备能力的人员。

4. 对措施的有效性进行评价。

应用指南

1. 员工的能力宜包括恰当识别与其工作及工作场所相关危险源并处置职业健康安全风险所需的知识和技能。

2. 在确定何种活动或任务可能对职业健康安全产生影响时，组织宜考虑：

(1)组织的风险评价已确定的、使工作场所内产生职业健康安全风险的方面；

(2)旨在控制职业健康安全风险的方面；

(3)已明确实施职业健康安全管理体系的方面。

3. 管理者宜确定单个任务的能力要求。在界定能力要求时，组织可寻求外部的建议。当确定某项任务的能力要求时，宜考虑以下因素：

(1)工作场所中的作用和职责(包括所执行任务的性质及其相关职业健康安全风险)；

(2)运行程序和指令的复杂性和要求；

(3)事件调查的结果；

(4)法律法规和其他要求；

(5)个人能力(如文化和语言能力等)。

组织宜特别考虑下列人员的能力要求：

(1)最高管理者中的被确定负责职业健康安全管理工作的人员；

(2)执行风险评价的人员；

(3)执行有害暴露评价的人员；

(4)执行审核的人员；

(5)执行行为观察的人员；

(6)执行事件调查的人员；

(7)对于风险评价已识别为可能引入危险源的任务，执行该任务的人员。

组织宜确保包括最高管理者在内的所有人员，在允许其执行可对职业健康安全产生影响的任务前，具备胜任的能力。

4. 在确定每个人的能力时，组织宜考虑以下内容：

(1)承担该岗位必需的教育、培训、资格和经验以及保持能力所需要的再培训；

(2)工作环境；

(3)风险评价过程产生的控制措施；

(4)适用 OHSMS 的要求；

(5)职业健康安全方针；

(6)法律法规和其他要求;

(7)不符合以及不符合的潜在后果,包括对工作人员健康安全的影响;

(8)工作人员基于他们的知识和技能参与职业健康安全体系的价值;

(9)与其岗位相关的责任和义务;

(10)个人能力、包括经验、语言技能、读写水平以及多样性;

(11)组织环境或工作变化所致的相应的能力更新需求。

5. 员工可以协助组织确定需要的能力;

6. 组织宜确定和评价完成某项活动所需能力与被要求完成该项活动的个人所具有的能力之间的差异。在考虑个人现有能力的情况下,这些差异宜通过培训或其他措施(如额外的教育和技能拓展等)得以弥补。在聘用新人员和(或)在职员工转岗之前,宜考虑职业健康安全能力要求。

向员工提供与其工作相关的危险源和风险的免费培训,确保员工具备必要的能力摆脱危急和严重危险的情形。以下给出相关的培训指导:

(1)职业健康与安全培训

1)应当做出规定,要求对所有新雇用的员工进行职业健康与安全培训,向他们介绍工作场所的基本工作规则、人身保护规则以及如何防止导致其他员工受伤;

2)培训内容应包括基本的危险知识、工作场所的具体危险、安全工作规程、火灾紧急处理程序、疏散程序、自然灾害处理程序(内容以具体需要为准)。培训中应详细介绍工作场所的具体危险和所使用的颜色代码。

(2)来访者情况介绍

如果来访者可能进入有危险状况或危险物质的区域,则应当建立来访者情况介绍和控制制度,防止来访者在无人陪同的情况下进入危险区域。

(3)执行新任务的员工以及承包商培训

如果员工和承包商将要执行新的工作任务,则必须提前向他们提供充分的培训和信息,使他们了解工作危险,避免其健康受到潜在危险环境因素的影响。

(4)培训应充分包含以下项目:

1)有关材料、设备、工具的知识;

2)作业过程中一致的危险、如何控制这些危险;

3)影响健康的潜在风险;

4)为预防风险而采取的措施;

5)个人卫生要求;

6)保护用具和防护服的穿戴和使用;

7)如何正确应对作业极端情况、事端、事故。

7. 组织宜保持能确保人员有能力胜任工作所用的文件化信息。

审核提示

1. 在人力资源部门结合岗位任职条件审核确定的与职业健康风险有关的岗位及其能力要求;审核为满足能力要求所采取的措施以及对措施有效性的评价。

2. 在各部门和生产服务现场审核时结合过程要求及相应危险源验证其实际能力是否满足要求。并对能力确定的合理性和充分性做出评价。

7.3 意识

组织应让员工意识到：

a)职业健康安全方针和目标；

b)他们对职业健康安全管理体系有效性的贡献，包括对改进职业健康安全绩效的益处；

c)不符合职业健康安全管理体系要求的后果，包括他们的工作活动的实际或潜在的后果；

d)相关事件调查的信息和结果；

e)与他们相关的职业健康安全危险源和风险所确定的控制措施；

f)使工作人员有能力离开他们认为对他们的生命和健康造成严重或现实的危险工作状况，并保护他们免于为此承担不应当的后果。

理解要点

1. 意识是指对某事(如职业健康安全风险和危险源等)有察觉。人员意识的提高会带来职业健康安全行为的改善健康安全行为的改善会带来职业健康安全绩效的提升。

2. 标准对员工意识的要求提出了 5 个方面的内容：遵守方针和努力实现目标的意识、为 OHSMS 做贡献以及其对个人和组织的好处、如果违章形成不符合的严重后果，以及本岗位工作实际和潜在的风险及后果，有关职业健康安全事故事件调查的信息和结果、主动实现相关的控制危险源和风险的措施、遇到紧急情况的逃生能力。

3. 意识的提高也需要沟通、交流和培训。

应用指南

1. 为使员工和相关方人员能够安全地工作或开展活动，组织宜通过宣传、培训、文化建设、交底等使其充分了解：

(1)应急程序；

(2)他们有关职业健康安全风险的活动和行为的后果；

(3)改进职业健康安全绩效的益处；

(4)偏离程序的潜在后果；

(5)符合职业健康安全方针和程序的必要性；

(6)任何其他可能对职业健康安全产生影响的方面。

2. 组织宜根据承包方、临时工和访问者等所暴露的风险程度，向其提供可提高其意识的宣传方案。

审核提示

在主控部门审核沟通意识的管理情况，在现场结合具体岗位抽查不同人员的职业健康安全意识情况。

7.4 沟通

7.4.1 总则

组织应建立、实施和保持与职业健康安全管理体系有关的内部和外部沟通所需的一个或多个过程,包括确定:

a)沟通的内容;

b)沟通的时机;

c)沟通的对象;

1)和组织内部各层次和职能之间的沟通;

2)和工作场所的承包商人员和访问者的沟通;

3)与其他相关方的沟通。

d)如何沟通。

在考虑其信息和沟通需求时,组织应考虑多样性方面,如有(比如语言、文化、读写能力、伤残)。

组织应确保在建立沟通过程时考虑外部相关方的观点。

建立沟通过程时,组织应:

——考虑法律法规和其他要求;

——确保所沟通的职业健康安全信息与职业健康安全管理体系形成的信息一致且真实可信。

组织应对职业健康安全管理体系有关的信息予以响应。

适当时,应保留文件化信息作为沟通的证据。

7.4.2 内部沟通

组织应:

a)在其各层次和职能间就职业健康安全管理体系相关的信息进行内部沟通,适当时,包括沟通职业健康安全管理体系的变更;

b)确保其沟通过程使员工能够为持续改进做出贡献。

7.4.3 外部沟通

组织应考虑法律法规和其他要求,按照组织的沟通过程,就职业健康安全管理体系的相关信息进行外部沟通。

理解要点

1. 标准要求组织建立用于内部和外部沟通的一个或多个过程;并考虑法律法规和其他要求、相关方的观点,确保所沟通的信息与OHSMS形成的信息一致、真实可靠。

2. 明确了沟通的4要素(内容、时机、对象和方法)。

3. 标准重点强调了对3种对象的沟通:组织内部各层次和职能人员之间、承包方和访问者、其他相关方。

4. 在沟通方式方法上要求组织考虑沟通对象的多样性,在确定信息和沟通需求时要考虑语言、文化、读写能力、伤残情况。

5. 要求保留开展了沟通的文件化信息。

6. 要求内部沟通对OHSMS相关信息进行沟通，包括对OHSMS变更的沟通并确保沟通过程能够对员工OHS绩效改善做出贡献。

7. 强调外部沟通要遵守法律法规和其他要求。

应用指南

1. 组织宜通过沟通过程，鼓励那些受组织活动影响或关心其职业健康安全管理体系的人员，参与良好职业健康安全实践并支持其职业健康安全方针和目标。

2. 组织的沟通过程宜提供组织内纵向和横向的信息传递。该过程还宜提供信息的收集和传播。组织宜确保向所有相关人员提供职业健康安全信息，使其能接收到并能得到其理解。

3. 组织宜建立过程用于组织内不同职能和层次间的内部沟通和用于与相关方的外部沟通。

4. 组织宜将有关其职业健康安全危险源和职业健康安全管理体系的信息有效传达给包含在管理体系之中或受到管理体系影响的人员，以便使其在适当时能够积极参与或支持对人身伤害或健康损害的预防。

5. 在确定沟通过程时，组织宜考虑以下方面：

(1)信息的目标接收者及其需求；

(2)合适的方法和媒介；

(3)当地文化、习惯方式和可利用的技术；

(4)组织的复杂性、结构和规模；

(5)工作场所有效沟通的障碍，如文化水平或语言上的障碍；

(6)法律法规和其他要求；

(7)各种各样贯穿于组织所有职能和层次的沟通模式和信息流的有效性；

(8)沟通有效性的评估。

6. 职业健康安全问题可通过诸如以下方法传达到员工、访问者和承包方：

(1)职业健康安全简报和会议，入职和上岗谈话等；

(2)包含职业健康安全问题信息的通讯、海报、电子邮件、意见箱或建议方式、网站、公告板。

7. 内部沟通的应用指南

将关于职业健康安全风险和职业健康安全管理体系的信息有效传达到组织的各不同层次，以及就这些信息在组织各不同职能之间进行有效沟通，这些都非常重要。这宜包括下列信息：

(1)有关管理者对职业健康安全管理体系承诺的信息(如为改进职业健康安全绩效所采纳的方案和所承诺的资源等)；

(2)关于识别危险源和风险和机遇的信息(如关于运行过程的流程、所用材料、设备的规范和工作实践观察的信息等)；

(3)关于职业健康安全目标和其他持续改进活动的信息；

(4)与事件调查相关的信息(例如所发生事件的类型；导致事件发生的因素；事件调查的结果等)；

(5)与在消除职业健康安全危险源和风险方面的进展有关的信息(如表明已完成或正在进行的项目进展的状况报告)；

(6)与可能对职业健康安全管理体系产生影响的变化有关的信息。

8. 与承包方和其他访问者的沟通指南

包括下列信息：

(1)建立和保持用于与进入工作场所的承包方和其他访问者进行沟通的程序非常重要。沟通的程度宜与他们所面临的职业健康安全风险相关；

(2)组织宜做出妥善安排，将其职业健康安全要求明确传达给承包方。程序宜适合于与所开展工作相关的职业健康安全危险源和风险。除了就绩效要求进行沟通外，组织还宜就与不符合职业健康安全要求有关的后果进行沟通；

(3)合同常用于传达职业健康安全绩效要求。可能还需将其他现场安排(如项目前期的职业健康安全策划会议)增补到合同中，确保适当措施得到实施以保护工作场所内的每个人员；

(4)沟通宜包括与任何所执行的特定任务或将开展工作的区域相关的运行控制措施的信息。此类信息宜在承包方进入现场前予以传达，并在工作开始的适当时候，对附加的或其他信息(如现场巡视等)予以增补。组织还宜建立适当的过程，用于当出现影响承包方职业健康安全的变化时与承包方进行沟通；

(5)在建立与承包方沟通的过程时，除了现场所开展活动的特定职业健康安全要求外，还需考虑以下可能与组织相关的方面：

1)关于每个承包方的职业健康安全管理体系信息(如针对相关职业健康安全危险源已建立的方针和程序等)；

2)对沟通方法和范围具有影响的法律法规或其他要求；

3)以往的职业健康安全经验(如职业健康安全绩效数据等)；

4)工作现场存在多个承包方；

5)执行职业健康安全活动(如有害暴露监视、设备检查等)的员工；

6)应急响应；

7)将承包方的职业健康安全方针和做法与组织和工作现场的其他承包方相结合的需求；

8)对于高风险的任务，附加协商和合同规定的需求；

9)对经协商确定的职业健康安全绩效准则符合性的评价要求；

10)事件调查过程，不符合和纠正措施的报告；

11)日常沟通安排。

(6)对于访问者(包括送货员、顾客、公众、提供服务的人员等)，沟通不但可能包括警告标志、安全屏障等，还可能包括口头和书面沟通。宜予以传达的信息包括：

1)与访问者相关的职业健康安全要求；

2)疏散程序和警报响应；

3)交通控制措施；

4)准入控制措施和陪同要求；

5)任何所需穿戴的个体防护装备(如护目镜等)。

9. 与外部其他相关方的沟通应用指南

包括下列信息：

(1)组织需建立适当的过程，用于接受外部相关方的相关信息，并形成文件和做出回应；

(2)组织宜依据其职业健康安全方针和适用的法律法规和其他要求，提供适当且前后一致的、关于其职业健康安全危险源和职业健康安全管理体系的信息。这可能包括组织有关正常运行和潜在紧急情况的信息。

外部沟通程序通常包括所指定联络人的识别。需注意将适当的信息以前后一致的方式予以传达。这在紧急情况下显得尤为重要，因为此时要求定期更新信息和(或)需答复更广泛的问题。

审核提示

1. 在职业健康安全主管部门审核沟通的策划过程；在对外有业务交往的部门如市场部门、合约部门、负责外包的部门审核外部沟通，在各部门审核内部沟通情况。

2. 可以与员工及员工代表进行交流，了解公司内部沟通情况，可以电话联系合作方，了解外部沟通情况。

7.5　文件化信息

7.5.1　总则

组织的职业健康安全管理体系应包括：

a)本标准要求的文件化信息；

b)组织确定的实现职业健康安全管理体系有效性所必需的文件化信息。

注：不同组织的职业健康安全管理体系文件化信息的复杂程度可能不同，取决于：

——组织的规模及其活动、过程、产品和服务的类型；

——履行其法律法规要求和其他要求的需要；

——过程的复杂性及其相互作用；

——人员的能力。

7.5.2　创建和更新

创建和更新文件化信息时，组织应确保适当的：

a)标识和说明(例如：标题、日期、作者或文献编号)；

b)格式(例如：语言文字、软件版本、图表)与载体(例如：纸质、电子)；

c)评审和批准，以确保适宜性和充分性。

理解要点

1. 文件化信息是组织需要控制并保持的信息,以及承载信息的载体。文件化信息可以任何形式和载体存在,可以来自任何来源。文件化信息可能涉及管理体系包括过程、组织为控制运作而建立的文件、实现证据。

2. 明确了职业健康安全管理体系的文件范围:本标准中所有明确要求的文件化信息和组织确定了为实现 OHSMS 有效性所需要的文件化信息。文件化信息包括文件和记录。凡是用"保持"的一般是对文件的要求,凡是用"保留"的一般是对记录的要求。

3. 文件的复杂和详细程度取决于 4 个方面,即组织的规模及其活动、过程、产品和服务的类型;履行其法律法规要求和其他要求的需要;过程的复杂性及其相互作用;人员的能力。

4. 创建和更新文件时要明确标识和说明、格式要求以及评审和批准要求。

7.5.3 文件化信息的控制

应对职业健康安全管理体系及本标准要求的文件化信息应予以控制,以确保:

a)在需要的时间和场所均可获得并适用;

b)受到充分的保护(例如:防止失密、不当使用或完整性受损)。

为了控制文件化信息,适用时,组织应采取以下措施:

——分发、访问、检索和使用;

——存储和保护,包括保持易读性;

——变更的控制(例如:版本控制);

——保留和处置;

——员工及员工代表(如有)对相关的文件化信息的访问。

组织应识别所确定的对职业健康安全管理体系策划和运行所需的来自外部的文件化信息,适当时,应对其予以控制。

注:"访问"可能指只允许查阅文件化信息的决定,或可能指允许并授权查阅和更改文件化信息的决定。

注 2:访问相关的文件的讯息包括员工及其员工代表(如有)的访问。

理解要点

1. 明确了对内部文件进行控制的要求:包括发放范围、访问权限(对电子文档要明确授权)、检索步骤、使用范围、存储和保护要求、变更要求、保留和处置要求、获取方便性要求、适用版本要求。

2. 对员工和员工代表如何对文件进行访问提出了要求。

3. 对外来文件的管理要求,一是确定,二是控制。

应用指南

1. 建立文件化信息管理过程,明确范围、职责及要求。

2. 对电子文档管理进行授权。

3. 建议文件管理台账和外来文件管理清单。

审核提示

对体系策划部门进行总体审核，结合各过程对各部门和现场进行审核。

第七节 标准第8章解读

> **8 运行**
>
> **8.1 运行策划和控制**
>
> **8.1.1 总则**
>
> 组织应策划、实施并控制满足职业健康安全管理体系要求以及实施条款第6章所确定的措施所需的过程，通过：
>
> a)建立过程准则；
>
> b)按照准则实施过程控制；
>
> c)保持必要的文件化信息，以确信过程已按策划得到实施；
>
> d)使工作适合于员工。
>
> 在存在多个雇主的工作场所，组织应实施一个过程用以协调职业健康安全管理体系相关各方与其他组织。

理解要点

1. 要求组织策划、实施并控制过程，目的是满足OHSMS要求，并实施本标准第6章策划过程所确定的措施。

2. 要求组织建立过程准则，即明确各过程的控制要求。包括5W1H：谁(Who)——因为什么(Why)——需要在什么时间(When)——在什么地点(Where)——做什么(What)——如何做(How)。准则可以是制度、可以是操作规程、可以是作业指导书，可以是组织自编的，也可以是行业或国家标准或规范。

3. 要求组织按策划的准则实施过程控制。

4. 要满足人类工效学要求，使工作及工作组织适合于员工，要考虑员工的精神情况，要考虑必要的作业禁忌要求。

5. 当在工作场所有多家组织共同作业时，如一个建设工地有土建施工队伍、有安装队伍还有吊装专业队伍，则建设单位(业主)要做好协调，对整体的职业健康安全工作进行管理。这也是我国安全生产法的明确要求。

6. 要求组织保持各过程控制的文件化信息，以证明过程控制有效。

实施指南

1. 组织需要建立和实施必要的运行策划过程，通过消除危险源或者不可行时，尽可能将运行区域和活动的职业健康安全风险降低到合理可行的水平，以改进职业健康安全绩效。过程运行控制的示例包括：

(1)使用工作程序和系统；

(2)确保工作人员能力；

(3)建立预防性和预测性的维护和检查方案；

(4)货物和服务采购规范；

(5)应用法律法规和其他要求；

(6)工程控制和管理控制；

(7)使工作和工作人员相适宜，例如，通过：

1)规定和重新规定工作的组织方式；

2)引入新工作人员；

3)规定和重新规定工作环境；

4)设计和更改工作场所、设备时采用人类工效学方法。

2. 在建立和实施运行控制措施时，所需考虑的信息包括：

(1)职业健康安全方针和目标；

(2)危险源辨识、风险评价、现存控制措施评估和新控制措施确定的结果；

(3)变更管理；

(4)内部的规范(例如，关于材料、设备、设施布局的规范等)；

(5)现有运行过程的信息；

(6)法律法规和组织应遵守的其他要求；

(7)与所采购的货物、设备和服务相关的产品供应链控制措施；

(8)参与和协商的反馈；

(9)承包方和其他外部人员所执行任务的性质和范围；

(10)访问者、送货员、服务承包方等被许可进入的工作场所。

3. 组织宜建立运行控制措施，以消除或减少和控制可能由员工、承包方、其他外部人员、公众和(或)访问者带入工作场所的职业健康安全风险。运行控制措施可能还需考虑到职业健康安全风险扩展至公共区域或他方控制区域(例如本组织员工在客户现场工作的时候)的情况。在此情况下，组织有时有必要与外部方面进行协商。产生职业健康安全风险的领域及其相关控制措施的典型示例如下：

(1)一般控制措施

1)设施、机械和设备的定期维护和修理，以预防不安全状况的产生；

2)使人行通道保持通畅的管理和维护；

3)交通管理(如车辆和行人的分离管理等)；

4)工作台的提供和维护；

5)热环境(温度、空气质量)的保持；

6)通风系统和电气安全系统的维护；

7)应急计划的保持；

8)与旅行、威吓、性骚扰、毒品和酗酒等相关的政策；

9)健康方案(医疗监护方案)；

10)与特定控制措施的使用有关的培训和意识方案(如工作许可证制度等)；

11)准入控制措施。

(2)执行危险任务

1)制度、程序、操作规程、作业指导书或经核准的工作方法的使用；

2)合适设备的使用；

3)对执行危险任务的人员或承包方的资格预审和(或)培训；

4)工作许可证制度、事先批准制度或授权制度的使用；

5)控制人员进出危险作业现场的准则；

6)预防健康损害的控制措施。

(3)使用危险物质

1)所确立的库存水平、存储位置和存储条件；

2)危险物质的使用条件；

3)危险物质可用区域的限制；

4)安全储存的规定和入库的控制措施；

5)物质安全数据和其他相关信息的预备和获取；

6)辐射源的防护；

7)生物污染物的隔离；

8)应急设备的使用知识和可利用性。

(4)设施和设备

1)设施、机械和设备的定期维护和修理，以预防不安全状况的产生；

2)使人行通道保持通畅的管理和维护以及交通管理；

3)个体防护装备的提供、控制和维护；

4)职业健康安全设备(如防护装置、防坠落系统、停机系统、受限空间救援设备、锁定系统、火灾探测和灭火设备、有害暴露监视装置、通风系统和电气安全系统等)的检查和测试；

5)物质搬运设备(吊车、铲车、起重器械和其他起重设备)的检验和测试。

(5)货物、设备和服务的采购

1)对所采购货物、设备和服务的职业健康安全要求的确立；

2)就组织自己的职业健康安全要求向供方沟通；

3)采购或运输/转移危险化学品、材料和物质的事先批准要求；

4)采购新机械和设备的事先批准要求和规范；

5)机械和设备使用前安全运行程序的事先批准，和(或)物质使用前安全处理程序的事先批准；

6)供方的选择和监视；

7)对所接收的货物、设备和服务的检查以及对其职业健康安全绩效的验证(定期验证)；

8)对新设施职业健康安全规定的设计的批准。

(6)承包方

1)建立承包方的选择准则;

2)就组织自己的职业健康安全要求向承包方沟通;

3)评估、监视和定期重新评估承包方的职业健康安全绩效。

(7)工作场所的其他外部人员或访问者

由于访问者或其他外部人员的知识和能力具有很大的差异,因此,在制定控制措施时宜对此加以考虑。示例可包括:

1)入口控制措施;

2)在允许使用设备前确定其知识和能力;

3)必要的指导和培训的规定;

4)警告标志/管理控制措施;

5)监视访问者行为和指导其活动的方法。

4. 组织宜规定预防人身伤害和健康损害所必要的运行准则。运行准则宜具体针对组织及其运行和活动,并与组织自身的职业健康安全风险相关,如果缺乏,则可能会导致对职业健康安全方针和目标的背离。

运行准则示例可包括:

(1)对于危险作业

1)指定设备的使用及其使用程序或作业指导书;

2)能力要求;

3)特定的入口控制过程和设备的使用;

4)作业即将开始前,个人风险评价的权限/指南/指导书/程序。

(2)对于危险化学品

1)经核准的化学品清单;

2)有害暴露的限制;

3)明确的库存限制;

4)指定的储存场所和条件。

(3)对于包含进入危险区域的作业

1)个体防护装备要求的规范;

2)特定的进入条件;

3)健康和适宜条件。

(4)对于包含承包方执行任务的作业

1)职业健康安全绩效准则的规范;

2)承包方人员的能力和(或)培训要求的规范;

3)提供设备的承包方的规范/检验。

(5)对于访问者的职业健康安全危险源

1)入口控制措施(出入标志、准入限制);

2)个体防护装备要求；

3)现场安全简报；

4)应急要求。

5. 组织需实施运行控制措施，对其进行持续评审以验证其有效性，并将其融入整个职业健康安全管理体系之中。

6. 保持运行控制措施

组织宜定期评审运行控制措施，以评估其持续适宜性和有效性。组织若确定变更是必要的，则宜实施变更。

审核提示

1. 在职业健康安全主管部门审核策划，主要是审查是否针对第6章策划识别的危险源及风险制定了控制措施及措施整体实施情况。

2. 在生产作业现场针对具体过程审核控制情况及效果。

3. 需要由熟悉业务的专业人员和有专业背景的安全管理人员一并审核。

8.1.2　消除危险源和减低职业健康安全风险

组织应建立、实施和保持一个过程，以便依据以下控制优先顺序来消除危险源和降低职业健康安全风险：

a)消除危险源；

b)用危险性较低的材料、过程、运行或设备替代；

c)采取工程控制措施和重新组织工作；

d)运用管理控制措施，包括培训；

e)使用适当的个人防护装备。

注1：在许多国家，法律法规和其他要求包括了免费为工作人员提供个人防护用品(PPE)。

理解要点

1. 要求组织建立、实施和保持过程，按消除—替代—控制—管理—防护的优先控制措施顺序确定消除危险源和降低风险的措施。控制措施的分级旨在提供一个系统的方法来加强职业健康安全、消除危险源、减少或控制OHS风险。每一个控制措施都被视为比前一个控制措施的有效性更低一些。为了成功减少OHS风险至一个合理的切实可行的低水平，通常结合几个控制措施。

2. 在考虑消除危险源和减低职业健康安全风险的措施时，宜优先选择在防止人身伤害和健康损害方面具有较高可靠性的控制措施方案，并遵循控制措施层级选择顺序，即首先考虑重新设计设备或过程，以消除或减少危险源；其次考虑改进标志和(或)警示，以避开危险源；然后考虑改进管理程序和培训，以减少人员对未充分控制的危险源的有害暴露的频次和持续时间；最后考虑使用个体防护装备，以降低人身伤害或有害暴露的严重程度。

3. 控制措施实例

包括：

(1)消除：消除危险源、停止使用化学品；规划新工作场所时应用人机工程；消除工作的单调性或导致负面压力的工作；区域内不使用叉车；

(2)替代：以较小的危险物资替代较大的危险物资；回复顾客投诉转变为在线指南；从源头减少 OHS 风险；适当技术进步(如以水基涂料代替溶剂基涂料)；更换光滑的地板材料；降低设备的电压要求；

(3)工程控制措施：工作重组或二者的结合；将人与危险源隔离；实施集体保护措施(如隔离、机器防护装置、通风系统)；解决机械操作；减少噪声；使用防护栏防止高空坠落；重新安排工作避免独自工作；缩短对健康有害的长时间工作和工作负荷；

(4)包括培训在内的管理措施：实施设备定期检查；开展防欺凌和骚扰内的培训；管理与分包方的活动有关的健康和安全协调；开展入职培训；管理叉车驾驶执照；提供报告事件、不符合和迫害而不畏惧的指南；改变工作模式(如工人倒班)；为已经识别出处于风险中的工作人员个健康和医疗监督计划(如听力、手臂振动、呼吸不适)；给工作人员适当的指导(如进入控制过程)；

(5)个人防护设备：提供充足的 PPE，包括服装和 PPE 使用维护说明(如安全鞋、安全眼镜、听力保护器、手套)。

应用指南

1. 建立和实施运行控制措施

对于运行区域和活动，如采购、研究与开发、销售、服务、办公活动、非现场工作、家庭工作、制造、运输和维护等，组织有必要建立和实施运行控制措施，以管理职业健康安全风险，使风险保持在可接受的水平。运行控制措施可采用各种不同的方法，例如物理装置(如屏障、进入控制等)、程序、作业指导书、图示、警报和标志。采用警告标志更为可取，因为警告标志基于公认的设计原则，强调使用标准化的图形符号和尽可能少的文本，即使需使用文本，也有诸如"危险"或"警告"等公认的文字标志可供使用。

2. 以下给出了针对不同情况或危险源的控制措施建议：

(1)确保工作场所建筑物的完好性

1)对于永久性和经常性工作场所应当慎重设计和添置设备，以便维护职业健康与安全：

①工作场所的表面、建筑结构、设备应当容易清洁和维护，而且不易于积累危险的化合物；

②建筑物在结构上应当安全可靠，能适当抵御恶劣天气的影响，并且有适当的光线，能隔绝过度的噪声；

③在尽可能的范围内，应当使用耐火、吸声材料对天花板和墙壁进行装修；

④地板应当保持水平、平坦、防滑。

2)有大量震动、转动、往复运动的设备应当设置在专用建筑物内，而且所在区域应当在结构上与其他部分隔绝。

(2)工作场所和出口

1)为每个工人以及全体工人提供的空间应当足够大,以便安全地进行所有活动,包括运输和暂时存放材料和产品;

2)通向紧急出口的通道任何时候都不应有障碍物阻挡。出口处应有明显的标志,即使在完全黑暗的情况下也能看到。紧急出口的数量和大小应当足以让任何时间在场的大多数人能够安全有序地撤离,而且任何工作场所都必须至少有两个出口;

3)设计和修建设施的时候还应考虑到残疾人的需要。

(3)防火灾措施

1)工作场所的设计应遵循工业场所的防火规则,力求避免发生火灾。此外还应采取一项基本措施:

①工作场所应配备火灾探测器、警报系统、灭火设备。灭火设备应随时保养,保持良好的工作状态,而且应当放在容易拿到的地方。灭火设备应当充足,与以下各方面的情况相符:场地的大小和使用需要、现场的设备、现场物质的化学特性、现场的人数上限;

②提供手动灭火设备,放在容易拿到的地方,并且应当是容易使用的设备。

2)火灾警报系统和紧急状况警报系统应当让人能够听到和看到。

(4)洗手间和浴室

1)应当根据预计在设施内工作的人数提供足够的洗手间设施(厕所和洗手区),并且应当提供男女分用设施,或者让人能够显示厕所"有人"还是"无人"。此外,洗手间还应供应充足的冷热水、肥皂、擦手用品;

2)如果工人可能在工作场所通过消化道和皮肤沾染有毒物质,则应当提供淋浴设施和更衣室。

(5)饮用水供应

1)应当用向上喷泉的方式提供饮用水,或者提供能够盛接饮用水的卫生方式;

2)向厨房提供的水或者为个人卫生目的(洗手或洗澡)提供的水应当符合饮用水质量标准。

(6)干净的用餐区

如果工人在工作场所有可能通过消化道沾染有毒物质,应当做出适当的安排,提供干净的用餐区,让工人能在没有危险物质或危险物质的环境中用餐。

(7)照明

1)工作场所应尽可能获得自然光线,此外辅以人工照明,以便维护工人的安全和健康,并使工人能够安全操作设备。如果需要达到一定的视觉精度要求,则可能需要增添"工作岗位照明";

2)应当安装具有足够强度的紧急情况照明设备,在主要的人工照明光源失效时能够自动启动,以确保安全关闭和疏散等。

(8)安全通道

1)建筑物内外供人员和车辆使用的通道应当分开,而且应当容易使用、安全可靠、符合需要;

2)通向需要保养、检查、清洁的设备和装置的通道不应有障碍物阻挡,不应受到限制,而且应当容易使用;

3)楼梯、固定梯子、平台、永久性或临时性地面入口、装货区、坡道等应当安装(手、膝、脚)栏杆;

4)地面入口应当有密封门,或者用可移动的链条封住;

5)在可能的情况下,应该安装盖子,以免物体掉落;

6)应当采取措施防止无权者进入危险区域。

(9)通风

1)对室内和狭小工作空间应当供应足够的新鲜空气。通风设计方面应考虑的因素包括人体的活动、所使用的物质、与工艺相关的排放物质。供气系统的设计应防止气流直接吹向工人;

2)机械化通风系统应保持在良好的工作状态。如果为了保持安全的环境而安装点源排气系统,则应有显示系统工作正常的局部指示灯;

3)不得对受污染空气进行再循环。进气口过滤罩应保持干净、没有灰尘和微生物。暖气通风空调(HVAC)系统和工业挥发冷却系统在配备、保养、操作方法上应避免病菌(例如军团菌肺炎)生长和散布,也应避免传病媒介(例如蚊蝇)滋生,从而造成公共健康危害。

(10)工作环境温度

在工作时间,工作场所、厕所、其他福利设施的温度应当保持在与该场所用途相符的温度范围。

(11)危险区域的标志牌

1)危险区域(配电室、压缩机室等等)、装置、材料、安全措施、紧急出口等等都应当悬挂正确的标志牌;

2)标志牌应当符合国际标准,并应是员工、来访者、一般公众(以具体情况为准)都熟悉并容易理解的标志牌。

①设备的警告牌

——所有可能装有危险物质(危险原因可能是化学性质、毒物学性质、温度、压力)的容器应当有警告牌,说明其内容和危险,或者用适当的颜色代码加以显示;

——同样,有危险物质的管道系统也应当标明管道中的内容物及其流向,并且尽可能在管道穿过墙壁或地板处有阀门或连接装置的地方用颜色代码加以显示。

②说明危险等级标号

——应当在工作场所紧急出入口外面和火灾紧急连接系统处张贴危险等级标号制度的说明,因为这些地方比较容易让紧急情况处理人员看到;应当主动向紧急情况处理人员和安全人员说明现场所存放、搬运、使用的危险物质种类,包括通常最大库存量以及储存地点,以便在必要时加快紧急回应的速度;

——应当邀请当地的紧急情况处理人员和安全人员参加定期(年度)参观和现场检查,让他们熟悉现场潜在的危险。

(12)旋转和运动设备

受伤和死亡的原因包括:在操作时由于设备意外启动或不明显移动而被机械部件夹住、卷入、撞击。建议采取以下防护措施:

1)在设计机器时消除夹住危险,确保在正常操作情况下机械突出部分不会对人体造成伤害。正确设计方案的例子包括:双手操作的机器防止工人肢体被切断,提供紧急切断动力的装置并设在具有战略意义的位置。如果机器或设备有暴露的运动部件或暴露的夹住点,因而可能威胁工人的安全,则应当安装护罩或其他装置,防止人体接触运动部件或夹住点护罩的设计和安装应当符合有关的机器安全标准;

2)在进行维修和保养期间,应当根据 CSA Z460《危险能量控制 切断和其他方法》或相等的 ISO 或 ANSI 标准,关闭、切断、隔离、关断具有暴露和防罩运动部件的机械以及能量储存(例如压缩空气和电动部件)的机械(执行上锁/挂牌制度);

3)尽可能设计和安装能在不拆除护罩装置的情况下进行日常保养(例如加润滑油)的设备。

(13)噪声

不同工作环境的噪声限度规定见表 2－10。

表 2－10 各种工作环境的噪声上限 单位:dB(A)

地点/工作	等值 LAeq,8h	最大值 LAmax
重工业(不需要口头沟通)	85	110
轻工业(需要少量口头沟通)	50～65	110
开发型办公室、控制室、服务柜台等	45～50	—
单间办公室(没有噪声)	40～45	—
课堂、大教室	35～40	—
医院	30～35	40

1)在没有听觉保护的情况下,员工每天在 85dB(A)噪声环境中停留的时间不得超过 8 小时。此外,在没有听觉保护的情况下,不得使员工暴露于超过 140dB(C)的峰值声压(瞬间);

2)如果 85dB(A)的噪声持续 8h 以上,或者峰值噪声达到 140dB(C),或者平均噪声达到 110dB(A),就应当积极采取听觉保护措施。所提供的听觉保护用具应当能够将耳朵听到的音量至少降低到 85dB(A);

虽然最好在噪声超过 85dB(A)的任何时间提供听觉保护,但可以通过限制噪声暴露的时间长度来达到相同的保护效果,但这种方法比较不容易控制。噪声程度每提高 3dB(A),"允许的"暴露时间就应当减少 50%;在发给员工听觉保护用品(最终的噪声控制措施)之前,可以考虑和采用隔音材料、隔离噪声来源和其他工程方法(如果可行);如果工人暴露于高强度噪声环境,则应定期为其检查听力。

(14)振动

如果工人的手和臂膀由于使用手上工具、电动工具而受到振动,或者工人的全身由于站立在或坐在振动的表面而受到振动，则应当通过设备的选择、安装减振垫或减振装置、限制暴露时间来加以控制。暴露程度应当根据设备制造商提供的每日暴露时间以及数据加以核查。

(15)电流

暴露的或者有故障的电动装置(例如，断路器、配电板、电缆、电线、手上工具)可能给工人带来严重的风险。头顶上方的电线可能被金属器件(例如，竿子和梯子)碰到，也可能被有金属支架的车辆碰到。车辆或者接地的金属物件在接近头顶上方的电线时，即使并未实际接触也可能造成电线与物体之间产生电弧。建议采取以下措施：

1)在所有通电的电动装置和电线上放置警告牌；

2)在维修和保养期间，应当对电动装置进行上锁(切断电源，并用可控上锁装置保持切断状态)和挂牌(在锁上放置警告牌)；

3)检查所有电线、电缆、手上电动工具，查看是否有破损或暴露的电线，并根据制造商的建议确定手上工具的允许最大工作电压；

4)对潮湿(或者可能潮湿)的环境中使用的所有电动设备进行双重绝缘/接地处理；采用电路受到接地故障断路器(GFI)保护的设备；

5)采用遮盖方法，或者将电线支撑在有车辆来往区域上方，避免电线和延长线因过往车辆而受到损坏；

6)用正确方法标明有高压设备的机房("电流危险")以及受控或禁止入内的机房；

7)在高压线附近或下方设置"不得接近"区域；

8)如果使用橡胶轮胎的施工车辆或其他车辆直接接触高压线，或者与高压线之间产生电弧，则应暂停使用 48h，并且应当更换轮胎，以免发生灾难性的轮胎和车轮组件故障(可能导致人员重伤或死亡)；

9)在进行挖掘工程之前，应当详细确定并标明所有埋在地下的电线。

(16)工业车辆驾驶和现场交通

工业车辆驾驶员如果缺乏培训或缺乏经验，就会增加与其他车辆、行人、设备发生碰撞事故的可能性。工业车辆和运货车辆以及现场的私人车辆也会造成碰撞的可能性。工业车辆驾驶和现场交通安全规则包括：

1)培训工业车辆驾驶员安全操作各种车辆(包括铲车)，给予认证，学习内容包括如何从事安全装货/卸货，以及了解装载限度；

①确保驾驶员接受医疗检查；

②确保后视能力有限的移动设备安装发出声音的倒车警报器；

③规定交通礼让规则，限制现场车速，规定车辆检查时限，建立操作规则和程序(例如，禁止铲车在铲子放下的状态下行驶)，控制交通状态或方向。

2)规定送货车辆和私人车辆只能在限定的道路和区域行驶，尽量使用单行道规则(如果合适)。

(17)高空作业

如果工人有可能坠落的距离超过 2m、可能坠落到运行的机器中、可能坠落到水中或其他液体中、可能坠落到危险物质中、可能从工作表面的开口中坠落，就应当执行预防和保护措施。根据具体情况，有时坠落距离可能不到两米也应该采取坠落预防和保护措施。坠落预防措施包括：

1)在有脆弱危险的区域边缘安装防护栏杆(应具备中间一道杆和周边挡板)；

2)应当由受过培训的员工正确使用梯子和脚手架；

3)采用坠落预防装置(包括安全带和距离限制系索)，用于防止进入有脆弱危险的区域，或者采用其他坠落防护装置(例如全身挽具，同时采用能够缓冲的系索，或采用自动收回的惰性坠落阻止设备，将其连接在固定锚位上，或采用水平救生索)；

4)针对必要的个人防护用具提供适当的使用、保养、维护培训；

5)制订计划并提供必要设备，以便在工人坠落被阻止后进行救援和/或使其返回原处。

(18)化学危险

由于一次性大量接触或长期反复接触有毒、腐蚀性、敏感性、氧化性物质，有可能导致疾病或伤害。如果互不相容的化学品无意中混合在一起，此类物质还可能导致无控制的反应，例如火灾和爆炸危险。我们可以通过一系列方式控制化学危险，其中包括：

1)用不太危险的物质代替危险物质；

2)采用工程学方法和行政控制方法来避免或减少危险物质在工作环境中的排放，将暴露程度限制在国际公认限度之下；

3)尽量减少接触此类物质(或可能接触此类物质)的员工人数；

4)根据国家和国际公认规则和标准悬挂标签和做出标记，告诉工人工作场所存在的化学危险。这些规则和标准包括：国际化学安全信息卡(ICSC)、材料安全数据表(MSDS)、其他具有同等效力的规则。书面说明应采用容易理解的语言书写，并且充分提供给可能接触此类物质的工人和急救人员；

5)培训工人使用现有信息(例如 MSDS)、采用安全工作方法、正确使用个人防护用具。

(19)火灾和爆炸

由于易燃物质或气体被点燃而造成火灾核爆炸，可能导致财产损失，并可能使项目员工受伤或死亡。应采取以下预防和控制措施：

1)易燃物的存放地点也远离点火来源和有氧化作用的物质。此外，对易燃物存放地点应采取以下措施：

①远离建筑物的出入口；远离建筑物通风设备出入口；地面和天花板应当有自然和被动通风以及防爆炸通风；

②采用防止产生火花的电器装置；

③配备灭火设备，安装自动关闭的门，采用能够在一定时间内耐火的建筑材料。

2)如果存放区域正在(或可能)装卸此类物质，则应提供容器的接地和容器之间的连接，同时提供更多地面机械通风；

3)如果易燃物主要是尘埃，则进行接地，安装火花探测装置，必要时提供火焰熄灭系统；

4)确定并标出有火灾危险的区域，告诉工人相关的特别规则(例如禁止使用烟具、手机、其他可能产生电火花的设备)；

5)具体培训工人如何搬运易燃物，以及如何防火灭火。

(20)个人防护用具(PPE)

个人防护用具(PPE)的作用是保护工人免受工作场所危险的侵害(对其他工作场所控制和安全措施发挥补充作用)。

个人防护用具是在工厂控制措施以外提供的额外措施，属于最后一道防线。表2－11列出了各种职业危险以及根据各种目的提供的个人防护用具类型。应当通过下列方法在工作场所使用个人防护用具：

1)如果其他方法、工作计划、操作程序无法消除或者充分减小危险或暴露程度，则应积极使用个人防护用具；

2)确定并提供合适的个人防护用具，做到能够充分保护工人本人、其他工人、偶尔的来访者，而且不应给使用者带来不必要的不便；

3)正确保养个人防护用具，包括清洁污损的用具，更换损坏或磨损的用具。员工的日常培训应将正确使用个人防护用具作为一项内容；

4)应当根据现场存在的危险以及本章前面谈到的分级方法选择个人防护用具。此外，还应参照公认权威机构所确定的性能和测试标准。

表2－11 建议针对各类危险采用的个人防护用具概述

目的	工作场所危险	建议使用的个人防护用具
眼睛和面部防护	飞扬的微粒、融化的金属、化学液体气体、挥发物、轻度辐射	有侧面防护的安全眼镜、保护玻璃等
头部防护	坠落的物体、上方高度不够、上方的电线	塑料头盔(顶部和侧面有缓冲装置)
听觉防护	噪声、超声波	听觉保护用具(耳塞或者护耳)
足部防护	坠落或滚动的物体、尖锐物体。腐蚀性或高温液体	安全鞋、安全靴，用于防止移动或坠落的物体液体、化学物质伤害足部
手部防护	危险材料、割破、裂伤、振动、极端温度	橡胶手套或合成材料手套(氯丁橡胶)、皮革、钢铁、绝缘材料等
呼吸道防护	灰尘、雾气、烟雾、喷雾、气体、烟尘、挥发物	带有适当过滤部分的面罩，用于消除灰尘、清洁空气(清除化学物、喷雾、挥发物、气体)。单个气体或多种气体个人监测器(如果有)
	缺氧	随身携带的氧气瓶，或固定线路供应的氧气。现场救援设备
身体/腿部防护	极端温度、危险物质、生物物质、割破、裂伤	用适当材料制作的隔离服、围裙等

审核提示

结合各危险源和作业场景在现场由专业审核员审核检查控制措施的合理性和有效性。

8.1.3 变更管理

组织应建立一个过程，以实施和控制影响职业健康安全绩效的临时性和永久性的变更，例如：

a)新的产品、过程或服务，或现存产品、服务和过程的变更，包括：

——工作场所的位置和周围环境；

——工作组织；

——工作条件；

——设备；

——工作人力。

b)法律法规要求和其他要求的变更；

c)与危险源和职业健康安全风险相关的知识或信息的变更；

d)知识和技术的发展。

组织评审非预期的变更的后果，必要时采取措施以减轻任何不利的影响。

注：变更可能导致风险和机遇。

理解要点

1. 与 OHSAS 18001 标准相比，是新增的要求，要求组织建立过程，控制计划内的临时和永久的变更。

2. 变更管理的目标是当发生变更时（如技术、设备、设施、工作惯例和程序、设计规范、原材料、人员配置、标准和规定）发生变化时，通过尽可能减少因变更给工作环境带来的新的危险源和职业健康安全风险，以改善工作中的职业健康安全。根据预期变更的特点，组织可使用适当的方法（如设计评审）对变更的职业健康安全风险进行评价，管理变更的需要可成为策划的一部分。

3. 预期变更包括 5 种情形：与新产品、过程和服务有关的工作场所、周围环境、工作组织、工作条件、设备和人员相关的因素；与现有产品、过程和服务有关的工作场所、周围环境、工作组织、工作条件、设备和人员相关的变更；法律法规和其他要求的变更；相关知识和信息的变更；知识和技术发展。

4. 要求组织评审非预期变更（临时变更）并采取措施减少不利影响。

5. 如果需增加新的控制措施和（或）对现有控制措施进行修改，则过程宜适当确定相关条件。组织如果打算对现有运行进行更改，则在实施变更前宜就变更可能会带来的职业健康安全危险源和风险进行评估。当需要对运行控制措施进行变更时，组织宜考虑是否有新的或调整的培训需求。

6. 本标准中除本条款外还有多个条款提到变更的要求：

(1)6.1.1 总则中要求当发生计划内变更、永久性和临时性变更时,风险和机遇评价应当在变更前进行;

(2)6.1.2.1 危险源辨识要求组织的相关过程考虑有关危险源知识和信息的变更;

(3)6.2.1 要求组织适当时对职业健康安全目标予以更新;

(4)7.4.2 要求要求内部汇通应包括职业健康安全管理体系的变更;

(5)7.5.3 要求对文件的变更进行控制;

(6)9.3 要求评审有职业健康安全管理体系任何变更的需求;

(7)10.2 要求针对事件和不符合的原因采取措施前评价新的或变更的危险源相关的职业健康安全风险。

且要求必要时对 OHSMS 体现进行变更。

应用指南

1. 组织宜管理和控制可能影响其职业健康安全危险源和风险的任何变更。这包括组织结构、员工、管理体系、过程、活动、材料使用等的变更。此类变更在其引入前宜通过危险源辨识和风险评价进行评估。

2. 组织宜不仅在设计阶段,考虑新的过程或运行所带来的危险源和潜在的风险,还宜在组织以及现有的运行、产品、服务或供方发生变更时,考虑变更所带来的危险源和潜在风险。宜启动变更管理过程的情况示例如下:

(1)新的或经修改的技术(包括软件等)、设备、设施或工作环境;

(2)新的或经修订的程序、工作惯例、设计、规范或标准;

(3)不同类型或等级的原材料;

(4)现场组织结构和人员配备包括所用承包方的重大改变;

(5)健康安全设施和设备或控制措施的改变。

为确保任何新的或变化的风险为可接受风险,变更管理过程宜包含对下列问题的考虑:

(1)是否已产生新危险源;

(2)何为与新危险源相关的风险;

(3)源自其他危险源的风险是否已发生变化;

(4)变更是否可能对现有风险控制措施产生不利影响;

(5)在综合考虑了措施的可用性、可接受性以及现时和长期成本的情况下,是否已选择了最适宜的控制措施。

审核提示

1. 在职业健康安全主控部门了解组织对变更管理的策划及总体情况。

2. 结合各过程在相应职能部门和现场审核变更的控制情况。

8.1.4 采购

8.1.4.1 总则

组织应建立、实施和保持一个或多个过程,用于控制产品和服务的采购以确保他们符合其职业健康安全管理体系要求。

理解要点

1. 职业健康安全管理体系中对采购的要求是要控制与采购有关的危险源所带来的风险，包括产品和服务的采购过程，因此从主体而言包括设备供方、服务承包方及其工作人员、过程或职能的外包方。从某种意义可以认为这一新标准延伸了职业健康安全管理的对象，更加体现了组织的社会责任。

2. ISO 45001：2018 标准中"8.1.4 采购"包括 3 个子条款，即"8.1.4.1 总则""8.1.4.2 承包商"和"8.1.4.3 外包"。要求组织建立、实施和保持"采购过程"，以确保其符合职业健康安全管理体系要求。过程可以是一个也可以是多个，可根据组织具体的采购对象多少以及管理的需要确定。

3. 特别要注意，质量管理体系中的采购过程控制的是采购的产品、服务或过程的质量；环境管理体系中的采购过程控制的是与采购的产品、服务或过程相关的环境因素及其对环境的影响；职业健康安全管理体系中的采购过程控制的是与采购的产品和服务相关的危险源所导致的风险。采购过程本身的流程是一样的，但三个管理体系的控制因素是不一样的。

4. 采购过程应当被用于确定、评价和消除与之相关的危险源，降低与之相关的职业健康安全风险。例如在工作场所引入产品、有害物资或材料、原材料、设备和服务前。组织的采购过程应解决组织采购的诸如物资、设备、原材料和其他物资和相关服务的要求，以符合组织的 OHSMS。采购过程还要解决关于协商和沟通的要求。

应用指南

从标准的整体理解，标准的多个条款的要求对采购过程或与采购过程有关的不同主体提出了要求。因此，使用本标准建立质量健康安全管理体系的组织或者需要依据本标准进行职业健康安全管理体系换版的组织，可从以下方面展开工作，以满足"采购过程"的总体要求。

1. 在识别组织所处环境时要理解供方、承包方、外包方的需要和期望

设备材料供方、服务承包方、过程和职能外包方都是组织的重要相关方，因此标准 4.2 的要求组织要识别这类相关方的需求和期望，并将其作为确定体系范围、策划应对风险和机遇的措施要考虑的因素。组织可以建立这三类相关方的需求和期望清单，并关注其变化。

2. 向供方、承包方、外包方传递组织的职业健康方针

标准 5.2 要求组织的职业健康安全方针可为供方、承包方、外包方获取，可以在合同、组织的宣传册中体现组织的方针内容。

3. 应对风险和机遇时考虑与"采购"有关的问题

标准 6.1.1 要求组织在策划职业健康安全管理体系时考虑相关方的要求，这里的相关方自然包括与采购有关的三类相关方。因此组织在策划职业健康安全管理体系、策划风险和机遇控制措施时都要考虑与采购有关的三类相关方的要求。

4. 识别与"采购"有关的危险源并评价风险

标准 6.1.2.1 危险源辨识时要考虑设备、材料、物资以及组织产品全生命周期过程，

这些设备、材料、物资或过程涉及采购过程的三类相关方的活动，所以组织在进行危险源辨识时要考虑与采购过程相关的主体及其活动或过程，并建立相关的危险源和风险评价清单。

5. 与供方、承包方、外包方沟通信息

标准 7.4.1 要求和承包商进行沟通；组织可以在采购招标、合同签订、承包商进场前和过程中、委托外包时与相关的供方、承包方、外包方就组织的职业健康安全方针、危险源、风险及其控制措施、相关过程控制要求通过交流、协议或合同约定、安全交底、安全状况反馈进行信息沟通，且沟通前要事先进行策划，明确沟通时机、内容、方式、对象。

6. 根据外包过程的控制类型和程度做好外包过程的控制

组织可根据外包涉及的职业健康安全风险等级和相关方的控制能力，规定不同的控制要求，可以只提出要求并进行准入评价、也可以对外包过程进行现场的安全健康监督。

7. 确保商品和服务的采购符合职业健康安全管理体系要求

组织可结合采购制度或程序的制定，明确采购各环节的职业健康安全管理要求，可以制定商品、服务两类采购对供方或承包方的安全准入标准、评价准则、过程控制要求。包括对供方和承包方管理体系的要求，也包括对供方提供的设备、产品相关的要求，如要求供方提供的设备的运转时噪声符合一定限定指标要求、要求供方提供设备安全使用和操作要求等。

8. 建立并保持确保承包方及其员工符合职业健康安全管理体系要求

通过现场检查、人员培训考试各种奖罚措施确保承包方及其人员遵守组织职业健康安全管理体系要求。如在承包方人员进入的组织的作业现场时对动火作业提出了要求，承包方及其人员就必须遵守，组织在明确告知的前提下还要有人配合承包方办理相关动火作业手续并对动火作业过程进行现场监督。

9. 做好与“采购”过程有关的职业健康安全绩效评价

组织要通过绩效评价，如内审，对采购过程进行绩效评价，对发现的与采购有关的不符合要实施纠正措施。

10. 将质量、环境和职业健康安全管理体系中的“采购”过程进行整合。

11. 组织应通过确保下述情况，证实工作人员使用的设备、装置、材料是安全的：

(1)按说明书交付设备以及测试设备以确保其正常工作；

(2)安装得到授权，以确保其功能符合设计要求；

(3)按说明书交付材料；

(4)任何有用的要求、注意事项或其他预防措施都得到沟通和获取。

审核指南

由于三个体系均涉及采购过程，只是控制要素不一样，组织可以编制整合的采购管理制度，同时明确采购时对质量、安全健康和环保的要求，一并进行监督管理。

1. 按“过程方法”做好与“采购”有关的审核策划

由于标准多个条款涉及采购或适用于采购管理，组织也可能由不同的部门分别负责商品采购和服务采购，与采购相关的职业健康安全管理涉及多个部门的环节，所以认证审核前要进行策划，做好对采购审核的方案编制，如果机械地按标准条款审核，就会导致肢解标准对采购的要求，影响系统化地整体评价组织“采购过程”的整体绩效。

2. 审核前理解与受审核方“采购”有关的产品、服务及法律法规对其职业健康安全的要求。

由于组织的采购可能会涉及多种不同的商品（设备、材料、工具等）或不同的服务，如建筑安装服务或产品调试服务。这些产品生产提供方式、这些服务的提供方式可能涉及法律法规和安全健康标准要求，审核员在实施审核前要做足功课，有准备地开展审核。

3. 与质量、环境管理体系进行结合审核。

4. 必要时对外包过程的现场进行验证。

8.1.4.2 承包商

组织应与承包商协商采购过程，用于辨识危险源并评价和控制由以下活动引起的职业健康安全风险：

a)影响组织的承包商的活动和运行；

b)影响承包商人员的组织的活动和运行；

c)影响工作场所内其他相关方的承包商的活动和运行。

组织应确保承包商及其员工满足其职业健康安全管理体系要求。

组织的采购应界定和应用选择承包商的职业健康安全准则。

注：在合同文件中包含选择承包商职业健康安全准则可能是有帮助的。

理解要点

1. 要求建立过程，以便对 3 种情形下的危险源和风险进行管理：承包商的活动对组织人员的影响；组织的活动对承包商人员的影响；不同承包商间的想到活动对对方的影响。

2. 要求组织确定承包方选择和评价的准则，确保承包方及其工作人员满足组织的职业健康安全管理体系要求。

3. 标准要求组织与承包方协商过程，评估和控制 3 种情况的风险，即承包方的活动和运行对组织及其人员的安全健康影响；组织的活动和运行对承包商及其人员的安全健康影响；同一场所内不同承包商的不同活动和运行相互的健康安全影响。总体目标是要求组织确保承包商以及承包商的人员满足组织的职业健康安全管理体系要求。

4. 标准要求组织明确选择承包商的职业健康准则。组织可以在与承包商签订的承包合同中对以上三个方面做出明确的安全健康规定，如签订安全管理协议作为承包合同的补充；也可以通过识别承包商作业活动、承包方可能进入现场的组织的活动或过程，以及同一作业现场的不同承包商的作业活动的危险源，评价其风险，制定控制措施要求并传递给承包方。

5. 承包商的活动和工作示例包括维修、建造、运行、安保、清洗和其他职能。承包商还可以包括管理、会计和其他职能的顾问和专家。将活动分配给承包商并不能免除组织对工作人员职业健康安全的责任。

应用指南

1. 组织可通过使用明确界定各参与方责任的合同来协商其承包的活动。组织可使用多种工具来确保在工作场所的OHS绩效。如考虑以往健康安全绩效、安全培训、健康和安全能力以及直接合同要求的合同奖励机制或资格审查标准。

2. 在与承包商进行协商时,组织应考虑到报告自身与承包商的危险源,控制承包方人员进入危险区域以及在紧急情况下遵循的程序。组织应规定承包商的活动如何与组织自身的OHSMS过程协调一致(如适用于限制进入、受限空间进入、接触评估、安全过程管理和报告事件)。

3. 组织在承包方进行工作前证实其能够完成其任务,证实的例子有:

(1)OHS绩效记录是令人满意的;

(2)规定了工作人员的资格证书、经验和能力准则,并得到满足;

(3)资源、设备和工作准备充分,并为工作做好了准备。

审核提示

1. 按照本条款要求在对相关文件进行审核的基础上对承包方作业现场进行审核。

2. 特别要关注标准本条款的a)、b)、c)三种情况。

8.1.4.3 外包

组织应确保外包的职能和过程得到控制。组织应确保外包安排符合法律法规和其他要求,并与实施职业健康安全管体系的预期结果相一致。应在职业健康安全管理体系内规定对这些职能和过程实施控制的类型和程度。

注:与外部供应商的协商可以帮助组织应对外包对职业健康安全绩效的影响。

理解要点

1. 外包过程是在组织职业健康安全管理体系内,由组织委托组织外其他相关方承担的职能和活动,标准要求组织根据外包职能和过程的具体情况,确定对外包过程职业健康安全管理的控制措施和程度,并确保外包符合组织职业健康安全管理体系要求和法律法规要求,并实现组织的职业健康安全管理体系的预期结果。

2. 由于外包的过程和职能在包含在组织的管理体系之中的,其相关的危险源和风险的主体责任是组织自己。只是组织由于各种原因委托给组织外部的单位来完成,因此标准要求组织要对外包实施控制,以确保这些过程符合法律法规和其他职业健康相关的要求,并能够实现组织的职业健康安全目标。

3. 由于不同的外包过程涉及的危险源不同,风险程度也不一样,承担外包的外部单位的管理水平和能力也不一样,因此组织在职业健康安全管理体系中要根据不同的外包情况采取不同的控制措施。

应用指南

1. 当外包时，组织需要对外包的职能和过程进行控制以实现职业健康安全管理预期结果。对外包的职能和过程符合本标准要求仍是组织的责任。

2. 组织应根据以下因素确定对外包职能或过程的控制和程度：

(1)外部组织满足组织职业健康安全管理体系要求的能力；

(2)组织规定适当控制或评估控制充分性的技术能力；

(3)外包过程和职能的共治程度；

(4)组织通过应用采购过程实现所需控制的能力；

(5)改进机遇。

审核提示

对外包过程按标准要求进行审核。

8.2 应急准备和响应

组织应建立、实施和保持在6.1.2.1中识别潜在的紧急情况进行准备并做出响应所需的过程，包括：

a)建立紧急情况的响应计划，包括急救；

b)为策划的响应提供培训；

c)定期测试和演练所策划的应急响应能力；

d)评价效果，并在需要时修订策划的响应措施，包括在测试后特别是在紧急情况发生后；

e)向组织所有层次的所有员工沟通和提供与他们的岗位和职责相关的信息；

f)向承包商、访问者、应急响应服务机构、政府机构，适当时，当和地社区沟通相关信息；

g)考虑所有相关方的需求和能力，并在确保他们的参与、适当时包括参与响应计划的制定。

组织应保持和保留过程及响应潜在的紧急情况的计划的文件化信息。

理解要点

1. 要求组织建立、实施、保持应急准备和响应过程。

2. 对应急准备和响应的管理要求包括7个方面：

(1)编制应急预案：针对第6章节确定的异常和紧急情况都要编制预案(计划)且包括急救要求：

1)组织应确保能够随时提供符合要求的急救。在整个工作场所应当设置容易进入的急救站，其中应配备适当的急救用具；

2)如果根据建议工作站的急救措施应包括用清水立即冲洗眼睛，则应在所有此类工作站附近提供眼睛冲洗站和/或紧急淋浴设备；

3)如果因工作的规模或种类而有必要，应提供专用和有适当设备的急救室。急救站

和急救室应备有手套、手术衣、口罩(以防直接接触血液和其他体液);

4)偏远地点应有书面紧急情况处理程序,以便据以处理外伤或重病人,直到能够将病人转移到合适的医疗机构为止。

(2)对应急预案进行培训;确保在异常和紧急情况发生时能够员工能够顺利逃生和应急;

(3)开展应急演习和预案测试;主要目的是:

1)检验预案:发现预案中存在的问题,提高应急预案的科学性、实用性和可操作性;

2)锻炼队伍:熟悉应急预案,提高应急人员在紧急情况下妥善处理事故能力;

3)磨合机制:完善应急管理相关部门、单位和人员的工作职责,提高协调配合能力;

4)宣传教育:普及应急管理知识、提高参演和观摩人员风险防范意识和自救能力;

5)完善准备:完善应急管理和应急处理技术,补充应急装备和物资,提高适用性和可操作性。

6)其他需要解决的问题。

(4)在演习特别是紧急情况发生后对预案进行评审;

(5)向员工沟通所有与应急准备和响应有关的信息;

(6)向外来人员沟通相关信息;

(7)要求相关方参与应急。

3. 可能出现的各种不同程度紧急事件的示例包括:

(1)导致严重人身伤害或健康损害的事件;

(2)火灾和爆炸;

(3)危险物质或气体的泄漏;

(4)自然灾害、恶劣天气;

(5)公用设施供应的中断,如电力中断等;

(6)传染病的广泛流行、传播和(或)爆发;

(7)内乱、恐怖活动、破坏活动、工作场所暴力;

(8)关键设备故障;

(9)交通事故。

4. 保持和保留应急准备和响应有关的文件化信息。

应用指南

1. 在识别潜在的紧急情况时,组织宜既考虑到正常运行期间可能发生的紧急事件,又考虑到异常状况下可能发生的紧急事件(如运转启动或关闭;建造或拆除活动)。

2. 应急计划宜作为持续的变更管理的一部分予以评审。运行的变更可能会带来新的潜在紧急事件,或使组织有必要变更应急响应程序,例如设施布局的改变可能会影响到紧急疏散路线。

3. 组织宜确定和评价紧急情况将如何影响处于受组织控制的工作场所内和(或)其紧邻的全部人员。对于有特殊需求的人员(如移动、视力和听力受限的人员等),组织需给予特别关注。他们可能是员工、临时工、承包方人员、访问者、邻居或其他公众。对于出现在工作场所的应急服务人员(如消防人员等)，组织也宜考虑到对他们的潜在影响。

4. 在建立应急响应过程时，组织宜考虑是否存在下列各项，和(或)是否具备相应能力：

(1)危险物质储存的存货清单及位置；

(2)人员的数量和位置；

(3)可能影响职业健康安全的关键系统；

(4)应急培训的规定；

(5)探测和应急控制措施；

(6)医疗设备、急救包等；

(7)控制系统以及任何支持性的备用控制系统或并行/多控制系统；

(8)危险物质监视系统；

(9)火灾探测和灭火系统；

(10)应急电源；

(11)当地应急服务的可用性以及任何当前合适的应急响应安排的详情；

(12)法律法规和其他要求；

(13)以往应急响应经验。

5. 当组织确定应急响应需要外部服务(如危险物质处置专家、外部测试实验室等)时，宜预先核准相关安排(以合同方式做好安排)。对于人员的配置、响应的步骤和应急服务机构的局限性，组织需给予特别关注。

6. 对于承担应急响应责任的人员，尤其是被指定承担提供即时响应责任的人员，应急响应程序宜界定其作用、职责和权限。这些人员宜参与应急程序的制定，以便能够充分了解可能需要他们处理的紧急情况的类型和范围，以及所需的协调安排。组织宜向应急服务人员提供所需信息，以便于其参与响应活动。

7. 应急响应计划宜考虑以下各项：

(1)潜在的紧急情况和位置的识别；

(2)应急期间的人员所采取行动的详情(包括现场外工作的人员、承包方人员和访问者所采取的行动)；

(3)疏散程序；

(4)应急期间具有特定响应责任和作用的人员的职责和权限(如消防监督员、急救人员和泄漏清理专家等)；

(5)与应急服务机构的接口和沟通；

(6)与员工(现场内和现场外的员工)、监管机构和其他相关方(如家属、相邻组织或居民、当地社区、媒体等)的沟通；

(7)开展应急响应所必要的信息(工厂布局图、应急响应设备的识别及位置、危险物质的识别及位置、公用设施的关闭位置、应急响应提供者的联络信息)。

8. 组织宜确定和评审其应急响应设备和物质需求。

应急期间，组织可能需要使用应急响应设备和物质完成多种功能，例如疏散、泄漏探测、灭火、化学/生物/辐射监视、通讯、隔离、阻遏、避难、个体防护、消毒、医疗评估和治疗等。

应急响应设备宜可利用且足量，并储存在易获得的场所；宜安全存放并加以防护，以免损坏。这些设备宜定期检查和(或)测试，以确保在紧急状况下能够运行。

对于用来保护应急响应人员的设备和物资，组织需给予特别关注。组织宜将个体防护装备的局限性告知每个人，并训练其正确使用。

应急设备和供应品的类型、数量和储存地点宜作为应急程序评审和测试的一部分予以评估。

9. 应急准备和响应计划在诸如以下时机可进行评审：

(1)列入组织确定的时间表中；

(2)管理评审期间；

(3)组织变更之后；

(4)发生变更管理、采取了纠正措施后的结果；

(5)已激活应急响应程序的事件发生后；

(6)已识别出应急响应不足的演练或测试之后；

(7)法律法规要求变化之后；

(8)影响到应急响应的外部变化发生之后。

当对应急准备和响应程序做出变更时，这些变更宜向受其影响的人员和职能进行沟通。

【案例 2-3】 查变电站制定的《六氟化硫泄漏应急预案》，其中事故分析描述了 SF_6 泄漏导致缺氧，应急措施是穿防护服、佩戴呼吸器进入泄漏现场。在 SF_6 开关室门口查看到应急物资储备处准备有自吸过滤式全面罩呼吸器，经请现场人员试戴发现，多数值班人员戴近视镜，无法使面罩与面部贴合。

分析：该案例存在的重大问题是选用呼吸器型号错误，缺氧环境下应选用供气式呼吸器，而不是选用自吸式呼吸器。这一不符合反映出组织在预案的构建环节、演习环节都缺乏对预案的科学性、实用性进行验证。

审核提示

针对每一确定的异常和紧急情况从本标准要求的 6 个方面进行审核。

第八节　标准第 9 章解读

9　绩效评价

9.1　监视、测量、分析和评价

9.1.1　总则

组织应建立、实施和保持一个过程，用以监视、测量、分析和绩效评价的过程。

组织应确定：

a)需要监视和测量的内容,包括：

1)法律法规要求和其他要求满足的程度；

2)与所识别的危险源和职业健康安全风险和机遇相关的活动和运行；

3)实现组织的职业健康安全目标的进展；

4)运行和其他措施的有效性。

b)组织评价其职业健康安全绩效所依据的准则；

c)适用时,用于监视、测量、分析与绩效评价的方法,以确保有效的结果；

d)何时应实施监视和测量；

e)何时应分析、评价和沟通监视和测量结果。

组织应评价其职业健康安全管理绩效并确定职业健康安全管理体系的有效性。

组织应确保监视和测点设备经校准或经验证,确保恰当使用并对其进行适当的维护。

注:关于监视和测量设备的校准和检定,可能存在法律法规要求和其他要求(例如:国家或国际标准)。

组织应保留适当的文件化信息,

——作为监视、测量、分析和评价结果的证据；

——关于测量设备维护、校准或验证。

理解要点

1. 监视可包括不断检查、监督、严格观察或确定状态,以确定与所要求的或期望的绩效水平相比的变化。监视可应用于职业健康安全管理体系、过程和控制措施,例如包括利用访谈、评审文件化信息和观察工作的实施。

2. 测量通常涉及对象或事件赋值。它是以定量数据为基础,并通常与安全计划和健康监护的绩效评价有关。示例包括使用经校准和校验的设备测量危险物资的接触或计算距危险源的安全距离。

3. 分析是检查数据以揭示关系、方式和趋势的过程。这可能意味着利用统计工作,包括来自其他类型组织的信息,帮助从数据中得出结论。这一过程通常与测量活动相关联。

4. 绩效评价是一种承担确定主题事项实现职业健康安全管理体系既定目标的适宜性、充分性和有效性的过程。

5. 要求组织建立、实施和保持用于监视、测量、分析和绩效评价的过程。过程要确定监视测量的内容、评价绩效的准则、监视测量分析和绩效评价的方法、监视测量分析和评价的时机。

6. 监视测量的内容有 4 个方面：

(1)法律法规和其他要求的满足程度；

(2)组织识别和确定的危险源、识别评价和确定的职业健康安全风险和机遇相关活动的控制情况；

(3)职业健康安全目标的实现情况；

(4)运行及策划的风险和机遇措施的有效性。

其中(1)可通过合规性评价开展；(2)和(4)可通过日常检查、隐患排查、专项检查、措施实施评审、专项监测(如作业场所有害物浓度监测、噪声监测、振动监视、电磁辐射监视)、特种设备(起重设备、压力容器、压力管道、场内运输机械等)检测、锅炉检测、员工职业病检查等进行；(3)通过目标实现措施检查及结果统计分析(包括绩效指标和事故事件、职业病统计)。

7. 要求组织在监视测量和分析的基础上整体评价组织职业健康安全管理体系的有效性。这可通过内部审核和管理评审进行。

8. 对用于职业健康安全监视、测量的设备、工具要依照国家相应标准和计量法律法规要求，按规定的周期进行检定、校准和维护。

职业健康安全监视和测量设备宜与所测量的职业健康安全绩效的特性相适宜和相关联，并能胜任该项事宜。

为确保结果正确，用于测量职业健康安全状况的监视设备(例如，采样泵、噪声测量仪、有毒气体探测设备等)宜保持良好工作状态并已被校准或验证，且必要时依照可溯源至国际或国家测量基准的测量标准对其进行校准。若无此类测量标准，则宜记录用于校准的基准。

如果计算机软件或系统用于收集、分析或监视数据且会影响职业健康安全绩效结果的准确性，则在使用前宜进行验证，以测试其适用性。

宜选择适宜的设备并以能提供准确和一致结果的方式使用。这可能包括确认抽样方法或抽样地点的适宜性，或者明确规定该设备需以特定的方式使用。

测量设备的校准状态宜为使用者清晰识别。组织不仅不宜使用校准状态不明或校验过期的职业健康安全测量设备，而且还宜将这些设备从使用中撤出，并清楚地予以标识、贴上标签或以其他方式标明，以防误用。

9. 要求保留监视、测量、分析、评价的文件化信息，如各类检查记录、报告、内审报告、管理评审报告、合规性评价报告以及对监视测量设备的检定、校准报告。

应用指南

1. 为实现职业健康安全管理体系预期结果，应对过程进行监视、测量和分析。

2. 可监视和测量的示例可能包括，但不限于：

(1)职业健康报怨，员工人健康(通过监护)以及工作环境；

(2)与工作有关的事件，伤害和健康损害以及抱怨，包括趋势；

(3)运行控制措施和应急演练的有效性、或修改的需求，或引入新的控制措施；

(4)能力。

3. 可监视和测量以评价法律法规要求履行情况的示例可能包括，但不限于：

(1)识别法律法规要求(如是否确定了所有的法律法规要求)，组织有关法律法规要求的文件化信息是否保持更新？

(2)集体协议(当法律有约束时)；

(3)识别出的合规性差异情况。

4. 可监视和测量以评价其他要求履行情况的示例可能包括，但不限于：

(1)集体协议(当法律有约束时)；

(2)标准和规范；

(3)公司和其他的方针、条例和规程；

(4)保险的要求。

5. 组织可用来比较其绩效的准则：

(1)比较基准的示例：

1)其他组织；

2)标准和规范；

3)组织自身的规范和目标；

4)职业健康安全统计。

(2)对于测量标准，通常使用指标，如：

1)如果是事件比较的标准，组织可以选择考虑事件频次、类型、严重性或数量；则每一个标准的指标可能确定为比率；

2)如果是比较纠正措施完成情况的标准，则指标可能是按时完成的百分率。

6. 职业健康安全监督计划

职业健康和安全监督计划应当查明干预和控制方法的有效性。所选定的指标应当能够显示最主要的职业、健康、安全危险，而且能够显示预防和控制方法的执行情况。职业健康和安全监督计划的内容应包括：

(1)安全检查、测试、校准：这方面包括检查和测试所有安全功能和危险控制措施，尤其注重所使用的工程学方法和个人防护程序、工作程序、工作场所、装置、设备、工具。检查过程中应当证明发给工人的个人防护用具仍可提供足够的防护，而且穿戴方法符合要求。所有安装并用于监测工作环境指标的仪表都必须定期检查和校准，并且应当保留有关的记录；

(2)监督工作环境：雇主应当采用适当的手提式或固定式取样及监测仪器记录对规则的执行情况。应当根据国际公认的方法和标准进行监督和分析。应当根据每个项目的危险检查结果确定监督方法、地点、频率、参数。通常，监督工作应当在启用设施或设备时进行，并在缺陷和责任期结束时进行，此外还应根据监督计划重复进行；

(3)监督工人健康状况：如果需要采取特别的保护措施(例如，针对类别3和类别4生物物质、危险化合物)，则应该在第一次暴露之前对员工进行适当和有关的健康状况检查，然后继续定期检查。如果认为有必要，在停止雇用工人之后还应继续监督其健康状况；

(4)培训：对于员工和来访者的培训情况应当进行有效的监督和记录(培训内容、培训时间、参与人员)。紧急状态演习(包括消防演习)应当加以正确记录。应当在合同中规定服务提供商和承包商有责任在开始进行项目之前适当填写雇主要求的培训文件。

7. 事故和疾病监督内容:

(1)雇主应当建立报告和记录以下项目的程序和制度;

(2)职业事故和疾病;

(3)危险情况事故。

此类制度应当使员工能够立即向自己的直接上级报告他们认为对其生命和健康造成严重危险的情况。此类制度还应当帮助和鼓励员工向管理层报告以下所有事项:

(1)工伤和险情;

(2)怀疑发生职业疾病的情况;

(3)危险状况和事故。

对于所有报告的职业事故、职业疾病、险情、事件都应当进行调查,其间应当获得在职业安全方面有知识、有能力者的协助。在调查过程中,应当做到以下各项:

(1)确定当时发生了什么情况;

(2)确定发生这种情况的原因;

(3)确定为防止再次发生该情况需要采取哪些措施;

(4)作为最低限度要求,职业健康安全事故应依据 GB/T 6441—1986《企业职工伤亡事故分类》进行分类。

8. 对于存在可能导致职业病的岗位,组织要依据国家职业病防治法及职业健康监护的相关法律法规做好职业健康监护:

(1)职业健康检查的种类有:

1)上岗前职业健康检查:发现职业禁忌症,建立基础健康档案;

2)在岗期间职业健康检查:早期发现职业病人或疑似职业病人,或其他健康异常改变,及时发现职业禁忌劳动者,评价工作场所职业病危害因素的控制效果;

3)离岗时职业健康检查:确定在停止接触职业病危害因素时的健康状况;

4)离岗后健康检查:针对接触具有慢性健康影响的职业病危害因素的劳动者;

5)应急健康检查:发生急性职业病危害事故及密切接触职业性传染病的传染源时。

(2)职业健康检查报告的种类:

1)职业健康检查总结报告:健康体检机构给委托单位的书面报告,是本次体检的全面总结和一般分析;

2)职业健康监护评价报告:根据历年工作场所监测资料、职业健康检查结果、职业健康监护资料等进行分析评价,并给出综合改进建议。

(3)劳动者职业健康监护档案要求:

1)劳动者的职业史、既往史和职业病危害接触史;

2)职业健康检查结果和处理情况;

3)职业病诊疗等健康资料。

(4)用人单位的职业健康档案内容:

1)用人单位职业卫生管理组织及职责；

2)职业健康监护制度和年度职业健康监护计划；

3)历次职业健康检查的文书(委托协议、职业健康检查总结报告和评价报告)；

4)工作场所职业危害因素监测结果；

5)职业病诊断证明书、职业病报告书；

6)职业病患者、职业禁忌者、健康损害者的安置记录；

7)其他资料。

9. 建议组织建立监视测量设备台账。表 2-12 给出了监视测量设备台账模版。所有管理体系均可参考。过去在认证审核中许多组织这一方面做得并不太好。

表 2-12 监视测量设备台账

序号	类别	设备/仪器/工具名称	内部编号	规格型号(精度要求)	用途	检定/校准周期	上次检定/校准时间	使用和管理部门	备注

审核提示

1. 在安全管理部门和职业健康管理部门审核监视测量计划、实施和结果；对各类监视测量报告、设备校准检定报告进行审核；对目标完成情况进行审核。

2. 有关合规性评价报告、内审报告、管理评审报告结合相关过程进行审核。

3. 有关运行控制措施和风险控制措施的有效性结合各过程在相应部门和作业现场审核。

4. 获取相关报告的证据。

9.1.2 合规性评价

组织应建立、实施和保持一个过程，以评价法律法规要求和其他要求的符合性。(见 6.1.3)

组织应：

a)确定合规性评价的频次和方法；

b)评价合规性，需要时采取措施；

c)保持其合规性状况的知识和对其合规性状况的理解；

d)保留合规性评价结果的文件化信息。

理解要点

1. 标准要求组织建立、实施、保持评价法律法规和其他要求符合性的过程。

2. 过程要确定评价的频次、方法、流程、证据。

3. 要求组织保持对合规性状况的知识和对合规性状况的理解；要求组织对不符合法

律法规和其他要求采取必要措施。

4. 标准中多个条款涉及合规性要求:

(1)5.2d)要求职业健康安全方针遵守法律法规和其他要求;

(2)4.2c)和 6.1.3a)要求组织识别获取法律法规和其他要求;

(3)6.1.3b)和 c)要求确定法律法规和其他要求如何适用于组织;

(4)6.2 策划职业健康安全目标及措施时考虑法律法规要求;

(5)8.1 运行策划和控制要以法律法规作为准则之一;

(6)9.1.1 监视、测量、分析和评价要以法律法规和其他要求作为依据之一;

(7)9.1.2 要求组织建立过程,评价法律法规和其他要求的符合性;

(8)10.2 在对事件、不符合进行判定以及制定纠正措施时要以法律法规和其他要求为依据;

(9)9.2 内审时要将法律法规和其他要求作为依据;

(10)9.3 管理评审要将法律法规和其他要求作为依据。

应用指南

1. 由专业人员和职业健康安全管理人员、作业场所工作人员一起组成合规性评价小组。针对每一个危险源及风险涉及的法律法规和其他要求进行评价。

2. 组织的合规性评价宜由有能力的人员执行,既可使用组织内部人员,也可使用外部资源。

3. 多种输入可用于评价合规性,包括:

(1)审核;

(2)监管机构检查的结果;

(3)对法律法规和其他要求的分析;

(4)对事件和风险评价的文件和(或)记录的评审;

(5)访谈;

(6)对设施、设备和区域的检查;

(7)对项目或工作的评审;

(8)对监视和测试结果的分析;

(9)设施巡查和(或)直接观察。

4. 组织的合规性评价过程取决于组织的性质(规模、结构和复杂性)。合规性评价可针对综合的法律法规要求或某专项要求。评价的频次会受到诸如以往的合规表现或具体法律法规要求等多种因素的影响。组织可选择在不同时间或以不同频次,或以其他适当方式评价对单项要求的合规性。

5. 合规性评价方案可与其他评价活动相结合。这些活动可包括管理体系审核、环境审核或质量保证检查。

6. 可参考表 2-13 作为合规性评价的记录。

表 2－13 合规性评价记录

序号	危险源/风险	适用的法律法规要求	其他要求	公司实际情况描述（文件、实施、监测结果）	是否符合	是否需要采取其他措施	责任部门	评价人（签字）

审核提示

1. 在职业健康安全管理部门重点审核，结合各过程控制情况在现场验证，与最高管理层进行沟通。

2. 建议的审核方法：

(1)获取组织定期实施“合规性评价”的证据；

(2)通过组织的评价了解组织遵守法律法规要求的情况；

(3)获取组织已建立合规性评价过程的证据；

(4)抽取组织符合法律法规要求的实例；

(5)在现场审核和审核运行控制时获取合规性或不合规的证据；

(6)确认组织合南侧性评价涵盖了所有已识别的法律法规要求；

(7)确认组织的评价能力；

(8)从一个或多个来源证实组织的合规情况；包括现场观察、安全通报、职业健康安全监管机构或服务机构的报告等；

(9)利用风险管理技术进行抽样，特别是有重大合规影响的职业健康风险。

9.2 内部审核

9.2.1 总则

组织应按计划的时间间隔实施内部审核，以提供下列职业健康安全管理体系的信息：

a)是否符合：

1)组织自身职业健康安全管理体系的要求，包括职业健康安全方针和职业健康安全目标；

2)本标准的要求。

b)是否得到了有效的实施和保持。

理解要点

1. 说明了内部审核的目的是要通过审核确认组织的职业健康安全管理体系有建立、实施和保持是否符合组织自身的 OHSMS 要求，ISO 45001 的要求、是否落实了方针的要求并实现 OHS 目标，体系是否持续和有效地实施和保持。

2. 内部审核的周期由组织自己确定。但要结合企业实际事先策划安排，且按规定间隔实施。

实施指南

组织宜选定内部或外部人员来执行所策划的职业健康安全管理体系审核，以确定其职业健康安全管理体系是否得到适当实施和保持。所选定的执行职业健康安全管理体系审核的人员宜有能力胜任，其挑选方式宜确保审核过程的客观和公正。

GB/T 19011 中所述的基本原理和方法也适用于职业健康安全管理体系审核。作者编著并在中国标准出版社出版的《管理体系审核指南》适用于内部审核。

9.2.2 内部审核方案

组织应：

a)组织应策划、建立、实施并保持一个或多个内部审核方案，包括实施审核的频次、方法、职责、协商、策划要求和报告。方案应考虑相关过程的重要性和以往审核的结果；

b)规定每次审核的准则和范围；

c)选择胜任的审核员并实施审核，确保审核过程的客观性与公正性；

d)确保向相关管理者报告审核结果；确保向相关的员工，员工代表(如有)及有关的相关方报告相关的审核发现；

e)采取适当的措施应对不符合(见 10.1)和持续改进其职业健康安全绩效(见 10.2)；

f)保留文件化信息，作为审核方案实施和审核结果的证据。

注：有关审核的更多信息，参考 GB/T 19011 管理体系审核指南。

理解要点

1. 要求组织策划、建立、实施及保持审核方案，并规定了方案的内容包括审核的频次、准则、范围、方法、职责、协商、策划和报告的过程要求。

2. 审核方案要考虑相关过程的重要性及以往审核的结果。在审核员安排、审核时间确定时要对重要的过程、高风险过程、以往内外审问题多的过程和部门多安排审核人·天，且安排具备能力的人对这些重要过程进行审核。

3. 要从审核过程的客观性和公正性出发选择和安排有能力胜任审核的人员实施审核。为保证公正性和客观性，审核员不能审核自己的工作，一般情况下也不能审核所有部门的工作。

4. 要向员工、员工代表、有关的相关方报告他们有关的审核发现；要向受审核单位的管理者报告审核结果。对相关方报告是本标准的新要求。

5. 存在不符合的部门要对不符合实施整改，并分析原因，针对原因采取措施，防止再发生。

6. 要保留文件化信息，如审核方案、审核计划、签到表、审核记录、不符合报告及纠正措施材料、审核报告等证据，以证明审核方案得到实施且能够支撑审核结果。

实施指南

1. 内部审核方案的实施宜针对以下方面：

(1)与相关方就审核方案所需进行的沟通；

(2)审核员和审核组的选择过程的建立和保持；

(3)审核方案所需必要资源的提供；

(4)审核的策划、协调和日程安排；

(5)确保审核程序得到建立、实施和保持；

(6)确保审核活动记录得到控制；

(7)确保审核结果和审核后续活动得到报告。

2. 审核方案宜基于组织活动的风险评价结果和以前的审核结果。风险评价的结果宜用于指导组织确定特定活动、区域或职能的审核频次，以及所需关注的管理体系部分。

职业健康安全管理体系审核宜覆盖职业健康安全管理体系范围内的所有区域和活动，并评价与 ISO 45001 标准的符合性。

职业健康安全管理体系审核的频次和覆盖范围与以下各方面有关：与不同职业健康安全管理体系要素的失效相关的风险；可获得的关于职业健康安全管理体系绩效的数据；管理评审的输出；职业健康安全管理体系或组织的活动易受变更影响的程度。

3. 职业健康安全管理体系审核宜依据审核方案进行。在下列情况下，组织宜考虑增加额外的审核：

(1)危险源或风险评价发生变化；

(2)以往审核结果表明需要额外的审核；

(3)根据事件的类型或事件频次的增长而确定有此必要；

(4)其他情况表明有此必要。

4. 一个典型的内部审核活动可包括：

(1)启动审核；

(2)开展文件评审和进行审核准备；

(3)实施审核；

(4)准备审核报告并就其进行沟通；

(5)完成审核并开展审核后续活动。

5. 启动审核包括以下典型活动：

(1)确定审核的目的、范围和准则；

(2)在考虑对客观和公正的需求的情况下，选定适合的审核员和审核组；

(3)确定审核方法；

(4)与受审核方以及其他参与审核的人员确认审核安排。

6. 确定适宜的工作场所职业健康安全规则是该过程的一个重要组成部分。在某些情况下，可能还需对审核员开展额外的培训和(或)要求其遵守附加的要求(如穿戴专业个体防护装备)。

7. 承担职业健康安全管理体系审核任务的审核员可为一人或多人。采用审核组方法可使更多人参与并增进合作。它还可使更广泛的专家技能得到利用，并要求审核员个人各自具备特定的能力。

为了保持独立、客观和公正，审核员不宜审核自己所承担的工作。

审核员需理解其任务并有能力胜任。审核员宜熟悉其所审核区域的职业健康安全危险源和风险，以及所适用的法律法规或其他要求。他们需具备相关审核准则及所审核活动的经验和知识，以使其能够评估绩效和确定不足。

8. 在开展审核前，审核员宜评审适当的职业健康安全管理体系文件和记录以及以往的审核结果。在制定审核计划时，组织宜使用这些信息。

可评审的文件包括：

(1)职责和权限方面的信息(如组织结构图)；

(2)职业健康安全方针；

(3)职业健康安全目标和实现目标的措施；

(4)职业健康安全管理体系审核过程文件；

(5)职业健康安全和作业指导书；

(6)危险源辨识、风险评价和风险控制的结果；

(7)适用的法律法规和其他要求；

(8)事件、不符合和纠正措施报告。

评审文件的数量和审核计划的详细程度宜反映审核的范围和复杂性。审核计划宜覆盖以下各方面：

(1)审核目的；

(2)审核准则；

(3)审核方法；

(4)审核范围；

(5)审核日程安排；

(6)涉及审核的有关各方的作用和职责。

审核计划的信息可包含在多个文件中，重点在于为实施审核提供充分的信息。

如果需要将其他方面(如员工代表等)包含在审核过程中，则宜将其纳入审核计划。

9. 下列活动为部分典型的审核活动：

(1)审核期间的沟通；

(2)信息的收集和验证；

(3)审核发现和结论的产生。

10. 审核期间是否有必要安排正式的沟通，这取决于审核的范围和复杂性。审核组宜及时向受审核方沟通如下信息：

(1)审核计划；

(2)审核活动的状况；

(3)审核期间引起的任何关注；

(4)审核结论。

审核计划的沟通可利用首次会议进行。末次会议期间宜报告审核发现和结论。

如果审核期间所收集到的证据表明，需对某项紧迫风险采取即时措施，则宜及时予以报告。

在审核期间，宜通过适当方法收集与审核目的、范围和准则相关的信息。方法的选用取决于所开展的职业健康安全管理体系审核的性质。

审核宜确保对重要活动的代表性样本进行审核，并与相关人员进行面谈。这可能包括与诸如工作人员个人、员工代表和相关外部人员(如承包方等)等进行访谈。

有关的文件、记录和结果宜予以检查。

在可能的情况下，宜将检查纳入职业健康安全管理体系审核程序中，以有助于避免所收集的数据、信息或其他记录的曲解或错用。

宜对照审核准则来评估审核证据，以得出审核发现和审核结论。审核证据宜可验证，并宜予以记录。

11. 职业健康安全管理体系审核的结果宜予以记录并及时向管理者报告。

职业健康安全管理体系最终审核报告的内容宜清晰、准确和完整。审核报告宜由审核员签署并注明日期。

审核报告宜包含下列要素：

(1)审核目的和范围；

(2)有关审核计划的信息(审核组成员和受审核方代表的识别、审核日期、受审核区域的识别)；

(3)用于实施审核的依据文件和其他审核准则的识别；

(4)所识别不符合的详情；

(5)对于职业健康安全管理体系，任何关于以下各方面的程度的评价：

1)符合策划安排的程度；

2)得到合适实施和保持的程度；

3)实现所阐明的职业健康安全方针和目标的程度。

12. 职业健康安全管理体系审核的结果宜尽快与所有相关方进行沟通，以使纠正措施得到实施。

在就职业健康安全管理体系审核报告所含信息进行沟通时，宜考虑到保密性。

9.3　管理评审

最高管理者应按计划的时间间隔对组织的职业健康安全管理体系进行评审，以确保其持续的适宜性、充分性和有效性。

管理评审应包括对下列事项的考虑：

a)以往管理评审所采取措施的状况；

b)与职业健康安全管理体系相关的内外部问题的变更，包括：

1)相关方的需求和期望;

2)法律法规要求和其他要求;

3)风险和机遇。

c)职业健康安全方针和目标的实现程度;

d)职业健康安全绩效方面的信息,包括以下方面的趋势:

1)事件、不符合、纠正措施和持续改进;

2)监视和测量的结果;

3)合规性评价的结果;

4)审核结果;

5)工作人员的协商和参与;

6)风险和机遇。

e)保持有效的职业健康安全管理体系所需的资源的充分性;

f)与相关方的有关沟通;

g)持续改进的机遇。

管理评审的输出应包括与以下方面相关的决策:

——对职业健康安全管理体系的待续适宜性、充分性和有效性的结论;

——持续改进机会;

——职业健康安全管理体系变更的任何需求;

——资源需求;

——如需要,采取的措施;

——改进职业健康安全管理体系与其他业务过程融合的机遇;

——任何与组织的战略方向相关的结论。

最高管理者应将管理评审的相关输出与其相关的员工及员工代表(如有)沟通(见7.4)。

组织应保留文件化信息,作为管理评审结果的证据。

理解要点

1. 明确了管理评审的目的——确保OHSMS的“三性”。

2. 明确了管理评审的内容或称“管理评审输入”的7个方面:即以往管理评审措施的实施情况、3个变更管理情况(相关方的需求和期望、法律法规和其他要求、风险和机遇)、方针和目标实现情况、职业健康安全绩效的6个趋势(事件、不符合和纠正措施,监视测量结果,合规性评价的结果,审核结果,工作人员参与和协商情况,风险和机遇)、资源的充分性、沟通的有效性、持续改进的机会。

3. 明确了管理评审输出的7个方面,即体系适宜性、充分性、有效性的结论,改进的机会,变更的需求,资源需求,与业务融合的机遇、需要采取的改进措施、与战略方向相关的结论。

4. 对管理评审的要求：一是保留文件化信息；二是将输出与员工及员工代表沟通。

实施指南

1. 管理评审宜重点关注关于以下各方面的职业健康安全管理体系总体绩效：

(1)适宜性(有赖于组织的规模、风险的性质等，体系是否适合于组织)；

(2)充分性(体系是否充分强调组织的职业健康安全方针和目标)；

(3)有效性(体系是否正在实现所预期的结果)。

2. 最高管理者宜定期(如每季度、每半年、每年度)开展管理评审，可以会议或其他沟通方式进行。适当时，对职业健康安全管理体系绩效的部分管理评审可更频繁地开展。不同的评审可针对总体管理评审的不同要素。

3. 在策划管理评审时，宜考虑以下方面：

(1)所针对的主题；

(2)为确保评审的有效性而必不可少的人员(最高管理者、管理者、职业健康安全专家、其他人员)；

(3)参与者个人在评审方面的职责；

(4)提交评审的信息；

(5)如何记录评审。

4. 涉及组织的职业健康安全绩效，以及表明防止人身伤害和健康损害的方针承诺所获进展的证据，可考虑下列输入：

(1)实际的应急报告或应急演练报告；

(2)员工满意度调查；

(3)事件统计；

(4)监管机构的检查结果；

(5)监视和测量的结果和(或)建议；

(6)承包方的职业健康安全绩效；

(7)所供应的产品和服务的职业健康安全绩效；

(8)法律法规和其他要求变化的信息。

5. 除本条款所需的管理评审特定输入外，也可考虑下列输入：

(1)管理者个人关于体系局部有效性的报告；

(2)持续进行的危险源辨识、风险评价和风险控制过程的报告；

(3)职业健康安全培训计划的完成进展。

(4)当前危险源辨识、风险评价和风险控制过程的适宜性、充分性和有效性；

(5)当前的风险水平和现有控制措施的有效性；

(6)资源的充分性(财力、人力、物力)；

(7)应急准备的状况；

(8)对法规和技术可预见变化的影响评价。

6. 依据评审中形成一致的决定和措施，宜考虑评审结果的沟通的性质和类型以及沟通的对象。

与最高管理者交谈了解除管理评审的实施及有效性，在职业健康安全主管部门查验证据。

第九节　标准第10章解读

10　改进

10.1　总则

组织应确定改进的机会并实施必要的措施，以实现职业健康安全管理体系的预期结果。

10.2　事件、不符合和纠正措施

组织应建立、实施和保持过程，以管理事件和不符合，包括报告、调查和采取措施。

当发生事件或不符合时，组织应：

a)及时对事件或不符合做出反应，适用时，并：

1)采取措施控制并纠正该事件或不符合；

2)处理后果。

b)在员工参与(见5.4)和其他有关相关方的参与下，评价采取纠正措施的需求，以消除事件或不符合根本原因，以防止不符合再次发生或在其他地方发生。通过以下方式评价：

1)调查事件或评审不符合；

2)确定事件或不符合的原因；

3)确定是否存在或是否可能发生类似的事件或不符合。

c)适当时，评审职业健康安全风险的评价情况(见6.1)；

d)依据控制优先级(见8.1.2)和变更管理(见8.2)，确定和实施任何必要的措施，包括纠正措施；

e)在采取措施前，评价与新的或变更的危险源相关的职业健康风险；

f)评审所采取的任何纠正措施的有效性；

g)必要时，对职业健康安全管理体系进行变更。

纠正措施应与所发生的事件或不符合造成的影响或潜在影响相适应。

组织应保留文件化信息作为下列事项的证据：

——事件或不符合的性质和所采取的任何后续措施；

——任何纠正措施的结果，包括所采取措施的有效性。

组织应与相关的员工和员工代表(如)及有关的相关方沟通该文件化信息。

注：及时地报告和调查事件可能有助于消除危险源和尽可能降低相关的职业健康安全风险。

理解要点

1. 职业健康安全管理体系的预期结果是：防止发生与工作有关的员工伤害和健康损害，并提供安全和健康的工作场所。

2. 组织要识别改进机会、采取改进措施，确保实现 OHSMS 预期结果。

3. 组织要建立、实施、保持管理事件、不符合的过程。以便及时调整事件和报告结果，以消除危险源和尽可能降低相关的职业健康安全风险。组织可以就事件调查和不符合处理单独建立过程。

4. 采取措施消除不符合和处置事件。

5. 调查事件和评审不符合、确定事件或不符合发生的原因、评价相关风险、按优先原则制定并实施纠正措施。

6. 明确了纠正措施的要求：一是实施前要评价风险；二是与问题的影响相适应；三是要评价其有必要性和有效性；四是必要时要变更体系。

7. 对文件化信息内容提出了要求，包括事件和不符合性质、实施的纠正措施及结果。还对文件化信息的沟通提出了要求，要求将本条款相关的文件化信息与员工、员工代表及有关的相关方进行沟通。目的是举一反三，吸取教训。

实施指南

1. 不符合是指未满足要求。要求可依据 ISO 45001 标准建立的 OHSMS 所述要求相关，或者可为职业健康安全绩效方面。引发不符合问题的示例包括：

(1)在职业健康安全管理体系绩效方面

1)最高管理者未能证实其承诺；

2)未建立职业健康安全目标；

3)未确定职业健康安全管理体系所需的职责，如实现目标的职责等；

4)未定期评估对法律法规要求的符合性；

5)未能满足培训需求；

6)文件过期或不适宜；

7)未能进行沟通。

(2)在职业健康安全绩效方面

1)未能实施已策划的实现改进目标的措施；

2)未能持续实现绩效改进的目标；

3)未能满足法律法规或其他要求；

4)未记录事件；

5)未能及时实施纠正措施；

6)未得到处理的人身伤害或健康损害持续保持高比率；

7)偏离职业健康安全管理文件；

8)引入新材料或新工艺时未进行适当的风险评价。

(3)可依据以下结果确定纠正措施和预防措施的输入：

1)应急程序的定期测试;

2)事件调查;

3)内部或外部审核;

4)定期的合规性评价;

5)绩效监视;

6)维护活动;

7)员工建议方案以及来自员工意见和(或)满意调查的反馈;

8)有害暴露评价。

识别不符合宜成为每个人的职责,组织宜鼓励最接近作业现场的人员报告潜在的或实际的问题。

2. 纠正措施是指为消除已识别的不符合或事件的原因,并预防再次发生所采取的措施。

一旦识别了不符合,就宜对其进行调查以确定其原因,以便使纠正措施能够针对体系的适当部分。组织宜考虑需采取何种措施以处理问题,和(或)需做出何种改变以纠正这种状况。此类措施的响应和时间安排宜适合于不符合和职业健康安全风险的性质和规模。

3. 如将实际的不符合纠正措施推断用于存在类似活动或危险源的其他适当区域。组织宜确保:

(1)如果确定了新的或变化的危险源,或者确定了对新的或变化的控制措施的需求,所提出的纠正措施或预防措施均宜在实施前进行风险评价;

(2)纠正措施和预防措施能得以实施;

(3)对纠正措施和预防措施的结果予以记录,并能使之得到沟通;

(4)对所采取措施的有效性进行跟踪评审。

审核提示

1. 按逆向审核的思路从事件和不符合向前追踪原因准确性、措施的合理性及结果有效性。

2. 在各作业现验证纠正措施的有效性。

10.3 持续改进

组织应持续改进职业健康安全管理体系的适宜性、充分性与有效性,以:

a)提升职业健康安全绩效;

b)促进支持的职业健康安全管理体系文化;

c)促进员工参与实施改进职业健康安全管理体系的措施;

d)与员工及员工代表(如有)沟通持续改进的结果;

e)保持和保留文件化信息作为持续改进的证据。

理解要点

1. 要求组织通过持续改进实现三个目的:提升 OHS 绩效、促进 OHS 文化建设、促进员工参与 OHSMS。

2. 对改进管理提出了两项要求：与员工及员工代表沟通结果，保留证据。

实施指南

1. 没有最好，只有更好。持续改进是组织永恒的主题。改进分为渐进性改进和突破性改进。

2. 要通过对监视和测量发现的问题，结合战略修编、目标分解、绩效考核、文化建设、隐患治理、专项措施实施、安全管理工具导入、管理体系融合、社会责任体系引入、风险管理整合、安全管理信息化、数字化、监控手段现代化来进行持续改进。

第三章
职业健康安全管理体系的建立和实施

第一节　现状分析

现状分析就是初始状况分析，是建立职业健康案例管理体系的基础。由组织的职业健康案例管理部门实施，主要包括以下工作：

(1)初步识别组织的危险源及风险；

(2)分析与职业健康有关的内外环境及其变化趋势，如法律法规要求，用工政策和就业环境、就业群体素质、行业案例健康事故等；

(3)企业应当遵守的与职业健康安全有关的法律法规和标准要求；评估组织的合规状况；

(4)以往发生的安全事故和职业病情况以及职业健康伤害情况；

(5)组织现在的职业健康安全管理制度和操作规程及有效性。

评价后形成组织的《职业健康安全现状报告》作为体系策划和建立的依据之一。

第二节　内外环境分析及相关方要求确认

一、内外环境分析

由于组织的职业健康安全管理体系受到组织所处环境的影响，只有其职业健康安全管理体系适应组织所处的环境，才能为组织的可持续发展发挥作用。构成组织环境的社会是一个由各个要素有机联系、功能高度分化的系统，组织要在环境中存在和活动，就必须适应环境特定的功能要求。组织面临的环境具有综合性、复杂性和不确定性的特点。

1. 分析范围

ISO 45001 标准需要组织确定的环境信息作了限制，仅是指：

(1)与其战略和宗旨相关；

(2)会影响组织实现职业健康安全管理体系的预期结果；

(3)组织在建立职业健康安全管理体系前要进行环境分析；需要做到：

1)识别并解决内外部问题，这与组织的目标有关，会影响组织达成预期结果的能力；

2)必要时，检查并更新与这些问题有关的信息。

2. 分析方法

分析组织所处的环境方法有：SWOT（优势、劣势、机会和威胁）法、PEST（政治、经济、社会、技术）分析法、行业环境分析、价值链分析、企业竞争态势分析。

所谓SWOT分析，即基于内外部竞争环境和竞争条件下的态势分析，就是将与研究对象密切相关的各种主要内部优势、劣势和外部的机会和威胁等，通过调查列举出来，并依照矩阵形式排列，然后用系统分析的思想，把各种因素相互匹配起来加以分析，从中得出一系列相应的结论，而结论通常带有一定的决策性。

运用这种方法，可以对研究对象所处的情景进行全面、系统、准确的研究，从而根据研究结果制定相应的发展战略、计划以及对策等。

S(strengths)是优势、W(weaknesses)是劣势，O(opportunities)是机会、T(threats)是威胁(风险)。按照企业竞争战略的完整概念，战略应是一个企业"能够做的"(即组织的强项和弱项)和"可能做的"(即环境的机会和威胁)之间的有机组合。

(1)优势，是组织的内部环境，具体包括：有利的竞争态势；充足的财政来源；良好的企业形象；技术力量；规模经济；产品质量；市场份额；成本优势；广告攻势等；

(2)劣势，也是组织的内部环境，具体包括：设备老化；管理混乱；缺少关键技术；研究开发落后；资金短缺；经营不善；产品积压；竞争力差等；

(3)机会，是组织的外部环境，具体包括：新产品；新市场；新需求；外国市场壁垒解除；竞争对手失误等；

(4)威胁，也是组织的外部环境，具体包括：新的竞争对手；替代产品增多；市场紧缩；行业政策变化；经济衰退；客户偏好改变；突发事件等。

图3-1给出了应用SWOT方法确定的四个区域及相应对策略。

图3-1 应用SWOT方法确定的四个区域及相应对策略

3. 案例

某企业应用SWOT法进行环境分析，如表3-1所示。

表 3-1 对某新能源企业在确定 2016 年年度目标前进行内外环境分析

内部环境 / 外部环境	优势(Strength)	劣势(Weakness)
	a)品牌及行业领先的技术资源； b)集团领导下的协同与合力优势； c)行业发展中段进入，已成为主流风力发电商之一； d)决策效率高； e)灵活的项目投资策略； f)具备一定的资源积累； g)公司人力资源、开发模式、企业文化等	a)行业单一，发电商的品牌不足； b)公司处在资产形成的成长期，在建工程量大，自造血能力不足造成资金压力； c)资源开发的长期持续力有待加强； d)高速发展下，管理经验积累不足； e)行业的认识、管控能力与领先企业有较大差距
机遇(Opportunities)	OS	OW
a)国家政策支持下，行业仍将快速发展； b)资源储备量大； c)重新整合的趋势； d)集团的大力支持； e)行业细分领域存在新的机会； f)风电技术的持续进步	a)巩固与开拓并举，保证持有风资源的快速增长； b)加快优质资源向优质资产转化，加速向投资运营商转型	a)创新商业模式，整合外部资源，取长补短，提升资源获取和管理能力； b)加快品牌建设，提高行业影响力
威胁(Threats)	TS	TW
a)其他发电集团； b)其他风机制造企业的投资资本及新进入的其他营资本； c)电网限制； d)合作成本提高； e)工程建设成本提高； f)电价下调等政策风险	依托集团，与其他业务单元形成合力，增强综合竞争能力	推进精益管理，提升运行效能，改善盈利能力

PEST 分析法用于对宏观环境的分析。包括对 P(Political 政治)－E(Economic 经济)—S(Social 社会)—T(Technological 技术)环境的分析。

4. 注意事项

当发生如下情况时，必须考虑组织所处的环境：

(1)设定组织的职业健康安全管理体系范围；

(2)策划职业健康安全管理体系及其进程；

(3)确定职业健康安全方针和质量目标；

(4)检查职业健康安全管理体系的绩效；

(5)实施重大职业健康安全管理体系变更。

二、相关方要求确认

对组织各岗位的员工及其在健康安全要求进行摸底，形成员工职业健康安全要求需求表；并确定哪些是组织应当履行的法律法规要求。

对供方、承包方有关职业健康安全进行调查，形成供方需求调查表，并确定哪些是组织应当履行的法定义务。

了解组织的作业活动对周围组织以外单位人员健康的影响，并确定哪些构成组织法定的义务。

了解政府、股东及其他相关方对组织职业健康安全的要求。

以上要求中构成组织的法定义务的要求要作为组织策划职业健康安全管理体系的输入信息。

第三节 风险管理

在经济持续发展，市场竞争加剧、发展模式多元化的外部形势下，为了加强自身抵御风险的能力，改善对风险的反应能力，风险管理已经成为越来越多企业的“必修课”。

“风险”是管理体系标准中的一个新词汇。风险指不确定性的影响。

“不确定性”是指与事件和其后果或可能性的理解或知识相关的信息的缺乏的状态或不完整。“影响”是对期待的偏差，可以是积极的，也可以是消极的。

风险可以是有积极作用的机会，也可以是消极的后果。风险和机会既对立又统一。风险可转化为机会，机会中也蕴藏着风险。

风险分析是指识别风险事项并对其影响进行评价的过程，目的是为了制定明确的风险应对措施。

风险应对措施包括规避风险、为寻求机遇而承担风险、消除风险源、改变风险发生的可能性及结果、分担风险、或通过明智决策后延缓风险。

国际组织和国外机构及我国政府相关部门发布了不少风险标准或规范。代表性的有：

ISO 31000 标准《风险管理——原则与实施指导准则》给出了风险管理的原则：给出了风险管理原则：即风险管理创造价值；风险管理是组织进程中不可分割的组成部分；风险管理是决策的一部分；风险管理明确地将不确定性表达出来；风险管理应系统化、结构化、及时化；风险管理依赖于信息的有效程度风险管理应适应组织；风险管理应考虑人力和文化因素；风险管理应是透明的、包容的；风险管理应是动态的、反复的以及适应变化的；风险管理应不断改善和加强。

2013 年 COSO（美国反舞弊财务报告全国委员会发起组织委员会）发布《企业风险管理 整合框架》和《企业风险管理——整合框架：应用技术》，涵盖和拓展了《内部控制——整合框架》,更有力、更广泛地关注企业风险管理。

我国财政部会同证监会、审计署、银监会、保监会制定了《企业内部控制基本规范》财会〔2008〕7 号。基本规范共七章五十条,各章分别是:总则、内部环境、风险评估、控制活动、信息与沟通、内部监督和附则。基本规范坚持立足我国国情、借鉴国际惯例,确立了我国企业建立和实施内部控制的基础框架,并取得了重大突破。

2006 年国务院国有资产监督管理委员会发布了《中央企业全面风险管理指引》(国资发改委〔2006〕108 号)。发布通知说:企业全面风险管理是一项十分重要的工作,关系到国有资产保值增值和企业持续、健康、稳定发展。为了指导企业开展全面风险管理工作,进一步提高企业管理水平,增强企业竞争力,促进企业稳步发展,我们制定了《中央企业全面风险管理指引》。通知要求企业制定:内控岗位授权制度、内控批准制度、内控责任制度、内控审计检查制度、内控考核评价制度、重大风险预警制度、企业法律顾问制度、重要岗位权力制衡制度。

三大管理体系标准基于同一框架,体现基于风险的思维,要求组织识别风险和机遇,制定并实施风险控制计划,监督计划实施情况,并持续改进风险控制工作。

一、风险管理过程

风险管理包括内部环境确定、风险管理目标设定、风险事项识别、风险评估、风险应对、控制活动、信息与沟通、监控。

图 3-2 给出了风险管理的过程。图 3-3 说明了风险管理的具体内容。

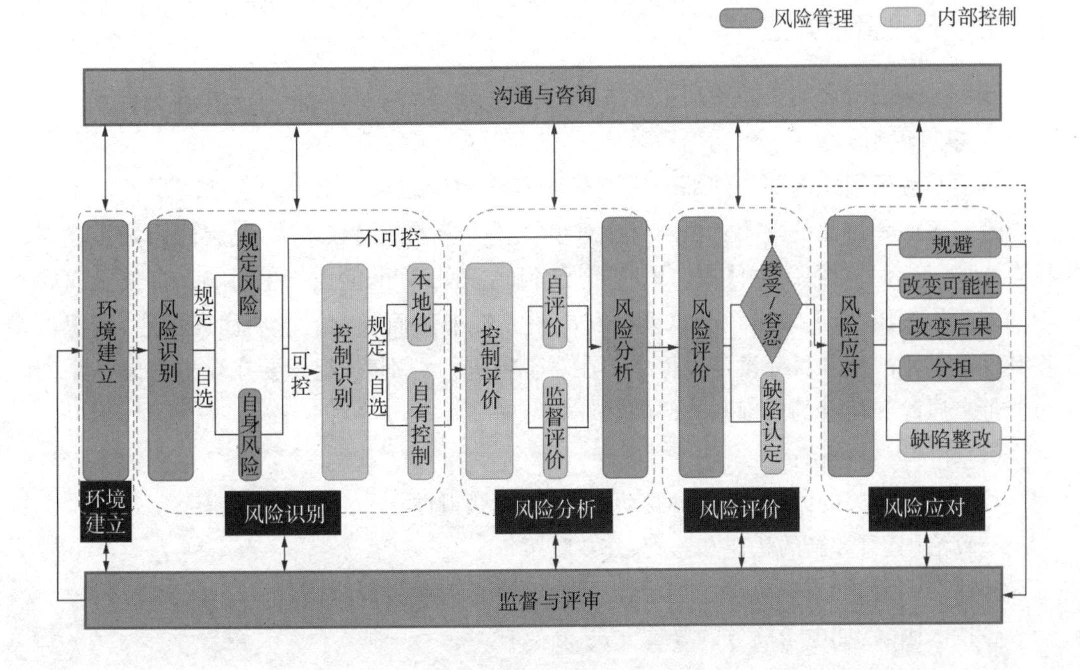

图 3-2 风险管理过程及关系

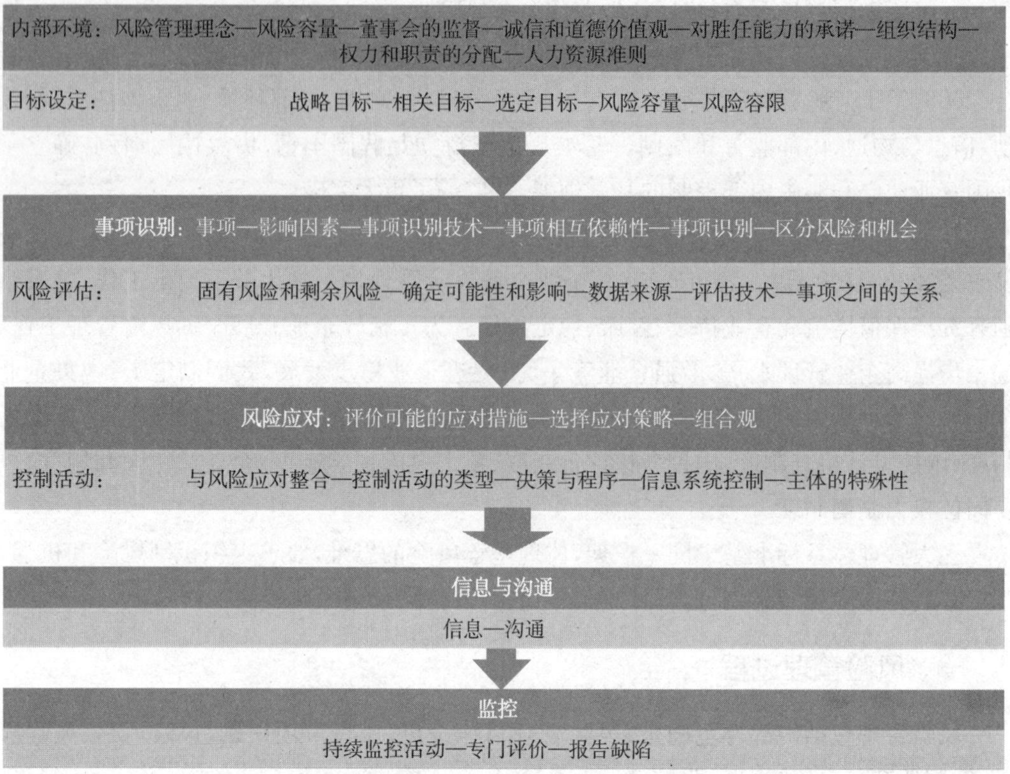

内部环境：风险管理理念—风险容量—董事会的监督—诚信和道德价值观—对胜任能力的承诺—组织结构—权力和职责的分配—人力资源准则

目标设定：战略目标—相关目标—选定目标—风险容量—风险容限

事项识别：事项—影响因素—事项识别技术—事项相互依赖性—事项识别—区分风险和机会

风险评估：固有风险和剩余风险—确定可能性和影响—数据来源—评估技术—事项之间的关系

风险应对：评价可能的应对措施—选择应对策略—组合观

控制活动：与风险应对整合—控制活动的类型—决策与程序—信息系统控制—主体的特殊性

信息与沟通

信息—沟通

监控

持续监控活动—专门评价—报告缺陷

图 3-3　描述了风险管理的具体内容

二、风险管理方法

以下通过案例说明风险管理主要过程的方法

1. 事项识别

事项是源于组织内部和外部的影响战略实施和计划目标实现的事故或事件。事项可能带来正面和负面的影响。识别可能对组织产生影响的潜在事项，确定他们是否代表机会，或者是否会对组织主体成功地实施战略和实现目标的能力产生影响。带来负面影响的事项代表风险，要求组织予以评估和应对。带来正面影响的事项代表机会，组织可将其反馈到了战略和目标设定过程中。在对事项进行识别时，组织要在全部考虑一系列可能带来风险和机会的内部和外部因素。

(1)外部因素包括：

1)与经济有关的因素：如价格变动、资本的可获得性；

2)政治因素：如新的法律和监管、公共政策；

3)社会因素：如人口统计、社会习俗、家庭结构、消费者行业；

4)技术因素：如电子商务的尊重方式、新兴技术；

5)自然环境：如排放和废弃、能源、自然灾害、可持续发展。

(2)内部因素包括：

1)基础结构:如用于防护性维护和呼叫中心支持的资本配置、资产的能力;

2)人员:如意外事故、员工行为、劳动合同到期、健康安全、胜任能力;

3)流程:如适当变更管理规程的流程修改、流程执行错误、对外包监督不够、能力、设计、执行、供应商;

4)技术:增加资源以应对批量劳动、安全故障以及潜在的系统停滞、数据的可信度、数据和系统的有效性。

事项识别技术有定性方法和定量方法:

(1)定性方法:

1)事项清单:某一特定行业内的公司所共通的潜在事项或者不同行业之间所共同的特定过程或活动的详细清单;

2)内部分析:作为常规性经营规划循环过程的一部分来完成;

3)扩大和底线触发器:将现有的交易或事项与预先确定的标准进行对比,提醒管理层关注的领域;

4)推进式的研讨和访谈:经过设计和讨论,利用管理层和员工及其他利益相关方所积累的经验和知识来识别事项;

5)过程流程分析:一个过程的输入、任务、责任和输出的组合;

6)首要事项指标:通过监控与事项有关的数据来识别可能导致一个事项发生的可能性的存在;

7)损失事项数据方法:过去单个损失事项的数据库是识别趋势和根本原因的一个有用的信息。

(2)定量技术,包括:

1)概率技术:建立在事项行为分布假设基础上的一系列结果的可能性的影响;

2)风险价值:用来评估预期很少发生的价值变化的极端范围;

3)风险现金流量:用于经营结果对非市场价格因素相关的现金流量变化敏感的企业;

4)风险收益:根据会计收益行为的分布假设估计一个组织或业务单元的会计收益的变化;

5)损失分布:利用统计学技术计算给定置信度下的经营风险导致的损失;

6)事后检验:风险度量与随后的利润或损失的比较;

7)非概率技术:用来根据分布假设量化潜在事项的影响;

8)敏感性分析:用来评价潜在事项的正常或日常变化的影响;

9)情景分析:评估一个或多个事项的目标的影响;

10)压力测试:评估哪些极端影响的事项的影响;

11)对标:从可能性和影响评价一个特定风险,基准数据可以使管理层根据其他组织的经验了解风险的可能性和影响。

【案例3-1】 某企业基于战略目标的市场风险分析(表3-2)

表3-2 某企业基于战略目标的市场风险分析

使命	在我们经营的区域成为高级家用产品的主要生产者
战略目标	占据我们零售商产品销售额的25%
相关目标	在所有生产部门雇用180个合格的新员工以满足客户需求，但不造成人员过剩维持每美元订单22%的费用
计量的目标单位	遵循雇用的合格员工数 每美元订单员工费用
容限	165～200个合格的新员工 每美元订单员工费用占20%～23%
潜在事项或风险和相关影响	就业市场出乎意料的衰退，致使接收的求职者超过了计划，导致员工过剩； 就业市场出乎意料的升温，致使接收了较少的求职者，导致员工太少； 不充分的要求或技术条件说明，导致雇用了不合格的员工

2. 风险评估

风险评估使组织能够主动考虑潜在的事项影响目标实现的程度。要从可能性和影响进行风险评估；可以采用定性和定量的方法评价以及个别或分类考察整个组织中潜在事项的正面和负面影响。要基于固有风险和剩余风险进行风险评估；要关注风险的可能性和影响是组织管理层的重要职责；要考虑预期组织的事项和非预期事项。

风险评估的技术有：

(1)对标：着眼于具体事项，采用共通的标准比较计量指标和结果，识别改进的机会，建立有关事项、流程和计量标准的数据来比较业绩；

(2)概率模型：根据特定的假设将一系列事项以及所造成的影响与这些事项的可能性结合起来，如风险价值、风险现金流量、风险盈利、信贷和经营损失分布；

(3)非概率模型：利用主观假设估计没有量化相关可能性的事项的影响。

【案例3-2】 某公司评估维持高质量劳动力目标所面临的风险(表3-3)

表3-3 某公司评估维持高质量劳动力目标所面临的风险

	主题	风险描述	可能性	影响
A	报酬	员工对报酬不满意导致更高的离职率	可能的	中
B	绩效评价	员工不满意绩效评价的方法和程序导致士气低落、员工关注非常重要目标、员工流失对公司来说感觉是雇主的选择	可能的	中
C	…			
D	工作场所安全性	员工不满意工作变化导致机械的执行、主要流程中更高错误率以及追求公司更有趣的工作机会	可能的	中

3. 风险应对

组织在完成评估风险后要确定应对措施。应对风险的措施有回避、降低、分担、承受共4类。例如：

(1)回避——一家非营利机构识别和评估向它的会员提供直接的医疗服务的风险，并决定不承受相关的风险，它决定改变提供推荐服务；

(2)降低——一家股票交割公司识别和评估它的系统超过3个小时不能用的风险，并得出它不能承受发生这样的情况的影响的结论。这家公司将投资于增进故障自测和系统备份技术，以降低系统不能用的可能性；

在考虑应对措施时要结合风险的可能性及后果、成本效益、选择使剩余风险处于期望的风险容量以内的应对措施；要从主体范围和组织识别风险，以确定总体的剩余风险是否在组织的风险容量内；

(3)分担——一所大学识别和评估管理学生宿舍相关的风险，并得出它不具备有效管理这些大型居所物业的房间服务能力，决定把宿舍外包给一家物业公司，从而更好地降低了与物业相关的风险的影响和可能性；

(4)承受——一个政府机构识别和评估实验室在不同地理区域的成本，它得出的结论和相关的扣除所增加的成本超过重置成本、于是决定承受这项风险。

在考虑应对措施时要结合风险的可能性及后果、成本效益、选择使剩余风险处于期望的风险容量以内的应对措施。从主体范围和组织识别风险，以确定总体的剩余风险是否在组织的风险容量内。

在确定风险应对的过程中需要考虑：潜在应对对风险的可能性和影响的效果及哪个应对方案与风险容量相协调；潜在应对成本与效益除了应对具体的风险外；实现主体目标可能的机会。

【案例3-3】 某企业针对增加人员的风险评估及应对措施(表3-4)

表3-4 某企业针对增加人员的风险评估及应对措施

经营目标	• 在所有生产部门雇用180名合格的新员工以满足客户需求，而不造成人员过剩 • 保持每一美元订单22%的员工成本				
目标度量单位	新雇用的合格员工数量				
容限	160～200名合格新员工，每一美元订单的员工成本在20%～23%				
风险	固有风险评估		风险应对	剩余风险评估	
	可能性	影响		可能性	影响
可用的候选人数量减少	20%	雇用员工减少10%→18个空缺职位	在适当的时候与第三方招聘机构签订合同以提供候选人	10%	雇用员工减少10%→18个空缺职位
我们招聘流程中无法接受的可变性	30%	由于拙劣的候选人筛选导致雇用员工减少5%→9个空缺职位	每两对招聘流程实施一次审核	20%	由于拙劣的候选人筛选导致雇用员工减少2%→4个空缺职位
根据风险容限调整	预计使公司在风险容限之内的应对措施				

一般情况下，组织完成风险识别和评估及应对措施后要形成一个风险控制矩阵。

【案例3-4】 某企业风险矩阵(部分)(表3-5)

表 3－5 某企业风险矩阵(部分)

内控领域	内控流程(活动)	内部控制总体目标(风险识别的出发点)					风险点编号	风险点分析	控制点编号	应对风险的内部控制措施设计	流程责任部门
		合规	资产	报告	经营	战略					
工程管理	0305 质量控制重点管理流程	Y			Y	Y	0100－R3	不进行实体检测无法验证已完工工程的合格性，不合格部分将导致重复施工成本增加、无法通过政府监督部门验收或安全事故的风险	0100－KC3	对以下重要方面进行实体检测： 混凝土检测、道路路基、电缆及电缆头耐压、升压站内电气设备测试	工程事业部
工程管理	0305 质量控制重点管理流程	Y			Y	Y	0100－R4	未进行转序验收，下一环节不具备条件情况下开展后续施工，导致参建各方责任不清，设备损坏或安全事故的风险	0100－KC4	对以下重要方面按行业规范进行转序验收：地基验收、混凝土浇筑前验收、设备安装及带电前验收、基础环调平验收、风机带电前验收、其他按国家规范强制性条文执行的转序验收	工程事业部
工程管理	0306 工程建设期设备管理流程				Y		0100－R1	设备技术规范提交不及时，影响采购进度，导致工程进度延迟，影响效益	0100－KC1	及时跟踪项目实际进展，及时进行计划纠偏，及时向设计单位提交设备规范模板；时时跟踪和督促设计院提交规范初稿，缩短审核和定稿时间	工程事业部

续表

内控领域	内控流程（活动）	内部控制总体目标（风险识别的出发点）					风险点编号	风险点分析	控制点编号	应对风险的内部控制措施设计	流程责任部门
		合规	资产	报告	经营	战略					
工程管理	0306 工程建设期设备管理流程	Y			Y		0100－R2	初步设计深度不够，设备技术规范书存在技术失误或存在重大变更风险，设备不满足使用要求，或重新采购，导致成本增加，影响效益	0100－KC2	对照可参考类似工程，不使用模糊结论的设计方案，项目部对技术规范提交时需同时提交初步设计方案审查纪要和接入系统审查意见文件，及时更新标准库，广泛收集公司内外风电场设备质量回访信息，广泛调研市场和潜在供应商现状	工程事业部
工程管理	0306 工程建设期设备管理流程				Y		0100－R3	难于准确预测运营期维护成本和总成本，难于判定最优性价比，对采购技术要求和合理方案较难确定，导致实际采购的设备不具最优性价比，影响投产后的效益	0100－KC3	对照可参考类似工程，不使用模糊结论的设计方案，项目部对技术规范提交时需同时提交初步设计方案审查纪要和接入系统审查意见文件，及时更新标准库，广泛收集公司内外风电场设备质量回访信息，广泛调研市场和潜在供应商现状	工程事业部

第四节 方针目标修订及目标实现措施的制定

一、方针制(修)订

ISO 45001 标准对职业健康安全管理方针内容的要求包括 5 个“承诺”、1 个“适合”和 1 个“框架”。5 个承诺是“提供安全健康的工作条件以预防与工作相关的伤害和健康损害的承诺”“满足适用的法律法规要求和其他要求的承诺”“利用控制层级控制职业健康安全风险的承诺”“包括持续改进职业健康安全管理体系以提高职业健康安全绩效的承诺”“员工及员工代表(如有)参与职业健康安全管理体系决策过程的承诺”;1 个框架是“为制定职业健康安全目标提供框架”;1 个适应是“适合于组织的宗旨、规模、所处的环境以及组织的职业健康安全风险和机遇的特定性质”。这是组织制定或修订方针必须遵守的基本要求。

这些要求与 OHSAS 18001 标准的要求增加了新的内容。已经建立体系的组织,可按此要求对其职业健康安全方针进行评审,对不符合要求的应当进行修订。新建立体系的组织可按此要求来制定职业健康安全方针。在制定方针一是不要照搬标准内容,标准的内容是要求,过去在认证审核时经常发现有一些组织的方针照抄标准的内容;二是不要照搬其他组织的方针,三是要符合组织的实际包括行业和职业健康安全特点。

方针的制定可以从上至下确定(即最高管理者团队确认后在组织范围内征求意见),也可以从下至上确定(先发动全员提出意见,征集方针,进行审核确认整合修改后报最高管理层审定发布)。

【案例 3-5】 某风力发电企业的职业健康安全方针

作为一家有社会责任的企业,公司遵守与职业健康安全有关的各项法律法规、规范和标准、公约和承诺遵守和其他要求;公司致力于通过动态管理方式,全面识别和评价与风电场建设和发电生产各环节相关的全生命周期的危险源并评价其风险,按照消除、降低或替代、工程或管理控制、防护的层级要求确定并采取有效的措施确保风险处于控制状态;公司通过体系的三级监控机制不断发现问题并有针对性地改进,确保管理体系及职业健康安全管理的有效性;公司坚持在安全健康管理上全员参与的原则,确保员参与方针目标制定,危险源识别和风险评价、风险控制策划及控制、内部审核及持续改进;确保不发生人员伤亡和职业危害事故及职业病发生。并持续推进安全生产标准化达标升级,成为业内关系公司和相关方人员最好的企业。

二、职业健康安全目标确定及实现目标的方案编制

职业健康安全目标是组织为了实现具体的结果依据职业健康安全方针制定的目标。ISO 45001 标准对目标内容要求有 5 个方面,即与职业健康安全方针一致;考虑适用的法律法规要求和其他要求;考虑职业健康安全风险和职业健康安全机遇以及其他风险和机遇的评价结果;考虑与员工及员工代表(如有)协商的输出;可测量(可行时)或可评价。

组织可根据识别和确定的职业健康安全风险及危险源情况、组织制定和发布的职业健康安全方针及法律法规要求确定具体的职业健康安全目标及具体的测量评价标准。

新标准特别要求组织从“a)要做什么；b)需要什么资源；c)由谁负责；d)何时完成；e)如何通过参数进行测量(可行时)及如何进行监视，包括频率；f)如何评价结果；g)如何能将实现职业健康安全目标的措施融入其业务过程。”策划实现目标的方案。

表3-6给出了方案的模板。

表3-6 管理方案(实现目标的措施策划)表样

减少措施的等级分类	措施	绩效指标	完成期限	负责人	所需资源	操作程序
避免风险	你将采取何种措施来避免这一风险？ 例如，安装一个粉尘收集装置	你将监测哪些参数来判断措施是否成功？	什么时候完成？	谁负责确保这一行动得以实施？ (这应该包括所有层次的管理人员，包括基层主管和一线管理者。)	需要哪些人力资源和财务资源？	需要建立哪些程序来确保这一行动成为日常运作过程的一部分？ 例如，对粉尘收集系统的运营和维护程序
尽量降低风险	你将采取何种措施来尽量降低这一风险？ 例如，为工人提供呼吸系统个人防护装备(PPE)					例如，对呼吸系统个人防护装备的分配、维护和更新程序
管理或技术控制措施	你将采取何种措施来弥补这一风险造成的负面影响？ 例如，制定一项补救政策，对健康受到粉尘影响的工人进行补偿，改变其工作地点					例如，对暴露于粉尘中的工人的定期体检程序

【案例 3－6】 某组织制定的职业安全健康目标中有"危险化学品的管理符合法律法规要求，不发生因危险化学品管理不当的任何安全健康事故"，组织确定从以下化学危险品管理计划：

(1)进行岗位安全分析以鉴别具体的潜在职业危险，进行适当的工业卫生调查以监控和核实化学品接触浓度，并与相关的职业接触标准进行比较；

(2)建立危险宣传及培训计划，让工人做好识别和处理工作场所化学危险的准备。计划应包括危险鉴别、安全操作及物料处理规程、安全工作制度、基本应急程序和岗位特有的特殊危险。培训内容应融合来自所处理危险物质的材料安全数据表2(MSDS)的信息。员工应有条件随时查阅员工当地语言版本的 MSDS；

(3)定义和实施允许进行的维护活动，例如高温作业或进入封闭空间的作业；提供适当的个人防护用具(PPE)(鞋具、面罩、防护服和护目镜，依具体工区而定)、紧急洗眼台和淋浴处、通风系统和卫生设施；

(4)监测和记录活动，包括旨在核实和记录职业危险防控措施有效性的审计规程，并且事故及事件调查报告至少存档 5 年。

第五节　相关方管理

管理体系标准中的相关方包括了三种层面的对象：一种是可以影响组织的决策或活动的相关方，如政府监管机构、股东或所有者、顾客、工会；第二种是可以被组织的决策或活动影响的相关方，如供方、员工、合作伙伴；第三种是自己感觉到被组织的决策或活动所影响的相关方，如周边社区居民、员工家属。

相关方包括组织和个人。相对于某一特定组织，是指与该组织有利益或利害关系的一组群体，该群体中任一组织和个人的利益均与该组织的业绩有关。

随着社会教育水平的提高、需求的增长、人们法律意识的提高，使得相关方的影响力在不断增强，组织为了成功，应获取、得到和保持所依赖的相关方的支持。

不同的管理体系，其相关方不完全一致，同一相关方对不同管理体系的关注度及其需求和期望也不一样。

通常情况下，质量管理体系中的要求包含了顾客要求和适用的法律法规要求。环境管理体系中的要求包含相关方的要求、法律法规和其他要求；职业健康安全管理体系中的要求包括员工要求、监管机构要求和法律法规及其他要求。

不同的相关方的需求不同，要求也不一样。要求可以由不同相关方提出，也可由组织提出。表 3－7 可用于对相关方需求的调查。

表 3-7 相关方需求调查表

相关方需求调查				
相关方	主要关系	对职业健康安全的关切	是否是法定要求	如何运用于组织的 OHSMS
公司员工				
合同工				
本地社区				
消费者				
供应商				
承包商				
监管部门				
非政府组织				
媒体				
其他				

表 3-8 可用于策划对相关方的管理。

表 3-8 对相关方管理的策划

OHSMS 要求	供应链和承包商管理
职业健康安全方针	确保组织的职业健康安全方针包括了对供应商和承包商的期待
识别风险和影响	确保组织的风险评估时对供应链和承包商的风险也加以识别。建立一个检查清单/评级系统来评价新的和现有的供应商和承包商的社会和环境绩效
制订风险控制措施	制订行动计划，解决识别出来的供应链上的各种风险。如果组织没有能力来影响供应商和承包商的行为、促使他们改善环境与社会绩效，可以考虑逐渐改换供应商和承包商； 进行商业规划时将供应商和承包商的职业健康安全绩效评级考虑在内
能力	培训有关工作人员（包括采购、外包和合规部门），使之能识别供应商和承包商的环境与社会风险
应急准备和响应	评估供应商和承包商的应急准备情况，帮助他们建立应急规划能力
与相关方的沟通	与外部利益相关者接触，识别供应链上的风险以及由供应商和承包商造成的风险
投诉机制	建立便利的投诉机制，使你可以收到并解决人们对你的供应商和承包商的投诉
向相关方介绍组织职业健康安全管理相关信息	向那些代表本组织行事的供应商和承包商报告相关职业健康安全措施所取得的结果
监测与审查	定期评价供应商和承包商的职业健康安全业绩，并要求根据需要进行修正

第六节 运行控制

和其他管理体系一样，标准要求组织将管理体系融入组织的业务过程，特别要避免“两层皮”。体系的运行控制实际上就是要将策划和建立的职业健康安全管理体系运用到组织的职业健康安全管理实践中。不能体系文件写的一套，实际做的是另一套。

按照标准的要求，运行控制要做好以下几件事情：

1. 策划、实施、控制职业健康管理体系要求及风险控制措施

具体包括：一是要明确各过程的职业健康安全准则；即编写职业健康安全管理制度、控制流程、操作规程、作业指导书等文件；二是要按策划的要求落实执行文件；三是要留下实施的证据；四是创造适合工作的环境并确保人员具备相应能力。

【案例3－7】 某企业的安全管理制度

1 范围

本文件规定了公司职业健康安全管理工作的要求，包括××××××××××等业务过程和管理活动的职业健康安全管理规则。

本文件适用于公司各中心、部门、分(子)公司的职业健康安全管理，相关方的职业健康安全管理参照执行。

2 规范性引用文件

下列文件对于本文件的应用是必不可少的。凡是注日期的引用文件，仅注日期的版本适用于本文件。凡是不注日期的引用文件，其最新版本适用于本文件。

略

3 术语

略

4 职责

4.1 总经理办公会

4.1.1 审批安全相关的方针、目标和理念。

4.1.2 审批重大及以上安全事故调查与处理方案、报告。

4.1.3 审议并批准公司年度安全管理先进单位和个人并予以表彰。

4.2 总经理

4.2.1 组织建立公司安全管理体系、方针和目标。

4.2.2 建立健全安全生产责任制。

4.2.3 审批公司安全制度、安全标准。

4.2.4 审批公司年度安全工作计划。

4.2.5 督促、检查本单位的安全生产工作，确保及时消除生产安全事故隐患。

4.2.6 组织制定并实施本单位的生产安全事故应急救援预案。

4.2.7 审批公司安全考核结果及奖惩。

4.2.8 审批公司年度安全费用预算。

4.2.9 督促公司相关部门及时、如实报告生产安全事故。

4.3 副总经理

4.3.1 协助总经理做好公司职业健康安全管理，在总经理授权的情况下代行相关职责。

4.3.2 在职责范围内完成业务或系统安全管理目标，确保安全生产。

4.4 安全质量总监

4.4.1 审核公司安全制度、安全标准。

4.4.2 审核公司年度安全管理工作计划。

4.4.3 审核公司安全考核结果及奖惩。

4.4.4 审核公司年度安全费用预算。

4.4.5 督促、检查本单位的安全生产工作，及时消除生产安全事故隐患。

4.4.6 协调公司各单位、部门落实生产安全事故应急救援预案相关要求。

4.4.7 审批安全信息系统建设方案并确保有效运行。

4.5 工程总监

4.5.1 组织落实公司制定的与工程相关的各项安全规章制度和标准，负责工程建设项目的安全检查、指导，闭环安全隐患。

4.5.2 组织采取各种有效措施，建立、健全业务的安全管理体系，逐级落实安全责任。

4.5.3 组织落实工程建设年度安全管理目标和重点任务，确保安全目标的实现和重点任务的完成。

4.5.4 组织开展安全事故应急处理工作。

4.5.5 组织工程建设现场安全事故的应急处置和调查处理工作，做好安全问题的整改工作。

4.5.6 审核工程建设的年度安全费用预算。

4.5.7 及时、如实报告生产安全事故。

4.6 部长

4.6.1 作为部门的行政负责人也是部门第一安全负责人，对部门安全工作和人员安全负责。

4.6.2 按照公司要求落实安全责任，履行安全义务，积极组织部门人员参加公司安全活动。

4.6.3 在部门业务和职责范围内开展安全工作，按照“管业务管安全、管理生产管安全、管职能管安全”的原则积极做好相应的安全工作，实现公司下达的安全目标。

4.6.4 完成公司安全监督管理部门所开具安全问题的整改，积极提交问题闭环材料。

4.6.5 完成公司交办的其他安全事项。

4.7 QEHSR管理部

4.7.1 对接公司战略，制定公司安全管理规划、年度工作计划，确定和分解年度职业健康安全目标，组织签订《安全目标责任书》，监督各级全面履行安全责任。

4.7.2 制定公司综合的安全管理制度及标准并督促落实。

4.7.3 负责公司职业健康安全管理目标与相关重点任务的各阶段考核，汇总发布公司安全月报。负责向公司经营例会报告安全管理工作。

4.7.4 开展公司安全管理监督抽查，参与标杆现场评价和全优绿色风电场评价。

4.7.5 对接集团安全监察与环保部，代表公司参加集团月度安全例会，报告公司安全管理工作，并在会后传达落实集团安全管理要求。

4.7.6 组织公司重大及以上安全事故的调查与处理，监督一般及以下安全事故的调查处理与整改。

4.7.7 组织编制年度安全投入预算，监督安全投入费用预算的使用，汇总并上报实际投入费用情况。

4.7.8 推动公司安全标准化建设和安全文化建设。

4.7.9 推动公司安全信息化建设并有效运行。

4.7.10 按照公司要求组织公司办公区消防演练并留下记录。

4.8 工程建管中心

4.8.1 按照公司要求，在业务范围内承接公司职业健康安全目标，逐级落实安全生产责任制。

4.8.2 组织工程现场重大分部分项施工方案中安全措施的落实，验证现场安全措施的有效性。

4.8.3 按照要求开展安全检查，对工程现场存在的安全隐患进行跟踪闭环并组织验证。

4.8.4 组织一般及以下安全事故（包括重伤以下人身事故）的调查处理，按照要求提交事故调查报告。

4.8.5 执行公司级应急预案，组织制定中心级专项应急预案；监督在建项目落实现场处置方案，按照要求进行演练。

4.8.6 汇总现场相关方安全信息，组织现场供应商履约评价；参与合格供应商名录评审并提出意见或建议。

4.8.7 组织工程现场落实公司《风电工程建设安全文明施工标准化手册》相关要求。

4.8.8 及时如实报送安全信息,按照要求运行安全信息化平台。

4.9 生产运营中心(分公司)

4.9.1 按照公司要求,在业务范围内承接公司职业健康安全目标,逐级落实安全生产责任制。

4.9.2 组织生产发电现场安全措施的落实,验证现场安全措施的有效性。

4.9.3 按照要求开展安全检查,对生产发电现场存在的安全隐患进行跟踪闭环并组织验证。

4.9.4 组织一般及以下安全事故(包括重伤以下人身事故)的调查处理,按照要求提交事故调查报告。

4.9.5 执行公司级应急预案,建立专项应急预案,审查现场应急处置方案,按照要求进行演练。

4.9.6 汇总现场相关方安全信息,组织现场供应商履约评价;参与合格供应商名录评审并提出意见或建议。

4.9.7 组织生产发电现场落实公司《风电场安全生产标准化手册》相关要求。

4.9.8 及时如实报送安全信息,按照要求运行安全信息化平台。

4.9.9 组织做好交通安全管理,定期开展安全培训。

4.10 技术研究中心

4.10.1 按照公司要求,在业务和职责范围内承接公司职业健康安全目标,逐级落实安全生产责任制。

4.10.2 参与公司重大技术方案安全措施的审核和重大及以上安全事故调查处理,从技术的角度提出意见或建议。

4.10.3 按照公司要求对公司1560S吊车进行管理,确保及时消除安全隐患,代表公司对1560S吊车相关方进行安全履约考核。

4.10.4 组织1560S吊车吊装现场落实公司《吊装作业安全标准化手册》相关要求,按照要求检测和备案并建立健全吊车运行、检测、保养、维修相关台账。

4.10.5 按照要求报送并妥善处置相关安全事故。

4.11 人力资源与后勤管理部

4.11.1 按照公司要求,在职责范围内承接公司职业健康安全目标,逐级落实安全生产责任制。

4.11.2 负责对公司自有车辆和租赁车辆的综合管理,对各区域驾驶员进行业务指导和安全培训。

4.11.3 从专业角度对车辆状态进行抽查,定期对各单位的车辆安全管理状况做出客观评价。

4.11.4 参与公司相关交通事故的调查处理工作，从专业角度提出意见或建议。

4.11.5 负责公司总部办公区的消防检查和消防隐患整改，按照要求配置消防设施和消防器材，建立健全消防设施台账。

4.11.6 按照公司要求配合公司办公区消防演练并留下记录。

4.11.7 按照公司要求组织做好公司级新员工三级安全教育培训并建立台账。

4.12 后勤保障经理

4.12.1 在部门职责范围内协助部长做好公司人员、财产和车辆的安全管理工作；检查、督导公司行政办公区消防设施及安全防火工作，对公司的办公和车辆安全负责。

4.12.2 负责公司车辆、驾驶员安全管理制度的起草、宣贯并监督落实，确保公司车辆、驾驶员管理按照国家法律法规、集团公司和公司的要求执行。

4.12.3 落实内部准驾制度；参与配合公司应急事故演练。

4.12.4 负责组织公司驾驶员《安全责任书》的签订及安全目标的落实督导工作；组织本单位车辆安全检查和人员安全教育，定期或不定期对各单位车辆安全管理做出客观评价并提供技术指导。

4.12.5 负责公司交通事故突发事件的应急处置，并妥善组织做好善后处理工作。

4.13 公司生产运行部

4.13.1 组织生产系统落实安全生产责任，认真贯彻执行国家、电网、行业和公司制定的有关电力安全生产的政策和规章制度，结合公司和现场实际情况，提出贯彻意见并组织实施。

4.13.2 组织并参与公司安全生产目标的制定，编制公司与发电生产安全有关的相关计划和制度并组织实施。

4.13.3 组织生产系统春秋季安全大检查，组织闭环安全隐患和相关问题并验证。

4.13.4 参与公司生产发电安全事故的调查分析，督促各分子公司按照公司要求采取措施避免同类事故重复发生。

4.13.5 负责组织和加强对风机、线路、绝缘、化学、电测、电能质量、继电保护、自动化、通信等专业管理和专业监督工作，导入本质安全管理理念和措施。

4.13.6 参加或组织运行风电场安全检查并监督整改措施的落实。

4.13.7 推动风电场安全生产标准化，对风电安全生产标准化工作给予指导，定期或不定期对各分子公司的安全生产管理工作做出客观评价。

4.14 工程建管中心工程管理部

4.14.1 在职责范围内履行管工程必须管安全的职责，积极落实安全生产责任制。

4.14.2 坚持合理工期、合理造价和本质安全的原则，确保工程现场安全可靠。

4.14.3 参与审验工程现场分部分项施工方案安全措施的可操作性和可行性并提出意见或建议。

4.14.4　组织落实公司《风电工程建设安全文明施工标准化手册》相关要求。

4.14.5　对工程现场的安全费用进行把关，确保现场安全投入符合公司要求。

4.15　工程建管中心安全质量部

4.15.1　贯彻落实国家职业健康安全相关的法律法规、标准规范，监督工程现场相关的执行情况。

4.15.2　指导、审验工程现场分部分项施工方案安全措施的可操作性和可行性并提出意见或建议。

4.15.3　按照公司要求落实中心级监督检查，及时闭环、验证现场安全隐患并存档。

4.15.4　参与工程建管中心安全事故的调查处理，组织一般及以下安全事故（重伤以下人身事故）的调查处理并提交事故调查报告。

4.15.5　组织工程现场落实《电力工程建设项目安全生产标准化规范及达标评级标准》和公司《风电工程建设安全文明施工标准化》相关要求。

4.15.6　及时如实报告安全事故和安全信息。

4.16　其他部门

4.16.1　按照公司要求，在职责范围内承接公司职业健康安全目标，逐级落实安全生产责任制。

4.16.2　组织部门员工积极参加安全培训和安全活动，持续提高员工的安全意识。

4.16.3　按照要求完成与部门有关的安全问题整改，及时消除安全隐患。

4.17　子公司（在建和运行电场）

4.17.1　代表公司履行现场安全管理职责，按照合同约定对相关方进行安全评价和安全考核。

4.17.2　建立健全现场职业健康安全制度和方案，逐级落实安全生产责任制。

4.17.3　监督、审核、验证现场专项安全方案以及安全措施，确保现场安全。

4.17.4　履行现场安全检查职责，监督相关方的日常安全检查，积极组织现场安全隐患整改和验证。

4.17.5　组织二类障碍、微伤事故及相关未遂事故的调查处理并提交事故调查报告；积极配合其他安全事故的调查处理。

4.17.6　按照要求报送安全信息（安全事故、安全隐患、安全报表等），促进安全信息化建设。

4.17.7　按照公司要求做好现场级安全培训和安全交底并存档。

4.18　场长/项目经理

4.18.1　执行公司安全管理要求，落实安全培训和安全交底；落实现场安全管控措施，组织检查并验证现场的安全隐患整改情况。

4.18.2　审核并批准现场安全专项方案，对安全措施的可行性进行判断，对专项方案的结果负责。

4.18.3 审查现场相关方安全投入，确保现场安全投入落实到位。

4.18.4 及时如实报告现场的安全信息，配合现场安全事故调查处理。

4.18.5 宣布启动现场安全事故应急处置方案，组织落实应急安全措施，确保现场人员和公司财产安全。

4.19 安全工程师(主管发电生产)

4.19.1 参与本单位安全生产制度、安全管理目标的修订；组织审查安全技术措施，并负责监督贯彻执行。

4.19.2 贯彻国家有关安全生产的法律法规和公司制度，对公司的安全管理制度进行宣贯。

4.19.3 组织或参加安全生产会议，对代维单位的安全管控情况和相关安全生产问题提出建议和要求。

4.19.4 定期或不定期检查各运行电场的安全生产情况，提出改进意见，对安全隐患应开具安全隐患整改通知单，并要求限期整改。

4.19.5 制定安全培训计划，组织开展专项和新入职员工三级安全教育培训，并对培训效果做出客观评价。

4.19.6 按照公司要求开展安全检查，组织安全隐患整改并对检查的真实性负责。

4.19.7 参加代维单位合同(运维、采购、厨师、保洁、保安、车辆租赁等)评审工作，针对其中安全方面条款提出合理性建议和意见。

4.19.8 按照公司要求落实风电场安全生产标准化达标评级相关工作，及时闭环相关问题。

4.19.9 及时如实报告安全事故和安全信息，参与安全事故的调查处理并按照要求提交调查报告；建立健全安全事故档案。

4.19.10 完成领导交办的其他事项。

4.20 安全工程师(主管工程建设)

4.20.1 认真贯彻执行国家安全有关的法律法规和标准规范，组织制定安全管理相关制度和安全应急预案。

4.20.2 组织开展安全培训并建立安全培训档案，对区域内各项目安全培训进行监督。

4.20.3 贯彻执行公司的职业健康安全方针目标，负责区域内各项目安全生产、消防管理等工作的监督管理。

4.20.4 按照公司要求组织并参与安全检查，对安全隐患应开具安全隐患整改通知单，并跟踪验证相关整改情况。

4.20.5 组织开展年度“安全月”活动，逐级落实安全措施，建立健全安全责任制。

4.20.6 定期组织更新安全相关的法律法规、管理标准、规范、危险源和不可接受的风险清单并及时发布。

4.20.7 及时如实报告安全事故和信息，参与对安全事故的调查分析处理，提出避免事故重复发生的安全措施方案；建立健全安全事故台账。

4.20.8 按照公司要求组织落实安全文明施工标准化相关要求,积极闭环现场安全问题。

4.20.9 组织和监督各项目做好应急管理工作,按照公司要求开展演习演练。

4.20.10 完成上级交办的其他事项。

4.21 兼职安全员

4.21.1 兼职安全员在行政上隶属于原单位,负责本单位的日常安全管理。

4.21.2 负责贯彻公司安全指标和规章制度,并检查督促本单位执行情况;在业务上受安全管理部门的指导,并有权直接向安全管理部门汇报工作。

4.21.3 按要求组织开展本单位安全教育培训、组织安全应急救援演练、全面、详实、规范记录安全台账。

4.21.4 按要求组织开展本单位安全隐患排查治理工作。

4.21.5 按要求加强本单位消防安全,提高员工火灾应急处理能力,维护好所在岗位的消防设施。

4.21.6 对发现的各种安全生产事故隐患,有逐级报告的义务。对发现的各种违纪行为,有批评教育和提出处理意见的权利;对所在单位的安全设施、安全防护用品、用具、安全警示牌的在位、有效、完好负责。

4.21.7 参与本单位发生的各种安全事故的调查、分析,并提出事故预防的措施。

4.21.8 按要求参加公司组织的安全会议和活动。

4.21.9 及时如实报告现场安全信息;向所属单位传达安全工作的各项要求。

4.21.10 认真履行自己的安全职责,有权拒绝一切违章指挥和违章作业现象。

4.22 员工

4.22.1 遵守国家安全相关的法律法规、标准规范及公司安全制度,积极参加公司组织的安全活动。

4.22.2 积极报告安全隐患和安全事故,认真配合安全隐患整改验证和安全事故调查。

4.22.3 在业务或职能范围内积极履行安全职责和义务;按照要求穿戴和使用劳动防护用品。

4.22.4 积极参加安全培训、安全考试和公司安全文化建设。

4.22.5 认真落实出差、交通、办公区消防等相关安全措施,确保人身和公司财产安全。

5 职业健康安全管理策划

5.1 目标和绩效

5.1.1 集团公司年初与公司签订《安全环保目标责任书》,安全目标的实现情况将按照集团公司考核规则进行考核。

5.1.2 公司承接到集团公司的年度安全目标后，将按照业务和职责相对比例对安全目标进行层层分解并签订安全责任状，公司 QEHSR 管理部制定《安全环保目标责任书》基本模板，按照公司要求组织《安全环保目标责任书》的签订工作，对照公司《安全考核及奖惩办法》相关要求对各单位和部门进行季度和年度考核。

5.1.3 中心、分公司和相关部门承接到公司分解的年度安全目标后，将按照业务和职责相对比例对安全目标进行层层分解并签订安全责任状，收集签订后的《安全环保目标责任书》扫描件，监督和考核区域范围内各单位和部门的安全目标实现情况。

5.1.4 在建和运行电场承接到工程建管中心和分公司分解的年度安全目标后，将按照业务和职责相对比例对安全目标进行层层分解并组织相关方签订项目年度安全责任状，并对相关方的安全管理履约情况进行考核和评价。

5.1.5 QEHSR 管理部年初制定安全管理工作计划，明确公司年度安全重点工作任务和工作目标，并制定安全措施，确保安全目标实现。

5.1.6 中心、分公司年初细化制定本单位安全管理工作计划，明确区域范围内年度安全工作重点和重要风险并制定安全措施，落实安全责任人，确保安全目标实现。

5.1.7 项目公司在风电场准备期策划和建设期策划文件中明确安全管理专篇、并督促施工单位在《施工组织设计》中明确具体的安全管控措施。

5.1.8 项目公司负责审批各相关方的安全实施细则、方案、强制性条款等相关文件；审批通过后监督实施过程，确保安全管理目标的实现。

5.1.9 安全策划应突出安全管理工作的重点、相关安全事项时间节点、责任部门、相关责任人等信息；相关信息要清晰明确、真实可靠并具有较强的操作性。

5.2 资源保障

5.2.1 安全费用

5.2.1.1 公司安全投入范围包含项目开发阶段、工程建设阶段、电场生产运行和检修阶段和日常行政办公等内容。主要包括年度安全费用预算和年度实际安全费用统计两部分；QEHSR 管理部统一归口采集安全费用相关信息，对接集团公司安全监察与环保部相关工作。

5.2.1.2 安全费用会计科目设置、安全费用标准、安全费用统计与计提、安全费用使用与监督、安全费用相关目录及组成、安全费用表格、安全费用参照标准及相关时间要求见公司《安全环保投入费用标准及使用监督管理制度》。

5.2.2 安全教育培训

5.2.2.1 新员工三级安全教育培训：是指按照国家相关要求结合公司的实际情况，对新入职员工必须进行三级〔第一级：公司级；第二级：中心/分公司/公司各部门；第三级：子公司(在建/运行电场)/部门工作组〕安全教育并经考核合格后方可上岗。

5.2.2.2 “五新”教育：指在实施新技术、新工艺、新设备、新材料、新过程时，必须对有关人员进行相应的，有针对性的安全教育。

新员工三级安全教育培训内容：

一级教育内容

a)国家职业健康安全相关的方针政策、法律法规、标准规范；

b)公司职业健康安全的管理制度和规定；

c)公司概况及劳动纪律要求；

d)典型的安全事故案例与工伤事故案例及防范措施；

e)公司职业健康安全方面需要注意的其他事项。

二级教育内容

a)本单位或部门的概况及主要工作流程；

b)本单位或部门职业健康安全的制度、规定；

c)本单位或部门的工程/生产特点、危险源、要害部位和设备状况；

d)本单位或部门相关的安全技术基础知识、劳动纪律及职业健康安全的有关注意事项；

e)本单位或部门典型事故案例及防范措施；

f)本单位或部门的其他相关要求。

三级教育内容

a)本单位或部门的工作范围、工作内容、工装设备的环境与安全要求；

b)本单位或部门的环境与安全技术操作规程、安全防护装置的作用，介绍容易发生事故的地方和部位，防范和应急措施；

c)本单位或部门现场管理、文明生产的要求；

d)个人防护用品的正确佩戴、使用方法；

e)本单位或部门曾发生过的事故案例及相关情况。

5.2.2.3 转岗和“五新”安全教育员工转岗时，必须进行转岗教育，转岗人员安全教育的内容等同新员工安全教育的内容。实施“五新”项目时，公司及班组必须对有关人员进行相应的、有针对性的安全教育，教育不小于4个学时，并将“五新”教育情况填入培训记录中。转岗和“五新”教育资料，试卷由各部门、单位自行存档。

5.2.2.4 复工安全教育凡离开原岗位1个月以内的，在复工时必须由所在部门、单位进行安全教育，离开1个月以上者，由公司进行三级安全教育，并填写培训记录。复工教育内容与“新员工入职教育”相同，复工教育试卷、成绩由各单位/部门存档。

5.2.2.5 全员安全教育各单位应根据实际情况，每年结合“安全生产月”组织开展多种形式的全员安全教育，教育内容涉及安全相关新知识、新技术、安全生产法律法规、作业场所和工作岗位存在的危险因素、防范措施及事故应急措施、事故案例等，切实提高员工的安全意识。夏季应进行防中暑、防触电、防雷击以及夏季防护用品的正确穿戴和使用等教育。冬季应进行防冻、防火、防滑、登高作业防坠落，机动车雪、雾天气安全驾驶，预防中毒与窒息等内容的安全教育。节假日应对员工进行假日期间安全注意事项的教育，对加班、检修人员进行相应的安全交底。

在建和运行电场应结合单位自身情况，每月至少开展一次安全学习，做好学习记录，公司环境与社会责任管理部将进行监督检查。对重大施工、检修等项目，在施工、检修前，应根据预先危险性分析提出的安全措施和安全操作规程进行有针对性的安全教育。教育方式可采取授课辅导、班组学习、学习下发的安全手册、参观安全展览、安全知识答卷、召开事故现场会等。

5.2.2.6 日常安全教育

各部门、单位在向员工布置工作任务时，应同时布置安全注意事项并进行教育。

各部门、单位在接到上级下发的有关安全生产的指示、文件、通知后应及时向广大员工传达并留下记录。

公司内发生事故或事故隐患在查明原因后，应及时教育员工吸取事故教训。各部门、单位每月在进行工作总结时应同时总结分析本单位的安全生产情况，按照要求认真填报安全月报。

5.2.2.7 安全培训管理

各单位应根据国家安全生产法律法规、电力行业规程、标准和公司制度要求，组织开展、落实安全生产教育培训工作，建立健全安全生产教育培训实施办法。各部门、单位安全教育应全覆盖，并把对员工的教育培训工作作为岗位培训的重要组成部分，使员工具备必要的安全知识，熟悉相关的安全生产规章制度和相关安全标准化管理手册，具备本岗位的安全注意事项。

未经安全生产教育培训或培训考试不合格的员工，不得上岗作业。员工应积极配合并接受单位组织的安全教育培训，掌握本岗位所需的安全生产知识和技能，增强事故预防和应急处理能力；各培训负责部门或单位根据实际情况，可申请委托具有相应资质的安全培训机构进行培训。

各部门、单位应建立健全员工安全培训档案，详细、准确记录培训与考核情况；培训记录详见附录一《安全教育培训记录表》，安全培训档案应指定专人负责。各部门、单位应制定安全教育培训计划，安全生产教育培训所需资金应纳入本部门、单位教育培训经费预算予以保证。

公司 QEHSR 管理部将结合相关检查对各部门、单位开展安全培训工作检查，对于认真开展安全生产教育培训，并在防止事故、提高电力安全管理水平上做出成绩的部门、单位和个人，报公司总经理同意后给予表彰或奖励。

公司三级安全教育原则上按照公司、中心/分公司/公司各部门、子公司（在建和运行电场/部门工作组）三级执行：

第一级：公司级安全教育由公司人力资本部组织，公司 QEHSR 管理部提供技术支持。

第二级：工程建管中心人员入职后中心级安全教育由工程建管中心工程管理部负责组织，工程建管中心安质部负责提供技术支持。分公司级安全教育原则上由分公司综合办公室组织，分公司专职安全管理人员提供技术支持。部门级安全教育原则上由部长组织实施。

第三级:在建和运行电场级安全教育由项目经理/风电场场长和专兼职安全员组织实施。部门工作班组级(主要指非现场人员)安全教育原则上由班组长/主管组织实施。

由于公司地域跨度大等原因,公司级安全教育在保证教学内容的情况下,可由第二级实施部门代行,但是教育的内容和学时必须满足要求。新员工入职安全教育必须满足24学时,原则上公司级安全教育应满足4学时;二级(中心/分公司/公司各部门)安全教育应满足12学时;三级(在建和运行电场/部门工作班组)安全教育应满足8学时,学时包括考试时间。

运行风电场的工作票签发人、工作负责人、工作许可人应开展安全培训。经考试合格后,以正式文件公布有资格担任工作票签发人、工作负责人、工作许可人的人员名单。

对违反规程制度造成事故、一类障碍和严重未遂事故的责任者,除按有关规定处理外,还应责成其学习有关规程制度,并经考试合格后方可上岗。对重复发生"违章、麻痹、不负责任"行为的人员,必须进行有针对性的专门教育培训。公司将依据《安全考核及奖惩办法》的规定对各级安全教育培训情况进行考核。

关于安全培训的其他管理要求详见公司《培训管理制度》。

5.2.3 劳动防护用品

5.2.3.1 公司员工劳动防护用品的计划制定、招标采购、报废、台账建立和日常管理统一由公司行政资源部归口管理。

5.2.3.2 QEHSR管理部参与公司劳动防护用品相关制度的起草编制和修订,监督检查现场劳动防护用品的使用情况,对各单位和部门的劳动防护用品使用情况做出客观评价。

5.2.3.3 各中心、分(子)公司、部门在业务和职责范围内负责员工的劳动防护用品的使用管理,对员工开展劳动防护用品使用的相关教育和培训。对相关方人员现场的劳动防护用品使用情况做出客观评价并进行履约考核。

5.2.3.4 劳动防护用品的采购、使用、报废以及劳动防护用品的分类、功能、用途、发放标准等相关要求详见公司《劳动防护用品管理办法》。

5.3 安全预警

5.3.1 启动安全预警的条件现场存在的重大安全隐患,接到安全整改通知后未能立即整改的情况;现场存在违章作业、冒险作业、违章指挥等随时可能发生重大事故的相关情况;其他现场的事故经验教训未能充分吸取或者同样问题未能采取措施的相关情况;被集团公司或者其他监管部门口头或者书面警告或者被黄牌警告的相关现场;公司认定的其他应该发出安全预警的相关情况。

5.3.2 安全预警的级别

5.3.2.1 一级安全预警由公司总经理签发。

5.3.2.2 二级安全预警由环境与社会责任总监或者工程建管中心总监或者分公司总经理签发。

5.3.3 安全预警通知书

5.3.3.1 安全预警以安全预警通知书的方式发布，详见附录二《安全预警通知书》。在发布安全预警通知书时，应结合安全通报、安全生产分析和安全检查、安全性评价、技术监督、设备评估等提出相应的整改要求。

5.3.3.2 一级安全预警通知书应在15日内给出书面回馈；二级安全预警通知书应在7日内给出书面回馈。

5.3.3.3 现场接到安全预警通知书时，应立即由本层级主要负责人签字确认，同时将预警内容传达到全体员工，以示警醒，并在规定的时限内向发布《安全预警通知书》的部门反馈整改落实情况。

5.3.3.4 发出《安全预警通知书》的部门/单位根据现场实际采取派驻专人帮促组、现场指导、重点检查、现场复查等手段，帮助被预警的部门或单位解决、改进相关工作。

5.3.3.5 被预警的部门或单位应认真制定整改措施，采取召开专题会议或安全分析会、组织成立隐患整改小组、跟班作业等手段进行整改，切实解决安全生产中的关键性、倾向性问题，提高安全管理水平；在达到规定期限前，向预警发出部门提出《安全预警复验申请书》(见附件3)，由发出部门组织进行整改情况复查。

5.3.3.6 发出《安全预警通知书》的部门/单位在规定时限内，对被预警单位进行复查，如整改情况良好，可取消安全预警，并告知被预警的单位；仍不符合要求的，应提出安全考核意见并严肃处理。

5.3.3.7 公司各级发出的安全预警通知书归口公司QEHSR管理部统一归口，及时将相关资料报送QEHSR管理部统计、留存。

5.3.4 安全预警解除条件

5.3.4.1 经安全预警通知书发出的部门/单位进行复查、安全分析后认定，被预警单位制定了切实可行的安全整改措施，实施效果明显的。

5.3.4.2 其他经公司或预警发出单位认定的可以解除安全预警的相关情况。

5.3.5 执行与考核

5.3.5.1 安全预警的执行情况纳入正常生产工作检查考核范围，对未严格执行制度要求的进行考核。对于整改期内，未按要求认真进行整改并因此造成事故、扩大事故或延误事故处理的，要按照《安全考核及奖惩办法》和公司相关的规定，严肃追究责任。

5.3.5.2 发出安全预警后，被预警单位未采取措施进行整改且未按要求上报书面材料的，扣除相关责任人当月绩效工资。

5.3.5.3 发出安全预警的相关部门/单位，未按时、按要求对被预警单位进行复验的，扣除责任部门相关责任人当月绩效工资。

5.3.5.4　被预警单位整改不合格、复验不合格等情况，仍解除其安全预警的，扣除责任部门相关责任人当月绩效工资。

5.3.5.5　被预警部门、单位屡次被查出安全隐患或其他不安全事件，屡纠屡犯的，发出预警通知的部门将提出给予该部门或单位相关责任人经济处理和行政考核的建议，报公司领导审批、执行。

6　管理分级

公司的职业健康安全管理工作分为公司级、中心/分公司/公司各部门级、子公司（在建和运行电场）/部门工作组共三级。QEHSR管理部负责公司级的职业健康安全工作的策划、标准制定、评价与考核，中心/分公司在"管业务必须管安全"的职责范围负责组织落实各区域职业健康安全管理工作；各子公司（在建和运行电场）在职责范围内负责职业健康安全工作的策划和组织实施。

7　日常管理

7.1　总则

为确保公司工程建设和发电生产运行过程中人身、设备和财产安全，实现公司安全目标，根据国家及行业有关安全生产规定，结合公司实际制定行之有效的安全管控措施，通过合同、协议以及联系单等形式约定相关方履行相关职责，落实安全责任，过程中对相关方的安全措施落实情况进行监督和考核。

7.2　工程建设安全管理

7.2.1　风电场工程建设安全管理应全员、全过程、全方位进行控制，坚持合理工期，合理造价。

7.2.2　项目设计阶段应坚持"本质安全"设计理念，施工前建设单位项目部应将项目建设的重要风险点和安全措施对施工单位应进行安全技术交底，确保工程建设安全。

7.2.3　公司确定年度建设计划后，通过《建设管理任务书》《安全环保目标责任书》向工程建管中心下达建设管理任务，明确安全管理的目标及责任。

7.2.4　各参建单位应按要求设置安全管理组织机构或配备专职安全管理人员，专职安全管理人员应做到持证上岗，并认真履行安全职责。

7.2.5　项目公司督促各参建单位根据本项目实际建立危险源排查档案，分析确定风险等级，制定风险控制措施，对重大分部分项工程制定专项安全施工方案，专项施工方案应经技术负责人审核后报监理单位审批同意方可执行。

7.2.6　各参建单位应做好相关安全教育、安全技术交底工作，重大分部分项工程安全技术交底应有建设、监理、施工、技术负责人参加并签字确认。

7.2.7　各参建单位需按照国家及公司《安全环保投入费用标准及使用监督管理办法》要求保证安全资金投入，安全文明施工费用必须专款专用，业主项目部对安全文明施工费用的使用情况进行监督验证并跟踪考核。

7.2.8 施工现场相关安全检查的分级和检查内容详见公司《安全环保检查管理办法》；工程建设安全标准、规范、流程详见公司《工程项目规定》《风电工程建设安全文明施工标准化手册》等支持性文件，部分内容可参照《电力工程建设项目安全生产标准化规范及达标评级标准》执行。

7.3 发电生产安全管理

7.3.1 公司实行风电场生产运行代维管理制度，与代维公司签订代维技术服务合同，按照合同约定和《安全考核与奖惩办法》进行考核，逐级落实安全生产责任制。

7.3.2 运行风电场实行"两票三制"制度（工作票制度、操作票制度、交接班制度、设备定期试验与切换制度、设备巡回检查制度），定期进行运行分析，包括：岗位分析、集中分析、专题分析、事故及异常分析等，通过运行分析找出薄弱环节，制定防止事故发生的措施。

7.3.3 各分公司要定期或不定期对辖区内运行风电场三类人员（工作票签发人、工作许可人、工作负责人）进行安规考试，考试合格后要有正式任命书，并张贴在中控室显著位置。各单位三类人员相关名单应定期报公司 QEHSR 管理部备案。

7.3.4 风电场运行应认真遵守国家法律法规、行业相关要求，结合各单位实际制定符合要求的安全管理工作制度、规程；认真制定"两措"计划（反事故措施计划和安全技术劳动保护措施计划），通过"两措"计划的实施，使事故在萌芽中得以消除，有效地防止人身和设备安全事故的发生，具体执行《两措计划及实施管理办法》。

7.3.5 加强风电场设备的安全管理，做好设备的维护工作，及时排查设备隐患，定期做好设备状态评价工作；对备品备件等相关设备应建立设备管理台账，做到管理规范化、标准化。

7.3.6 按照公司、分公司要求做好安全隐患排查工作，各运行电场每个班次应定期做好巡视、巡检工作并做好记录备查，对于现场存在的安全隐患应限期闭环，检查和整改记录应存档，具体执行《安全环保检查管理办法》。

7.3.7 按照国家和公司相关要求运行电场应积极开展安全生产标准化达标评级工作，按照公司年度安全工作计划和《安全环保目标责任书》的目标指标和考核要求落实，具体措施及相关要求详见《风电场安全生产标准化手册》。

7.4 危险源控制

7.4.1 生产运营中心负责组织识别发电生产及检修过程中的危险源辨识、风险评价和风险控制策划工作。

7.4.2 工程建管中心负责组织识别工程建设过程中的危险源辨识、风险评价和风险控制策划工作。

7.4.3 人力资源与后勤管理部行政资源部负责组织识别办公活动中的危险源辨识、风险评价和风险控制策划工作。

7.4.4 各中心、分(子)公司、部门在职责范围内负责活动中的危险源辨识、风险评价和风险控制策划工作。

7.4.5 运营管理部负责组织各单位、部门对公司《危险源辨识及风险评价清单》进行定期更新，更新内容包括公司增加和调整相关业务所存在的新的危险源，以及相关事故案例所暴露出来的相关项。控制措施应明确具体可量化，或具体执行相关方案措施，相关要求见公司《环境因素和危险源管理制度》。

7.4.6 QEHSR管理部负责对各单位、部门的危险源辨识及控制工作提供技术支持，进行指导和监督并做出客观评价。

7.4.7 各业主项目部和运行风（光伏）电场是危险源控制措施的实施部门，应组织相关方认真识别现场危险源并制定控制措施，跟踪并验证现场危险源控制措施的有效性。

7.4.8 危险源辨识方法：常用的危险源辨识方法如安全检查表、故障类型和影响性分析、事件树分析、故障树分析、LEC法等。

7.4.9 危险源的具体管控流程和管控要求以及危险源辨识和评价方法详见《环境因素和危险源管理制度》。

7.5 相关方管理

7.5.1 公司职业健康安全管理体系涉及的和可以施加影响的相关方包括但不限于：设计单位、监理单位、机电设备供应商、服务提供方、工程承包方（施工单位）、生产运行和维护承包商、设施设备提供方、进入现场的其他团体和个人等外部来访及参观者、在公司相关现场活动的其他人员等。

7.5.2 对相关方施加影响的主要方式

7.5.2.1 合约影响：对为本公司提供经营和服务的各相关方，依据公司管理要求，应在与相关方签订的各类协议中明确相关方在为公司提供产品及服务过程的同时还应遵守相关职业健康安全法律法规要求、公司有关职业健康安全要求；对违反相关职业健康安全法律法规要求、公司有关职业健康安全要求时应明确追责要求。

7.5.2.2 供应商评价：对为公司提供产品及服务的供方根据国家相关要求和本公司供应商评价准则，应确定职业健康安全活动方面要求，以确保供应商活动符合公司安全管理规定；对于招标相关方，应在发放标书时明确相关的要求；对于未能实现安全目标且安全绩效差的相关方公司供应链管理部应列入“黑名单”管理。

7.5.2.3 职业健康、安全管理检查与考核：建设单位与施工单位签订施工合同和《安全环保协议》，工程建管中心和业主项目部作为建设单位的业务管理部门和现场管理机构按照合同约定的内容进行安全检查和考核。生产运营中心、分公司、运行电场代表公司按照合同和协议约定对运维单位安全履约情况进行检查和考核。QEHSR管理部通过专项检查、内部审核对各相关部门和分公司开展相关方施加职业健康安全影响控制的情况进行检查考核，并将相关结果纳入安全考核。

7.5.2.4 安全费用管理：对相关方提供的产品及服务活动，应按照法律法规的要求和公司的制度在合约中明确用于职业健康安全投入的专项资金，当相关方提供的产品及服务不能满足法律法规及公司相关规定时通过合同履约评审和费用结算进行考核；同时对相关方提供的质保金可列项用于职业健康安全活动和管理。

7.5.3 外来人员管理

7.5.3.1 外来人员进入现场进行参观、检查、服务等工作，现场安全负责人必须对其进行安全告知并留下记录。现场人员必须陪同监护，不允许独自活动。

7.5.3.2 对外单位来现场的作业人员必须安全考试合格并进行安全交底后方可进场，在建和运行电场安全负责人应告知生产、作业或工程的相关危险源、主要风险和预防控制措施，以及遵守国家法律、法规和公司相关安全管理制度的要求和工程施工或检修前的组织及措施要求等。

7.5.3.3 外来人员必须遵守公司安全管理制度，服从公司安全管理人员管理。

7.5.3.4 外来人员中的等特种作业人员必须持证上岗操作。

7.5.3.5 在建和运行电场现场安全负责人应为外来人员提供满足现场需要的劳动防护用品，并派专人陪同进入作业现场，监督劳动防护用品的穿戴情况。

7.5.3.6 外来人员不得随意进入现场或非指定场所，不得随意动用公司的设备设施，如有违反，追究公司接口单位安全责任。

7.6 合规义务

7.6.1 公司运营管理部组织相关部门开展合规义务的识别，并进行适用性评审，负责编制合规性评价报告。识别适用于公司风电项目开发、建设、发电运维中危险源有关的合规义务。

7.6.2 各部门根据发布的合规义务清单，在开展下述工作时应考虑合规义务：

a)在确定需应对的风险和机遇时；

b)在确定重要环境因素和不可接受的风险时；

c)在建立环境和职业健康安全目标时；

d)在对组织履行合规义务产生影响的相关人员的进行能力需求、培训需求评价时；

e)在制定公司管理标准、技术标准和工作标准并落实执行时；

f)在进行内部和外部沟通时；

g)在安全预评价时；

h)在项目设计时，考虑安全相关“三同时”的要求；

i)在为持续改进职业健康安全管理体系而策划其他管理活动时。

7.7 应急管理

7.7.1 综合预案

综合预案是公司应急预案体系的总纲，主要从总体上阐述公司事故的应急工作原则，包括公司应急组织机构及职责、应急预案体系、事故风险描述、预警及信息报告、应急响应、保护措施、应急预案管理等内容。公司 QEHSR 管理部从公司的角度编制公司综合应急预案和专项应急预案。

7.7.2 专项预案

专项应急预案是公司应对某一类型或某几种类型事故，或者针对重要生产设施、不可接受并需要重点关注的风险、高危作业、重大活动等内容而制定的应急预案，主要包括事故风险分析、应急指挥机构及职责、处置程序和措施等内容。工程建管中心和分公司从区域管理的角度编制区域专项应急预案，指导在建和运行电场编制现场处置方案。

7.7.3 现场处置方案

现场处置方案是公司在建和运行电场根据不同事故类别，针对具体的场所、装置或设施所制定的应急处置措施，主要包括事故风险分析、应急工作职责、应急处置和注意事故等内容。

公司应急工作范围、应急工作原则、事故风险描述、应急组织机构职责、应急联系方式、应急报告与响应、应急处置与保障措施、应急预案的培训、演练、修订、备案相关要求见公司《突发事件总体应急预案》《火灾应急预案》《电网事件应急预案》《现场安全事故应急预案》《自然灾害应急预案》相关内容。

7.8 事故调查处理

7.8.1 事故调查分级

原则上发生重伤以下等级的人身事故、重大以下安全事故（包括相关方）由对应的分公司或工程建管中心组织开展事故调查；发生重伤及以上人身事故、重大及以上安全事故（包括相关方）由公司环境与社会责任管理部组织开展事故调查，调查处理流程详见附录四《重大及以上安全事故调查处理流程》；发生重、特大设备、安全事故，影响范围较广、性质较恶劣的，由集团公司安全监察与环保部配合开展事故调查。

7.8.2 事故调查组织

7.8.2.1 事故发生以后，根据事故级别，成立事故调查小组，确定事故调查组组长及成员，明确职责，开展事故调查。

7.8.2.2 事故调查组的组成应当遵循精简、效能的原则，可以聘请有关专家参与调查。事故调查组成员应当具有事故调查所需要的知识和专长，并与所调查的事故没有直接利害关系。事故调查组组长主持事故调查组的工作。

7.8.2.3 事故调查组成员在事故调查工作中应当诚信公正、恪尽职守，遵守事故调查组的纪律，保守事故调查的秘密。未经事故调查组组长允许，事故调查组成员不得擅自发布有关事故的信息。

7.8.3 事故调查报告

7.8.3.1 事故调查报告包括但不限于以下内容：

a)事故发生单位概况；

b)事故发生经过和事故救援情况；

c)事故造成的人员伤亡、直接和间接经济损失；

d)事故发生的原因和事故性质；

e)事故责任的认定以及对事故责任单位和责任者的处理建议；

f)事故调查组人员组成情况；

g)事故防范和整改措施。

7.8.3.2 工程建管中心、分公司独立组织开展的事故调查,形成事故调查报告后报事故调查组组长审批后,应上报至公司 QEHSR 管理部备案。

7.8.3.3 重伤以下人身事故、重大以下安全事故应在30日内提交事故调查报告书(如遇特殊情况事故报告可延迟,延迟须提前向公司做出说明,每30天出具阶段性报告);重伤及以上人身事故、重大及以上安全事故应在60日内提交事故调查报告书(如遇特殊情况事故报告可以延迟,但延长时间最长不超过60天)。事故调查报告模板见附录五。

7.8.4 具体的事故分类、事故报告的方式和内容、事故报告的程序和要求、事故调查的原则、组织机构职责、事故相关的资料收集、事故原因分析和责任确定等相关内容详见公司《事故调查处理规定》。

7.9 安全信息管理

7.9.1 公司建立安全信息报告制度,现场发生的安全事故/事件应第一时间上报并进行处置,24小时内进行书面快报。

7.9.2 公司建立安全月报制度,各单位、部门按照公司安全月报模板报送。

7.9.3 安全月报包括但不限于以下内容:安全生产事故统计、安全检查与隐患整改情况、安全培训计划与实施情况、安全活动开展情况、安全技术改善情况等;对于各单位上报的安全月报信息,各单位主管领导应给予认真审核并对安全信息的真实性负责。

7.9.4 安全月报要格式统一、内容准确、实事求是,能反映各单位安全管理的真实情况,所统计信息要覆盖区域范围内所有项目公司安全状况,为集团公司、公司的安全管理提供决策依据;坚决杜绝瞒报、漏报、迟报、谎报等不良行为发生。

7.9.5 对于月报中描述的安全隐患,应定期跟踪闭环,当月月报信息与上月月报中的《安全隐患整改情况应报表》,要求在每月28日前报送公司 QEHSR 管理部。

7.9.6 各单位根据全年的安全管理情况编制年度安全报告,年度安全报告的格式参照月度安全报告的格式填写,如有改变将另行通知。

7.9.7 集团公司安全信息平台(HSC)包括合规性管理、隐患排查治理、危险源管理、安全事故/事件管理、应急管理、安全教育培训、职业健康管理等内容模块,旨在通过科学的方法系统采集安全信息,便于深度分析形成大数据,实现资源共享,提高安全管理效率和效益。各单位、部门应按照要求使用填报。

7.10 兼职安全员管理

7.10.1 任职条件

a)大专以上学历或三年以上工作经验,有较强的安全责任感,对安全工作抱有浓厚兴趣;

b)公司签订劳动合同的正式员工,且入职1年以上;

c)具备一定的协调沟通能力及掌握一定的安全知识和技能；

d)具备安全管理工作经验者优先考虑。

7.10.2 任命程序

7.10.2.1 在建和运行电场负责人根据现场需要结合兼职安全员任命条件上报提名人员，工程建管中心和分公司对提名人员进行审核后报送公司 QEHSR 管理部，公司对各单位申报的兼职安全员进行资格审查，在沟通协调的基础上，对安全员的聘任进行审核，必要时根据人数组织集中培训和考试，考虑到跨区域人员较多原则上兼职安全员考试由各中心和分公司开展报公司 QEHSR 管理部备案；公司收集兼职安全员信息及考试和培训资料后报集团公司审核，审核同意后报送公司人力资源与后勤管理部批准享受兼职津贴。

7.10.2.2 兼职安全员一经确定，不得随意变更(岗位调动除外)；补充或变更必须依照变更程序上报，各中心、部门负责更新《专兼职安全员台账》，报公司撤销或重新任命。

7.10.2.3 公司鼓励持有国家安全相关资质资格的人员担任兼职安全员职务。

7.10.3 其他要求

7.10.3.1 专职安全员每年接受内外部培训不得少于60课时，兼职安全员不得少于30课时。培训课时数作为安全管理人员年度考核指标之一。

7.10.3.2 通过发放安全补贴方式，规范兼职安全员岗位，提升兼职安全员工作积极性和责任心；补贴发放标准300元/人/月；年度表现良好的兼职安全员优先参与安全评先选优。

7.10.3.3 兼职安全员岗位补贴不与绩效工资挂钩；兼职安全员岗位补贴按月与工资同时发放。

7.10.3.4 因工作调整等其他原因不再担任兼职安全员工作的，应第一时间将相关信息反馈中心或分公司、公司 QEHSR 管理部，将不再享受安全津贴。

有下列情形之一者当月不得领取安全津贴：

所负责的单位，当月发生生产事故，造成人员伤害或经济损失的；不认真履行职责，责任心不强，发现违章行为不及时制止或纵容，视而不见者；日常管理混乱，有章不依，安全检查教育无记录，隐患整改不及时，无安全管理台账者；不接受上级安全部门领导，不按时参加安全会议，不按时完成布置的安全工作任务。

8 安全专项管理

8.1 交通与设备运输

8.1.1 公司车辆归口行政资源部统一管理，各中心、分(子)公司分别对本单位的车辆安全负责，环境与社会责任管理部对车辆安全实施监管。

8.1.2 驾驶员管理要求。驾驶员必须严格遵守交通法规和公司制定的各项规章制度，服从公司行政车队的统一管理。驾驶员上岗时应着正式服装，严禁酒后驾车、疲劳驾车、违规驾车、超载、超速行驶。不开机件失灵、有故障或有缺陷的车辆，杜绝一切违章及有碍安全的行驶。

8.1.3　公司车辆管理要求。公司车辆实行驾驶员定人、定车责任制，驾驶员凭行政车队指派出车，不得私自出车，特殊情况由行政车队做适当调整。公司车辆一律停放在公司指定地点，如因违反而影响工作或造成事故者，除视情节轻重予以处罚外，由当事人本人承担全部责任，并赔偿相应经济损失。车辆使用后驾驶员应对车辆的行驶情况，尤其是驾驶过程中遇到的故障情况或安全隐患向负责人和车辆管理部门汇报，及时检修消除异常，确保安全。

8.1.4　交通事故处理。发生交通事故，事故单位和当事人在第一时间将事故信息报送公司行政资源部车队和 QEHSR 管理部，同时事故单位和当事人应在 1 个工作日内书面报送事故快报。重大事故的上报的程序参照公司《事故调查处理规定》执行。事故发生时未及时上报的，所产生的损失由事故责任人自行承担；对于瞒报、谎报的一经查处将对相关责任人严肃处理。

8.1.5　外部租赁车辆管理要求

8.1.5.1　车辆出租方必须提供证照齐全且检验合格的机动车。

8.1.5.2　车辆出租方派遣的驾驶员必须符合相关驾驶资质要求，做到持证上岗且无前科记录。

8.1.5.3　外包驾驶员必须服从天润公司的相关车辆管理制度规定，服务规范、着装标准、事故应急与天润公司自有驾驶员同样标准。

8.1.5.4　外包驾驶员每月 5 日前向属地车管领导上报行车月度报表，待核定行驶里程或相关费用后才能审批租金或补贴费用。

8.1.5.5　外包方驾驶员在服从出租方相关管理的同时必须接受天润公司的管理要求和安全再教育培训事宜。

8.1.5.6　外租车辆及相关驾驶员管理的未尽事宜参照租赁合同或《租赁框架协议》执行。

8.1.6　施工现场牵引作业专项安全要求

8.1.6.1　涉及牵引作业的项目现场必须成立牵引作业专项安全小组，由建设单位项目部、道路施工与牵引单位、运输单位现场代表、监理单位人员组成，在运输阶段有牵引作业时期每周至少召开一次专项会议，每周开展一次专项联合安全检查（日常安全监管除外），要求安全检查无死角，对于相应的问题没有整改完成的应限期闭环后方可作业。

8.1.6.2　牵引作业相关的车辆和驾驶员资料应提前报审，审核同意后方可进场；牵引车辆进场以后要做好验收工作，验收合格方可投入使用。

8.1.6.3　牵引车辆驾驶员应持证上岗（机动车驾驶证、特种作业操作资格证）。

8.1.6.4　牵引时需配备作业指挥人员，指挥人员必须具备丰富的指挥操作经验，牵引时需保证有两台以上通讯良好的对讲机，保障现场指挥人员与相关人员进行信号传递。

8.1.6.5 牵引作业开始前应确认牵引车辆和被牵引车辆刹车是否有效;后视镜是否完好;驾驶室油温、油位、水温、水位表、液压表等仪器仪表功能是否正常,如有异常应该及时修复方可使用。

8.1.6.6 连接钢丝绳时,钢丝绳张挂人员应保持高度警惕,驾驶员应认真履职并保持精力高度集中,严禁从事与工作无关的事情;指挥人员应起到监督、指挥、警示的作用。

8.1.6.7 牵引作业开始前,要求牵引车辆在被牵引车辆之前停稳,使用软连接牵引装置时,牵引车与被牵引车之间的距离应当大于4米小于10米;钢丝绳操作人员应先取挡车设备(三角木)将牵引车辆和被牵引车辆挡住以后方可进行钢丝绳挂设,指挥人员和旁站人员应严格把关。

8.1.6.8 牵引到位时拆卸钢丝绳前同样应先将牵引车辆和被牵引车辆用挡车设备挡住后方可拆卸钢丝绳。

8.1.6.9 牵引作业现场监理单位必须旁站并留下记录,对整个牵引作业过程实施安全监督管理。

8.1.6.10 对制动失效的被牵引车辆,应当使用硬连接牵引装置牵引(应由交管部门及专业人员操作)。其他未尽事项按照法律法规执行。

8.1.6.11 建设单位项目部、监理单位必须将上述牵引作业专项要求交底到位、监督到位并留下记录。

8.1.7 关于交通与设备运输安全管理的其他要求见公司《交通与设备运输安全管理办法》。

8.2 消防安全管理

8.2.1 组织管理

8.2.1.1 公司实行总经理领导下的消防安全责任制,公司、中心/分公司、在建和运行电场实行逐级消防安全责任制度,年初通过《安全环保目标责任书》签订消防安全管理目标。

8.2.1.2 各部门、单位应建立健全岗位消防安全责任制,明确各岗位的消防职责。

8.2.1.3 在公司QEHSR管理部统一计划安排下,各部门、单位应对员工进行经常性的消防安全宣传教育,普及消防安全知识,增强消防安全观念。

8.2.1.4 风电场/工程建设现场应定期组织工程施工或运行维护承包方进行消防演练,要求相关方人员和公司相关管理人员掌握火灾预防措施,懂得灭火方法,能正确使用消防器材,会处理初级火灾事故。

8.2.1.5 发生或发现火灾后,按照公司《消防安全管理规定》和《火灾应急预案》的要求,组织开展事故救援。

8.2.2 消防应急预案

8.2.2.1 公司建立火灾应急预案,明确相关责任人职责和应急程序、响应措施和疏散逃生等相关要求。

8.2.2.2 中心和分公司在业务或职责范围内对区域内消防安全管理负责，根据区域实际制定专项应急预案并组织演练。

8.2.2.3 各单位(在建和运行电场现场)应根据公司总体应急预案，结合本单位具体情况，制定具体的火灾现场处置方案。

8.2.2.4 火灾应急预案应包括火场救援的基本原则、应急组织结构及其职责、应急准备与响应步骤、应急处理措施、应急恢复等内容。

8.2.2.5 各分公司每年至少组织一次火灾应急预案演练，检验预案的实用性、可靠性以及应急队伍协同反应与实战能力。

8.2.2.6 定期对消防应急预案进行修订、完善，做到持续改进。

8.2.3 消防安全管理内容

8.2.3.1 在建和运行电场应成立以现场负责人为首的消防管理小组，组建志愿消防队，消防队员要定期进行训练，熟悉掌握防火、灭火知识和消防器材的使用方法，做到能防火检查和扑救初起火灾。

8.2.3.2 现场要有明显的防火宣传标志、标语等，做到安全文明生产和文明施工。

8.2.3.3 各部门、单位配备足够的消防器材，做到布局合理，经常维护、保养并保证消防器材灵敏有效。

8.2.3.4 有消火栓的场所，应设置明显标志，配备足够的水龙带，周围3m内不准存放任何物品。

8.2.3.5 施工现场临时建筑应符合防火要求，应使用不燃材料。

8.2.3.6 在建和运行电场库房内物资存放、保管，应符合防火安全要求。易燃易爆物品，应设单独库房储存，分类单独存放，库房内严禁吸烟。

8.2.3.7 现场严禁吸烟，吸烟室应配备消防器材。

8.2.4 消防应急响应

8.2.4.1 在建和运行电场发生火灾时，现场应立即启动《火灾现场处置方案》，按照公司要求根据火场的具体火情进行响应。

8.2.4.2 发生火灾时，相关人员应立即利用现场消防器材进行灭火作业，同时向部门/单位负责人进行汇报。

8.2.4.3 在火势较大时，应立即拨打“119”报警电话报警，在报警时，应说清着火地点、燃烧物品、火灾状况等相关信息。

8.2.4.4 所在部门/单位负责人接到火灾报警后，应立即上报公司领导，同时根据现场火情启动消防应急预案，通知相关人员赶赴火灾现场，开展火灾事故救援，记录火灾情况。

8.2.4.5 公司接到报警后，立即启动火灾应急预案并按照预案进行响应和处置。

8.2.4.6 在现场应急指挥统一指挥下，按照预先划定的疏散路线，组织人员向安全区域内疏散，同时及时开展应急清点。

8.2.4.7 根据现场具体情况划分安全警戒线，禁止无关人员进入火灾现场。

8.2.4.8 火灾扑灭后，在火灾区域外设立警戒区，保护现场，配合协助公安消防部门、公司相关部门调查火灾原因，不得擅自清理，破坏火灾现场；按照要求核定火灾损失，查明火灾事故责任。

8.3 特种设备与特种作业

8.3.1 特种设备管理特种设备是指涉及生命安全，危险性较大的锅炉、压力容器、压力管道、电梯、起重机械、厂（场）内专用机动车辆等。特种设备必须按照要求办理申报并按期进行检验。所有的定期检验都应有法定检验机构的检验报告。

在用特种设备实行安全技术性能定期检验制度。使用单位必须按期向所在地的法定检验机构申请定期检验及时更换安全检验合格标志，安全检验标志超过有效期的特种设备不得使用。

8.3.2 特种作业管理

8.3.2.1 特种作业，是指容易发生事故，对操作者本人、他人的安全健康及设备、设施的安全可能造成重大危害的作业。特种作业的范围由特种作业目录规定。

8.3.2.2 按照原安监总局的相关要求，特种作业包括但不限于电工作业、焊接与热切割作业、高处作业、登高架设作业、高处安装、维护、拆除作业和危险化学品安全作业等。从事特种作业的人员为特种作业人员，特种作业人员必须经专门的安全技术培训并考核合格，取得《中华人民共和国特种作业操作证》后，方可上岗作业。

8.3.2.3 按照住房和城乡建设部的相关要求，特种作业人员包括但不限于建筑电工、建筑焊工、架子工、起重指挥、起重司机等，必须持有《中华人民共和国特种作业操作证》后，方可上岗作业。

8.3.3 特种设备的采购与安装

8.3.3.1 采购特种设备部门应对供应商的资格进行审查，审查内容应包括：供应商具备有效的资格证书，如设备的生产经营许可证或制造许可证书、产品合格证书、检验证书等。

8.3.3.2 供应商资源支持和人员素质，以确保其具备履行合同的能力。

8.3.3.3 齐全的产品说明、安全技术资料等；产品和服务质量的以往信誉。

8.3.3.4 特种设备的安装应严格审查安装方的资质，特种设备的安装单位应对安装质量和安全技术性能负责。

8.3.3.5 应与安装方签订合同，合同中明确安装方安全责任。

8.3.3.6 特种设备的安装业务不得以任何形式进行转包或分包。

8.3.3.7 安装项目竣工后，经验收合格后方可投入试运行或生产。未经验收，特种设备不得投入使用。

8.3.3.8 特种设备验收检验合格后，应要求安装方将设备使用说明书、产品合格证、型式试验报告、配套土建基础技术图样等有关技术文件和资料，移交给公司使用单位存入特种设备档案。

8.3.4 特种设备使用管理

8.3.4.1 特种设备在投入使用前或者投入使用后30日内，由使用单位负责向当地质量技术监督部门办理注册登记；登记标志以及检验合格标志应当置于或者附着于该特种设备的显著位置。

8.3.4.2 使用单位应指定专人负责特种设备的日常管理工作。特种设备管理人员应当掌握相关的技术知识，熟悉有关特种设备的法规和标准。

8.3.4.3 特种设备使用单位职责

a)检查和纠正特种设备使用中的违章行为；

b)建立特种设备管理、检查、维修和保养档案；

c)编制常规检查计划并组织落实，发现并积极整改检查发现的安全隐患；

d)编制定期检验计划并落实定期检验的报检工作；

e)制定本单位特种设备作业人员的培训计划并组织落实；

f)其他相关事项。

8.3.4.4 特种设备月检查项目

a)各种安全装置或者部件是否有效；

b)动力装置、传动和制动系统是否正常；

c)润滑油量是否足够，液压系统、备用电源是否正常；

d)绳索、链条及吊具等有无超过标准规定的损伤；

e)控制电路与电气元件是否正常；

f)其他相关项目。

8.3.4.5 特种设备日常检查项目

a)运行、制动等操作指令是否有效；油压、油表、刹车、后视镜等是否正常；

b)运行是否正常，有无异常的振动或者噪声；天气状况以及人员工作状态和精神面貌；

c)对在用特种设备的安全附录、安全保护装置、测量调控装置及有关附属仪器仪表进行定期校验、检修，并做出记录；

d)检查应当做详细记录，并存档备查。

8.3.5 特种设备维护保养

8.3.5.1 使用单位负责对日常维护所产生的记录的填写和管理。

8.3.5.2 特种设备维护保养操作人员，应经过专业培训和考核，取得相应的作业证后方可上岗操作。无特种设备维护保养资格人员或应由资质单位维保的特种设备，须委托取得特种设备维护保养资格的单位进行特种设备日常的维修保养。

8.3.5.3 特种设备维修保养单位要取得特种设备的安装、维修、改造资质，应对维修保养、质量和安全技术性能负责。

8.3.5.4 特种设备的维护、保养业务不得以任何形式进行转包或分包。

8.3.6 特种设备档案包括但不限于

a)特种设备台账及安装记录；

b)特种设备出厂时所附带的有安全技术规范要求的设计文件、产品质量合格证明、安装及使用维修说明、监督检验证明等；

c)注册登记文件、安装监督检验报告等；

d)特种设备的定期检验和定期自行检查的记录；

e)特种设备的日常使用状况记录；

f)特种设备及其安全附录、安全保护装置、测量调控装置及相关附属仪表的日常维护保养记录；

g)特种设备运行故障和事故记录；大修、改造的记录及其验收资料。

8.3.7 特种设备的定期检验

8.3.7.1 使用单位负责特种设备的定期检验申报工作。

8.3.7.2 每年初应制定年度检验计划，并按计划对设备进行报检。

8.3.7.3 特种设备应当按照安全技术规范的定期检验要求，在安全检验合格有效期届满前2个月向特种设备检验部门提出检验申请。未经定期检验或者检验不合格的特种设备，不得继续使用。

8.3.8 特种设备检验周期

8.3.8.1 压力容器

a)外部检验：是指在用压力容器运行中的定期在线检查每年至少一次(委托有资质的检验检测机构进行)；

b)耐压试验：是指压力容器停机检验时，所进行的超过最高工作压力的液压或气压试验。每两次全面检验期间内，原则上应当进行一次耐压试验；

c)气瓶检验周期：盛装腐蚀性气体的气瓶每2年检验一次；盛装一般气体的气瓶，每3年检验一次；液化石油气钢瓶应按照GB/T 8334《液化石油气钢瓶定期检验与评定》的规定；盛装惰性气体的气瓶每5年检验一次；车用压缩天然气钢瓶，每3年检验一次。

8.3.8.2 起重设备：每年至少进行一次检验，不要求强制性检验的原则上应邀请设备厂家检验。

8.3.8.3 厂内机动车辆：每年至少进行一次检验。

8.3.8.4 压力表：每半年至少进行一次检验，安全阀：每年至少进行一次检验。

8.3.8.5 所使用的特种设备因故需要停止使用且期限超过1年时，应当报该设备注册登记机构备案，办理报停手续，其停止使用期间不对其进行定期检验。

8.3.8.6 已办理停用的特种设备应在设备的明显位置粘贴(悬挂)停用标志。

8.3.8.7 启用已停用的特种设备，应当到原登记的特种设备安全监督管理部门重新办理登记手续；启用已停用一年以上的特种设备，应当先向特种设备检验检测机构申报检验，经检验合格后方可使用。

8.3.9 特种设备报废

8.3.9.1 特种设备或者其零部件，存在严重事故隐患，无改造、维修价值或达到、超过安全技术规范规定使用年限应予报废处理。

8.3.9.2 特种设备进行报废处理后，应当向该设备的注册登记机构报告，办理注销手续。

8.4 风机吊装

8.4.1 项目开工前建设单位业主项目部在“建设期策划”中应专篇描述吊装作业的风险及控制措施。开工前建设单位业主项目部应组织现场吊装作业的安全技术交底，交代清楚吊装作业的安全风险及管控措施并跟踪验证。

8.4.2 项目开工前监理单位项目部在《监理规划》《监理大纲》中应明确吊装作业的管控目标、管控要点、重点管控措施、吊装作业施工难点分析、管控步骤和管控流程等内容，明确管控责任人和工作要求。

8.4.3 项目开工前施工单位项目部应识别吊装作业危险源辨识和风险评价并制定控制措施；编制吊装作业专项方案；风机吊装作业应制定专项安全施工方案，专项施工方案应经技术负责人审核后报监理单位审批同意方可执行。其中的安全措施原则上建设单位项目负责人应该审核批准。

8.4.4 吊装作业开工前建设单位应组织相关单位做好吊装作业相关安全教育、安全技术交底工作，重大分部分项工程安全技术交底应有建设、监理、施工、技术负责人参加并签字确认。

8.4.5 吊装作业准备、吊装过程控制、吊装相关的检查标准、一般要求和通用要求、起重机械要求和作业人员安全要求详见《金风科技风电机组安装手册》和公司《吊装作业安全管理手册》《风电工程建设安全文明施工标准化手册》等相关要求。

8.5 电气作业与用电安全

8.5.1 运行电场

8.5.1.1 资质资格根据国家能源局相关要求，电工进网作业许可证是电工具有进网作业资格的有效证件。未取得电工进网作业许可证或者电工进网作业许可证未注册的人员，不得进网作业。在运行电场从事电气作业的人员必须持有电工进网作业许可证。取得高压类电工进网作业许可证的，可以从事所有电压等级电气安装、检修、运行等作业。取得特种类电工进网作业许可证的，可以在受电装置或者送电装置上从事电气试验、二次安装调试、电缆作业等特种作业。

8.5.1.2 电气设备巡视巡视高压设备时，不宜进行其他工作。

雷雨天气巡视室外高压设备时，应穿绝缘靴，不应使用伞具，不应靠近避雷器和避雷针。

8.5.1.3 电气操作

a)操作发令：

发令人发布指令应准确、清晰，使用规范的操作术语和设备名称；

受令人接令后，应复诵无误后执行。

b)操作方式：

电气操作有就地操作、遥控操作和程序操作三种方式；

正式操作前可进行模拟预演,确保操作步骤正确。

c)操作分类:

监护操作,是指有人监护的操作;

单人操作,是指一人进行的操作;

程序操作,是指应用可编程计算机进行的自动化操作。

d)操作票填写:

操作票是操作前填写操作内容和顺序的规范化票式,可包含编号、操作任务、操作顺序、操作时间,以及操作人或监护人签名等;

操作票由操作人员填用,每张票填写一个操作任务;

操作前应根据模拟图或接线图核对所填写的操作项目,并经审核签名;

下列项目应填入操作票:拉合断路器和隔离开关,检查断路器和隔离开关的位置,验电、装拆接地线,检查接地线是否拆除,安装或拆除控制回路或电压互感器回路的保险器,切换保护回路和检验是否确无电压等;

事故紧急处理、程序操作、拉合断路器(开关)的单一操作,以及拉开全站仅有的一组接地刀闸或拆除仅有的一组接地线时,可不填用操作票。

e)操作的基本条件:

具有与实际运行方式相符的一次系统模拟图或接线图;

电气设备应具有明显的标志,包括命名、编号、设备相色等;

高压电气设备应具有防止误操作闭锁功能,必要时加挂机械锁。

设备不停电时,人员在现场的安全距离见表1。

表1　安全距离要求

序号	电压等级/kV	安全距离/m
1	10及以下	0.70
2	35	1.00
3	110	1.50
4	220	3.00
5	330	4.00
6	750	7.20

8.5.1.4　电气作业安全详见DL/T 796《风力发电场安全规程》、DL/T 666《风力发电场运行规程》和DL/T 797《风力发电场检修规程》等相关要求。

8.5.2　在建电场

8.5.2.1　资质资格根据住房和城乡建设部的要求,在建设工程现场从事电工作业的人员必须持有建筑电工资格证。

8.5.2.2 临时用电安全要求

a)临时用电设备在5台及5台以上或设备总容量在50kW及50kW以上者，施工单位应编制《临时用电施工组织设计》。临时用电施工组织设计应由工程项目电气专业工程师编制，经企业技术负责人审核，并报监理公司项目总监理工程师审批后实施；

b)工程现场临时用电必须按照JGJ 46《施工现场临时用电安全管理规范》执行操作，建筑电工必须持省建设主管部门颁发的特种作业资格证方可上岗作业；

c)相线、工作零线、保护零线的颜色标记必须符合以下规定：相线(A)(B)(C)的颜色依次为黄、绿、红色，工作零线为淡蓝色，保护零线为绿/黄双色线，任何情况下上述颜色标记严禁混用和互相代用；

d)架空线必须采用绝缘导线。临时用电线路架空时不能采用裸线，室外架空电线最大弧垂与施工现场地面最小距离为4m，与机动车道最小距离为6m，与建筑物最小距离为1m；

e)开关箱内必须装设隔离开关、漏电保护器，每台用电设备必须有各自专用的开关箱，必须实行"一机一闸"，严禁同一个开关箱直接控制两台及两台以上用电设备(含插座)，所有配电箱均应标明其名称、用途、责任人及联系电话并做出分路标记。所有配电箱应配锁，配电箱和开关箱应由专人负责。要求所有配电箱应有"当心触电"标志；

f)要求每月进行检查和维修一次，检查和维修人员必须是专业电工，检查和维修时必须按规定穿、戴绝缘鞋、绝缘手套、必须使用电工专用绝缘工具；

g)箱体的电器装置隔离开关应设置于电源进线端，漏电保护器应装在箱体靠近负荷的一侧，其中总配电箱中漏电保护器的额定漏电动作电流应大于30mA，额定漏电动作时间应大于0.1s，但其两者的乘积不应大于30mA·s；

h)开关箱中漏电保护器的额定动作电流不应大于30mA，额定漏电动作时间不应大于0.1s；使用于潮湿或有腐蚀介质场所的漏电保护器，其额定漏电动作电流不应大于15mA，额定漏电动作时间不应大于0.1s；

i)配电箱体外壳必须与PE线可靠连接；

j)严格确保"一机一闸"制，严禁"一闸多机"；

k)严禁超容量使用开关箱；

l)严禁保护零线和工作零线混用错接；

m)每次使用前必须检查漏电断路器是否可靠正常；

n)严禁带电移动开关箱、带电作业；

o)电焊机开关箱必须配备二次侧触电保护器；

p)电缆线路应采用埋地或架空敷设，严禁沿地面明设，并避免机械损伤和介质腐蚀。电缆架空应沿电杆、支架或墙壁敷设，严禁沿树木、脚手架上敷设；

q)配电室门应向外开,并配锁。分别设工作照明和事故照明。

8.5.2.3 临时用电安全技术档案内容

a)用电组织设计的全部资料;修改用电组织设计的资料;

b)用电技术交底资料;用电工程检查验收表;

c)电气设备的试、检验凭单和调试记录;

d)接地电阻、绝缘电阻和漏电保护器漏电动作参数测定记录表;

e)定期检(复)查表;电工安装、巡检、维修、拆除工作记录。

8.5.2.4 临时用电的其他相关要求见 JGJ 46《施工现场临时用电安全技术规范》。

8.6 高处作业

8.6.1 项目开工前建设单位业主项目部在“建设期策划”中应专篇描述高处作业的风险及控制措施。开工前建设单位业主项目部应组织现场高处作业的安全技术交底,交代清楚高处作业的安全风险及管控措施并跟踪验证。

8.6.2 项目开工前监理单位项目部在《监理规划》《监理大纲》中应明确高处作业的管控目标、管控要点、重点管控措施、爆破作业施工难点分析、管控步骤和管控流程等内容,明确管控责任人和工作要求。

8.6.3 项目开工前施工单位项目部应识别高处作业危险源辨识和风险评价并制定控制措施;编制高处作业专项方案;作业前对涉及高处作业的所有人员必须认真开展安全培训和安全技术交底。

8.6.4 运行电场涉及高处作业的工作包括但不限于设备巡视、检修等相关作业,在生产准备进场后应编制高处作业安全管理要求并认真组织落实。

8.6.5 建设项目现场涉及的高处作业包括但不限于铁塔组立、架体搭设、设备安装和调试等相关作业,应严格按照专项方案的要求落实高处作业安全措施。

8.6.6 按照原安监总局要求高处作业人员必须取得《中华人民共和国特种作业操作证》方可上岗作业。

8.6.7 高处作业安全要求

8.6.7.1 高处作业人员上岗前应体检合格。

8.6.7.2 高处作业人员应严格按照 GB 6095《安全带》要求配备、使用、佩戴安全带。

8.6.7.3 线路施工、登高架设、铁塔组立、风机攀爬等高处作业必须使用全方位防冲击(双钩五点式安全带);高处作业必须配备速差自控器,要求有二次安全防护措施。风机内攀爬作业人员必须穿戴全身式安全衣并使用防坠落安全装置。

8.6.7.4 高处作业区域必须按照要求张挂“必须系安全带”“当心坠落”等安全标志,建立警戒区域并安排专人做好安全监护工作。

8.6.7.5 高处作业人员穿戴的劳动防护用品及防坠落装置必须验收合格后方可使用。

8.6.7.6 风机内同一节塔筒内严禁两人同时攀爬。

8.6.7.7 高处作业的相关标准和具体要求详见 GB/T 3608《高处作业分级》和 JGJ 80《建筑施工高处作业安全技术规范》。

8.6.8 参考文件

a)GB/T 3608 高处作业分级；

b)GB 6095 安全带；

c)JGJ 80 建筑施工高处作业安全技术规范。

8.7 危险化学品管理根据GB 6944《危险货物分类与品名编号》规定将危险化学品分类如下：

a)爆炸品；

b)易燃气体、非易燃无毒气体和毒性气体；

c)易燃液体；

d)易燃固体、易于自燃的物质和遇水放出易燃气体的物质；

e)氧化性物质和有机过氧化物；

f)毒性物质和感染性物质；

g)放射性物质；

h)腐蚀性物质；

i)杂项危险物质和物品。在建和运行电场负责现场危险化学品的使用与储存管理；对外委托有相应资质的机构处理化学品废弃物，并签订合同，明确环境与安全要求，落实标志标识和安全防范措施。各分子公司对使用的危险化学品进行梳理，建立危险化学品台账示例见表2。

表2 危险化学品清单

序号	危规号	名称	类别	主要成分	存储/使用区域	责任人	备注
1	22001	氧气	助燃	氧气	车间侧门附近	张××	
2	31001	汽油	易燃液体	C4～C12、脂肪烃和环烷烃	库房/汽车	李××	

8.7.1 危险化学品的采购

8.7.1.1 各现场采购危险化学品时，应索取供应商《危险化学品经营许可证》，并存档备案。

8.7.1.2 各现场采购危险化学品在签订化学品购买协议时，须向供应商索取有效纸质版与电子版的安全技术说明书(中英文版本)及化学品标牌；向供应商提出符合《危险化学品安全管理条例》内相关标准的危险化学品包装及运输方式。

8.7.2 危险化学品的使用

8.7.2.1 在建和运行电场应根据现场实际建立出入库台账；危险化学品的使用场所都应设置化学品标牌、操作规程和应急处理措施。

8.7.2.2 危险化学品管理和使用人员应熟知物品的危险性质、预防措施、物品保管、使用、安全防护及火灾扑救方法等，会使用消防器材和防护器材、会处理事故，参照“危险化学品安全技术说明书(MSDS)”。

8.7.2.3 易燃、易爆物品使用场所，其电气、动力设备、照明装置、仪表和开关等应根据危险物品的性质和国家颁发的《爆炸危险物品场所电气安全规程》等规定，分别采用防爆或隔离措施。

8.7.2.4 危险化学品的使用场所，应配备相应的安全消防设施和防护器材，定期检查消防设施状态是否完好。

8.7.2.5 危险化学品岗位人员应正确佩戴劳动防护用品。

8.7.2.6 危险化学品库应有良好的接地和导除静电装置，避免静电火花的产生。盛放危险化学品的铁桶应直接放在地面上，使接地良好，开桶盖时不能使用会产生火花的工具；禁止使用绝缘软管插入易燃液体槽内进行移液作业；在使用危险化学品时，一旦泄漏应立即进行处理。

8.7.2.7 桶装或罐装有害或挥发性化学品时，应将盖拧紧密封，或采取密封膜封存，防止有害物质挥发，当班临时存放场所应保持良好的通风环境。

8.7.2.8 危险化学品使用过程中所产生的废气、废渣和粉尘的排放应符合国家有关规定的标准处理。

8.7.3 危险化学品的储存和保管

8.7.3.1 现场应根据危险化学品的数量确定危险化学品储存场所，危险化学品库应符合国家有关 GB 50016《建筑设计防火规范》的要求，设置相应的排风、通风、防火、防爆、防尘防毒、隔热、降温、防潮、避雷、阻止回火、导除静电、紧急排放、隔离和报警等安全设施，并按照 GB 13690《化学品分类和危险性公示　通则》GB 190《危险货物包装标志》设有明显的警示标志。

8.7.3.2 危险化学品储存场所应张贴危化品安全技术说明书或化学品安全标签。

8.7.3.3 危险化学品库消防设施齐全，通道畅通，仓库严禁吸烟和使用明火，库区内的消防器材，任何人不得随意挪动，并定期检查维修，保持正常有效。

8.7.3.4 危险化学品要按其化学性质分类、分区，储存不准超量。并留有相应的防火间距，储存地点距生产装置、电缆桥架、下水井等设施的安全防火距离按照相关标准执行。

8.7.3.5 遇火、遇潮易燃烧爆炸或产生有害气体的危险化学品，不准在露天、潮湿处存放，要按产品说明书的要求存放。对于怕冻、晒的危险化学品，应有防冻、防晒设施。

8.7.3.6 装卸、搬运危险化学品时应按有关规定进行，做到轻装、轻卸。严禁摔、碰、撞击、拖拉、倾动和滚动。

8.7.3.7 修补、换装、清扫、装卸易燃、易爆物料时，应使用不产生火花的铜制、合金制或其他工具。

8.7.3.8 禁止用叉车、液压车搬运易燃易爆等危险物品。

8.7.3.9 库房人员工作结束后，应该进行安全防火检查，切断电源。

8.7.4 危险化学品废弃物处理在建和运行电场应建立现场危险废弃物台账并定期更新，确定跟踪和处置责任人。

8.7.5　培训与应急处理

8.7.5.1　在建和运行电场应组织现场从事危险化学品作业的人员进行相关知识的培训，使其具有高度的环境保护和安全意识，具备处理紧急情况的能力。

8.7.5.2　现场应制定危险化学品事故应急处置方案，确定负责人和必要的应急救援器材、设备，并定期组织演练。发生危险化学品事故，应按照公司要求进行报告和处理。

8.7.5.3　危险化学品的运输、存放、使用、废弃过程中发生紧急情况，按照“危险化学品安全技术说明书(MSDS)”及应急处置方案进行处理。

8.7.6　监督检查

在建和运行电场应按照要求做好危险化学品的日常监督检查，集团公司安全监察与环保部和公司环境与社会责任管理部对各单位的危险化学品管理情况将不定期开展监督。

8.7.7　参考文件

a)危险化学品安全管理条例；

b)GB 6944 危险货物分类与品名编号；

c)GB 190 危险货物包装标志；

d)GB 1369 常用化学品的分类及标识；

e)GB 50016 建筑设计防火规范。

8.8　爆破作业

8.8.1　涉及爆破作业的在建项目建设单位业主项目部在“建设期策划”中应专篇描述爆破作业的风险及控制措施。开工前建设单位业主项目部应组织现场爆破作业的安全技术交底，交代清楚爆破作业的安全风险及管控措施并跟踪验证。

8.8.2　涉及爆破作业的在建项目监理单位项目部在《监理规划》《监理大纲》中应明确爆破作业的管控目标、管控要点、重点管控措施、爆破作业施工难点分析、管控步骤和管控流程等内容，明确管控责任人和工作要求。

8.8.3　涉及爆破作业的在建项目施工单位项目部开工前应识别爆破作业危险源辨识和风险评价并制定控制措施；编制爆破作业专项方案；作业前对涉及爆破作业的所有人员必须认真开展爆破作业安全培训和安全技术交底。

8.8.4　执行爆破作业任务的作业单位和作业人员应符合 GA 990《爆破作业单位资质条件和管理要求》相关要求，相应的资质资格必须报审批准后方可准入。

8.8.5　爆破作业安全管理要求

8.8.5.1　未经许可，任何单位或者个人不得从事爆破作业活动。

8.8.5.2　爆破作业人员应参加专门培训，经考核取得安全作业证后，方可从事爆破作业。

8.8.5.3　营业性爆破作业单位接受委托实施爆破作业，应当事先与施工单位签订爆破作业合同，并在签订爆破作业合同后 5 个工作日内将爆破作业合同向爆破作业所在地县级公安机关备案。

8.8.5.4 进行爆破器材加工和爆破作业的人员，应穿戴防静电工作服。爆破作业和爆破器材加工人员禁止穿化纤衣服。

8.8.5.5 爆破作业必须专人指挥，作业前对作业人员必须进行安全技术交底且形成记录，危险边界应有明显文字提示和警示标志，警戒区四周必须派设警戒人员且建立警戒区，严防非作业人员进入。

8.8.5.6 爆破作业预告应提前1天对影响的区域进行公告；爆破作业现场清场、撤离、起爆应有明确的规定并至少提前1小时给予告知；爆破危险区域应逐一排查后方可实施爆破，解除警戒等信号也要清晰和明确并有工作记录。

8.8.5.7 石方地段爆破后，必须确认已经解除警戒，作业面上的悬石危石也经过检查处理后，经过履行必要的确认手续，清理石方后人员方准进入爆破现场。

8.8.5.8 爆破时，应清点爆炸数与装炮数量是否相符，确认炮响完并过5分钟后，方准爆破人员进入爆破作业点。

8.8.5.9 在爆破作业现场临时存放民用爆炸物品的，其临时存放条件应符合爆破安全规程的要求，并设专人看管。

8.8.5.10 当天爆破作业后剩余的民用爆炸物品应当天清退回库，不应在爆破作业现场过夜存放。

8.8.5.11 涉及爆破作业的项目许可、安全评估、安全监理、安全允许距离、施工公告、爆破公告、备案等相关要求见 GB 6722《爆破作业安全规程》和 GA 991《爆破作业项目管理要求》。

8.8.6 参考文件

a)GB 6722 爆破作业安全规程；

b)GA 991 爆破作业项目管理要求；

c)GA 990 爆破作业单位资质条件和管理要求。

8.9 职业病危害

8.9.1 职业病危害因素主要分为粉尘、化学因素(汽油、柴油、乙炔等)、物理因素(噪声、高温、低温、振动、工频电磁场等)、放射性因素、生物因素等。各单位应按照《职业病危害因素分类目录》(国卫疾控发〔2015〕92号)规定的相关项开展职业病危害因素识别和控制。

8.9.2 在建和运行电场应结合现场实际在醒目位置设置公告栏，公布现场有关职业病危害因素、职业病防治的规章制度、操作规程、职业病危害事故应急救援措施等内容。

8.9.3 在建和运行电场存在或者产生职业病危害的工作场所、作业岗位、设备、设施，应当按照 GBZ 158《工作场所职业病危害警示标识》的规定，在醒目位置设置图形、警示线、警示语句等警示标识和中文警示说明。

8.9.4 在建和运行电场不得使用国家明令禁止使用的可能产生职业病危害的设备或者材料。

8.9.5 在建和运行电场应监督相关方做好职业病危害因素的预防和控制措施。要求相关方对从事接触职业病危害因素的作业人员，按照有关规定组织上岗前、在岗期间、离岗时的职业健康检查，并将检查结果书面如实告知对应的作业人员。职业健康检查费用由用人单位承担。

8.9.6 在建和运行电场应当按照原国家安监总局《用人单位职业健康监护监督管理办法》的规定，为劳动者建立职业健康监护档案，并按照规定的期限妥善保存。不得安排未成年工从事接触职业病危害的作业，不得安排有职业禁忌的劳动者从事其所禁忌的作业，不得安排孕期、哺乳期女职工从事有危害的作业。

8.9.7 要求各单位发现职业病病人或者疑似职业病病人时，应当按照国家规定及时向所在地安全生产监督管理部门和有关部门报告。

8.9.8 要求分公司开发部在建设项目可行性论证阶段进行职业病危害预评价，编制预评价报告，对建设项目可能产生的职业病危害因素及其对工作场所、劳动者健康影响与危害程度的分析与评价。

8.9.9 新建、改建、扩建的工程建设项目，应当按照《建设项目职业病防护设施"三同时"监督管理办法》的规定开展职业病危害预评价、职业病防护设施设计、职业病危害控制效果评价及相应的评审，组织职业病防护设施验收，建立健全建设项目职业卫生管理制度与档案。

8.9.10 建设项目职业病防护设施"三同时"可以与安全设施"三同时"工作一并进行。

8.9.11 建设项目职业病危害预评价、职业病防护设施设计、职业病危害控制效果评价与防护设施验收、监督检查等相关要求见《建设项目职业病防护设施"三同时"监督管理办法》。

8.10 社区安全

8.10.1 公司风(光)资源技术部、技术研究中心技术管理部和工程建管中心工程管理部在项目宏观选址、微观选址阶段和设计阶段应对项目选址、机位选点、风机排布、建筑物设计和规划、场地影响等方面进行统筹考虑，按照国家标准和公司要求，减少因风电场开发建设和发电运行给当地社区健康安全造成影响，避免或减少噪声、电磁场、异常气味、其他排放物；项目尽量减少对公共交通和重点防火区域的影响。

8.10.2 项目建设过程中应采取措施控制爆破作业和火灾风险，向受影响的社区公众发出警报或进行告知，在现场周围建立安全警戒区，张挂安全警示标识，尽量避免或减小危险物质排放对社区公众的影响。

8.10.3 项目建设和发电运行期间应建立动火和防火专项管理制度，对着火源和可燃物进行充分识别，尤其对风电场周边的树木和森林，应与社区公众进行联防联治，张挂防火安全标识，对受影响的社区公众开展消防安全知识分享与培训宣传，建立专项应急预案，多渠道防止安全事故发生，营造良好的安全氛围。

8.10.4　项目建设和发电运行期间应建立交通与设备运输专项管理制度，尤其加大大部件设备运输和危险品运输的安全管控，协调地方交通管理部门共同维护社区交通运输安全。场内外道路应按照GB 5768《道路交通标志和标线》相关要求并结合现场实际设置道路交通标志和标线，与当地社区共同进行交通教育和行人安全教育（例如在学校进行宣传活动）。

8.10.5　对于与社区共享的非电场道路，在建和运行电场应协调当地社区和交通管理部门共同合作，按照国家相关要求设置路标和交通标志标线，增强道路的整体安全程度；车辆应安全驾驶，尤其在与社区共享的道路上车辆应减速慢行，紧急情况下应启动专项应急措施，必要时提供适当的急救。

8.10.6　在建和运行电场现场应急处置方案应包括现场交通事故专项处置方案（社区交通事故应急主要为大件运输、危险品运输原因导致的相关情况），方案应定期开展演练和评估。

8.10.7　在建和运行电场应建立疾病（传染病）预防管理规定，确保人员体检合格后方可上岗；对当地社区在现场的工人进行必要的免疫注射，增进健康，防止感染。对工人信息保守保密并确保工人及时获得治疗，提供适当的护理（尤其是流动工人）。

8.10.8　各现场应与地方医疗机构合作，为员工、社区员工家庭和相关社区居民开展疾病（传染病）预防培训和健康教育，发放适当的教育材料。鼓励帮助员工家属和关联社区居民获得公共医疗服务，改善医疗条件，并促进免疫注射，预防传染性疾病。

8.10.9　在建和运行电场应会同相关社区医疗卫生部门做好关联社区的卫生消毒工作，防止蚊虫滋生以及蚊子和其他节肢动物携带疾病传播、消除无法使用的积滞水、并持续改善卫生状况。协助对流动人口进行监督和治疗，防止疫源地蔓延。

8.10.10　在建和运行电场与应关联社区、政府机构、消防机构、医疗机构和媒体等相关部门建立信息沟通渠道，必要时与消防和医疗等相关部门签订联防联治协议，至少保持两种联系渠道畅通（一主一备用），紧急情况下方便与社区、消防和医疗机构进行信息往来和相互支持；根据存在的风险制定紧急情况应对准备、应对措施和处理计划，提出并落实资源需求。现场每年至少会同当地社区和相关部门开展一次综合演练并留下记录。

8.10.11　在建和运行电场应按照标准和要求与当地关联社区共同保护水源，确保饮用水合格。在废水排放、抽取用水过程中，应避免对地下水和地表水资源的质量和供应造成不利影响，必要时请专业部门给予评估和检测。

8.10.12　关于社区管理的其他相关项详见《社区健康、安全和治安控制办法》。

9　监督检查和改进

9.1　安全检查

公司安全检查包括但不限于相关方日常检查、在建电场周检查；工程建管中心开展月度检查（抽查）和春秋季安全检查；分公司组织月度检查（抽查）；生产运营中心组织春秋季安全检查；环境与社会责任管理部开展专项抽查等方式进行。安全检查的依据、内容、检查表、隐患整改等相关要求详见公司《安全环保检查管理办法》。

9.2　安全评价

公司开展的安全评价包括但不限于全优绿色风电场评价、安全文化建设评价、安全文明施工标杆评价、风电场安全生产标准化评价等专项安全评价。

QEHSR管理部每年分别就安全标准化管理、安全检查和隐患整改、相关方管理、安全培训、应急管理、安全生产月活动、专项安全考核等安全活动进行评价，评价结果作为考核的依据。

各单位、部门对安全评价过程中的相关问题项应积极组织整改并按照时间要求反馈，确保现场安全。

9.3　考核奖惩

9.3.1　考核种类

分为月、季度绩效考核、年度考核和专项安全考核，公司环境与社会责任部负责公司级安全考核的总体评定，报公司主管领导同意后执行；各中心、分(子)负责本单位、部门月度安全考核的整体评定工作，报公司环境与社会责任部备案。

9.3.2　考核指标

9.3.2.1　安全事故类指标(减分项)：死亡事故、重伤事故、设备事故、交通事故、火灾事故等。

9.3.2.2　安全管理类指标：企业安全事故造成的财产损失、安全隐患及时整改率、事故调查结案及时率、安全信息报送的及时率和准确率、安全投入预实率、两票(工作票和操作票)合格率、标杆风电场比例、特种设备合格率、项目安全设施和职业卫生验收合格率、安全培训符合率等。

9.3.3　考核说明

9.3.3.1　根据《中华人民共和国安全生产法》对企业落实安全生产责任制的要求和集团公司《环境及职业健康安全管理制度》的相关规定，公司QEHSR管理部根据集团与公司签订的环境及职业健康安全管理目标责任书内容、公司制定的目标和重点任务，细化分解并制定各中心、分公司、部门安全目标责任书(含职业健康安全具体目标指标)。

9.3.3.2　职业健康安全目标绩效考核包括对“集团与公司签订的目标责任书中规定的职业健康安全相关目标指标和管理要求，公司与各中心、分公司、部门签订的目标责任书中规定的安全相关目标指标和责任要求，公司确定的标杆建设项目安全要求以及公司《年度安全管理工作计划》规定的重点事项”等安全相关内容的考核。

9.3.4　考核时间

QEHSR管理部是公司安全监督管理考核部门，对各分公司、中心、部门安全目标绩效实施季度、年度的考核管理；QEHSR管理部的安全绩效目标考核由公司运营管理部负责。接受考核部门每季度最后1个月25日前，将安全指标的完成情况和相关指标的可验证材料给QEHSR管理部，经汇总、整理和验证并根据考核规则进行评分，考核完成后将结果提交公司运营管理部，每季度的考核结果作为年度安全考评的依据。

9.3.5 考核规则

9.3.5.1 为了体现精简统一、效能的原则，避免重复考核，公司年度分解给各分公司、中心、部门的安全指标原则上以安全目标责任书的形式体现，公司将结合各单位/部门/中心安全工作的重要程度，将安全目标责任书中的安全指标赋予权重在其年度整体任务书中体现，安全指标所占权重要求原则上在5%～15%区间，确保与组织整体绩效关联。

9.3.5.2 环境与社会责任部根据公司总经理与工程建管中心、生产运营中心、技术研究中心、人力资源与后勤管理部、分公司等相关部门签订的安全目标责任书确定的责任目标、责任要求和奖惩说明对各单位/部门/中心目标绩效实施季度、年度的考核评估，工程建管中心、生产运营中心、技术研究中心、人力资源与后勤管理部、分公司等相关部门按签订的目标责任书中规定的考核时间和要求向QEHSR管理部提供自评数据和证明材料，环境与社会管理部按照公司要求将考核结果报公司运营管理部。

9.3.5.3 安全考核实行奖惩制度，坚持精神奖励和物质奖励相结合，思想教育和行政惩戒相结合的原则，对认真履行安全生产职责，在实现安全生产目标的过程中做出突出成绩和特殊贡献的集体和人员予以表彰和奖励；对在工作中因严重失职、渎职、违章指挥、违章作业、违反劳动纪律造成后果的责任人，视情节轻重分别予以批评、处罚等；对发生事故的部门予以处罚。

9.3.5.4 其他安全考核与奖惩的相关要求见公司《安全考核及奖惩办法》。

9.3.5.5 相关方的安全考核由合同主体单位/各项目公司综合各相关部门的意见后按照合同约定进行考评，考评结果报公司工程建管中心/分公司或对应主管部门负责人审批，作为各相关方业绩评定的重要依据。

9.4 改进

9.4.1 工程建管中心对项目建设过程的春秋季检查、月度检查、周检查、外部单位等提出的与工程建设相关的安全问题需制定整改计划，并按要求实施整改，通过整改后验证。

9.4.2 生产运营中心对运行风电场的春秋季检查、月度检查、巡视、整套启动试运行验收、移交生产验收、工程竣工验收等提出的与生产运行相关的安全问题需制定整改计划，并按要求实施整改，通过整改后的验证。

9.4.3 其他中心、部门在办公区场所发现的安全问题或隐患，需组织制定整改计划，并按要求实施整改，通过整改后的验证。

10 附件

略

【案例3-8】 某企业针对机械设备的危险点分析及控制措施(表3-9)

表 3－9 某企业针对机械设备的危险点分析及控制措施(摘选)

序号	风机的危险因素		主要内容	控制措施
1	电气伤害	触电	触电是由电流及其转换成的其他形式的能量造成的事故。触电事故分为电击和电伤。 电伤是电流转换成热能、机械能等其他形式的能量作用于人体造成的伤害。 电击分为直接电击和间接接触电击。直接电击是触及正常状态下带电体时发生的电击，也称为正常状态下的电击。间接接触电击是触及正常状态下的不带电，而在故障状态下意外带电的带电体时发生的电击，也称为故障状态下的电击	a)工作地点临近带电间隔、设备(或随时可能带电间隔、设备)防人身触电的控制措施： 1)严禁移动或拆除运行人员装设的地线，以及其他安全隔离措施；2)每次开工前必须核对设备命名编号无误；3)禁止在升压站、开关室(配电室)等带电区域、场所使用金属制梯子；4)雨、雪、雾、大风、雷电天气应停止升压站内的施工；5)禁止在升压站、主变等带电区域打雨伞；6)严禁在带电设备周围使用钢卷尺、皮卷尺和线尺(夹有金属丝者)进行测量工作；7)在升压站、主变等带电区域上下传递、搬运物件时，要保证有足够的安全距离。 b)在一般场所使用手持、移动式电动工器具防人身触电的控制措施： 1)选择使用Ⅱ类电动工器具；2)检查电动工器具的外壳、手柄、软电缆(或软线)、插头、机械防护装置等主要部件不应有裂缝和缺损；3)检查电动工器具保护接地或接零线连接应正确、牢固可靠，开关动作应正常、灵活，无缺陷；4)电动工器具必须使用带有漏电保护装置的电源，且其漏电保护装置动作应正常。 c)金属构架上等导电性能良好的作业场所防人身触电的控制措施： 1)使用24V以下行灯照明，且行灯变压器铁芯应可靠接地；2)电动工器具的外壳、手柄、软电缆(或软线)、插头、机械防护装置等主要部件完好无损；3)电动工器具保护接地或接零线连接应正确、牢固可靠，开关动作应正常、灵活；4)电动工器具必须使用带有漏电保护装置的电源，且其漏电保护装置动作正常。 d)在风机机舱及轮毂内等狭窄场所或潮湿的场所作业防人身触电的控制措施： 1)工作人员使用电动工器具作业时，穿绝缘鞋、戴防护手套；2)使用12V行灯照明，且行灯变压器铁芯接地应良好；3)行灯变压器以及施工电源配电保护盘必须放在风机轮毂外，并有专人监护；4)选择使用Ⅱ类电动工器具；5)检查电动工器具的外壳、手柄、软电缆(或软线)、插头、机械防护装置等主要部件不应有裂缝和缺损；6)检查电动工器具保护接地或接零线连接应正确、牢固可靠，开关动作应正常、灵活，无缺陷；7)电动工器具必须使用带有漏电保护装置的电源，且其漏电保护装置动作应正常；8)湿手不准从事接引电源线、拔插电源插头等易触电的工作

续表

序号	风机的危险因素		主要内容	控制措施
1	电气伤害	雷击	雷击事故是由自然界中相对静止的正负电荷形式的能量造成的事故	a)雷雨天气禁止室外作业； b)检修或损坏的接地装置要及时恢复； c)线路检修中的临时接地线必须可靠接地； d)检修或损坏的避雷装置要及时恢复； e)任何人员应远离避雷装置； f)风机遭雷击后1小时内不得接近风机； g)每年对风机接地电阻进行测试，不准大于4Ω
		静电	静电事故是工艺过程中或人们活动中产生的相对静止的正电荷和负电荷形式的能量造成的事故	a)在测量绝缘前后，必须将被测设备对地充分放电； b)拆装卡件时，必须佩戴防静电手腕带； c)变更接线前或试验结束后，应先断开电源，将设备充分放电，方可进行拆接线
		电磁辐射危害	电磁辐射危害是指电磁波形式的能量辐射造成的危害	a)进入电子设备间、电气设备间、升压站、母线室、继电保护室，禁止佩戴无线通信设备或必须将手机关闭； b)避免在发电机、变压器、升压站长时间停留
		电气装置故障及事故	电气装置故障引发的事故包括异常停电、异常带电、电气设备损坏、电气线路损坏、短路、断线、接地、电气火灾等	a)变更接线前或试验结束后，应先断开电源，将设备充分放电，方可进行拆接线； b)使用钳形电流表时，应注意电压等级。测量时戴绝缘手套，站在绝缘垫上，不得接触其他带电设备，防止发生触电危险； c)与邻近带电设备、部位保持足够的安全距离； d)在检修设备进出线两侧各相分别验电
2	机械伤害	物体打击	指物体在重力或其他外力的作用下产生运动，打击人体而造成的伤害	a)高处作业点临空面应装设安全网或坚实的防护栏杆，并挂警告牌； b)当上下同时进行交叉作业时，要采取措施以防工具等其他物件掉落措施

【案例3-9】 某企业消防控制程序

1　范围

为执行《中华人民共和国消防法》，贯彻执行好《消防安全管理标准》，保证本厂生产、经营各项活动的消防安全，加强本厂消防安全管理，杜绝和减少火灾事故的发生，创造一个良好的生产、经营活动秩序，特制定本程序。

本标准适用本厂的消防安全管理。

2　引用文件

《中华人民共和国消防法》

国家电网公司《电力生产安全工作规程》(2000年)

3 术语

无

4 职责

4.1 保卫部负责组织建立并完善各级人员的防火责任制，对消防安全工作进行监督检查和指导。

4.2 保卫部负责对消防设施(消防系统、火灾报警系统、灭火器材)进行日常检查，监督指导消防设施所属部门进行正常启停，定期试验、检验及特殊情况下安全措施布置工作；对消防设施、器材的审批、采购、设置、维护，对各部门的消防管理工作进行指导、监督、考核；对职工消防知识和应急消防技能进行培训；对本厂火警的紧急处理；对重大火险隐患的整改进行指导和监督；对火灾事故的调查和处理。

4.3 各部门负责所属区域、分工负责范围内的消防设施维护和火灾预防。

4.4 当发生火警时，消防人员未到火灾现场前，现场人员职责：

4.4.1 运行人员：当运行设备着火时，当值值(班)长即是事故的指挥者也是临时灭火指挥者。在运行设备中进行维护、检修、施工期间发生火灾，应由当值值(班)长担任临时灭火指挥员。

4.4.2 检修人员：在停运设备的维护、检修、施工期间发生火灾，工作负责人担任临时灭火指挥员。

4.4.3 非生产设施发生火灾，保卫部部长担任临时灭火指挥。

4.5 防火重点部位(见附表)日常检查，本着“谁主管，谁负责”的原则划分执行，依据防火重点部门各级人员防火责任制落实对防火重点部位的日常检查。

5 工作程序

5.1 保卫部负责建立和完善消防安全管理的规章制度。

5.2 保卫部负责成立义务消防队，每年根据人员变动情况及时调整义务消防人员，并对义务消防队员进行防火、灭火知识的培训。

5.3 消防设施的更改、配置和管理

5.3.1 消防设施的更改、配置由保卫部统一编制计划，经分管副厂长批准后从消防设施专营机构购置。

5.3.2 消防设施由保卫部、安技环保部、生产部、装备部根据生产、安全实际和防范措施需要确定配置标准并记录。

5.3.3 保卫部对现场消防设施情况每月检查一次并记录。

5.4 保卫部会同相关部门每季进行消防安全检查并记录，对发现有问题的及时下发隐患整改通知书，对于重大火险，跟踪检查、指导、监督整改。

5.5 各部门依据本厂《消防管理标准》落实逐级防火责任制。

5.6 保卫部负责采取多种形式对全体职工进行消防知识的宣传教育，特别是对新入厂职工的消防知识教育和消防技能的培训。

5.7 防火重点部位的管理按照《消防管理标准》《防火重点部位管理制度》执行。
5.8 厂内发生的火灾事故按《火灾事故对策及预测方案》《火灾事故应急预案》执行。
5.9 生产现场动用明火作业应按《消防管理标准》《现场规程》执行。
5.10 保卫部每年审核重点防火部位预案，予以补充完善，可不定期组织重点防火部位防火演习。
6 相关/支持文件
《消防管理标准》
7 记录
略

【案例3-10】 某企业气焊、气割作业指导书

1 执行岗位：焊工
2 本岗位危险点
2.1 爆炸伤害
2.2 无证操作
2.3 灼伤
2.4 与带电体安全距离不够发生触电力
3 编制依据
《气焊、气割作业规程》《电力安全工作规程》等。
4 控制措施
4.1 作业前办理动火证；清理、动火部位易燃易爆物品；现场备好消防器材，做好应急准备；监护人严守岗位；动火后，清理现场火种，消除隐患。
4.2 检查乙炔、氧气瓶、橡胶软管接头、阀门等可能泄露的部位是否良好，焊炬上有无油垢，焊（割）炬的射吸能力如何。
4.3 氧气瓶、乙炔气瓶应分开放置，间距不得少于5米。作业点宜备清水，以备及时冷却焊嘴。
4.4 使用的胶管应为经耐压实验合格的产品，不得使用代用品、变质、老化、脆裂、漏气和沾有油污的胶管，发生回火倒燃应更换胶管，可燃、助燃气体胶管不得混用。
4.5 当气焊（割）炬由于高温发生炸鸣时，必须立即关闭乙炔供气阀，将焊（割）炬放入水中冷却，同时也应关闭氧气阀。
4.6 焊（割）炬点火前，应用氧气吹风，检查有无风压及堵塞、漏气现象。
4.7 对于射吸式焊割炬，点火时应先微开焊炬上的氧气阀，再开启乙炔气阀，然后点燃调节火焰。
4.8 使用乙炔切割机时，应先开乙炔气，再开氧气；使用氢气切割机时，应先开氢气，后开氧气。

4.9 作业中。当乙炔管发生脱落、破裂、着火时，应先将焊机或割炬的火焰熄灭，然后停止供气。
4.10 当氧气管着火时，应立即关闭氧气瓶阀，停止供氧。禁止用弯折的方法断气灭火。
4.11 进入容器内焊割时，点火和熄灭均应在容器外进行。
4.12 熄灭火焰、焊炬，应先关乙炔气阀，再关氧气阀；割炬应先关氧气阀、再关乙炔及氧气阀门。
4.13 当发生回火，胶管或回火防止器上喷火，应迅速关闭焊枪上的氧气阀和乙炔气阀，再关上一级氧气阀和乙炔气阀门，然后采取灭火措施。
4.14 橡胶软管和高热管道及高热体、电源线隔离、不得重压。
4.15 气管和电焊用的电源导线不得敷设、缠绕在一起。
5 相关记录
5.1 生产任务单或工作票。

2. 针对不同危险源采取不同层级的控制措施

标准明确了5个层级的控制措施，图3-4描述了控制措施的层级关系。

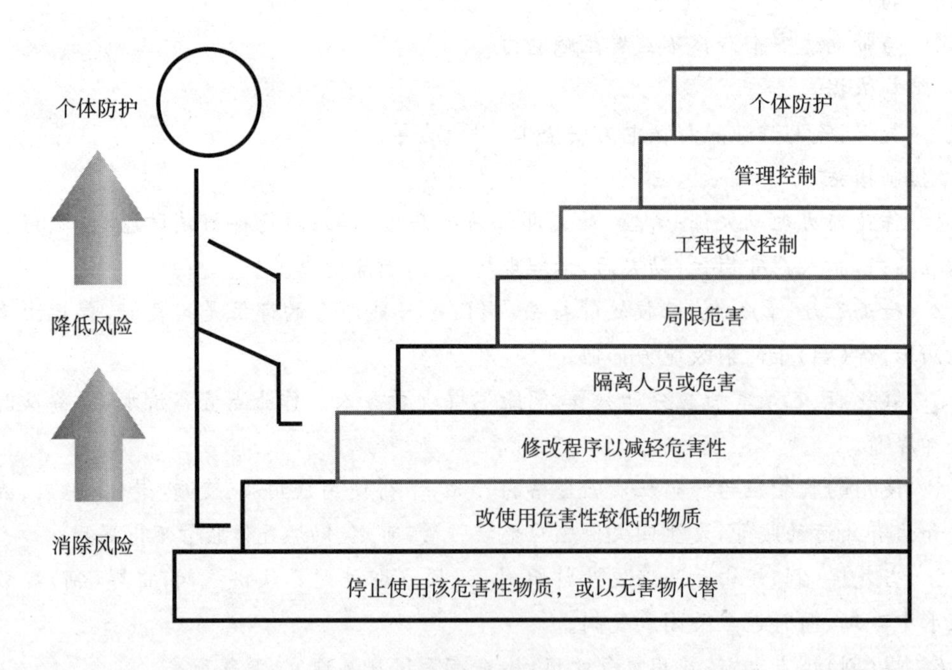

图3-4 风险控制措施层级

表3-10给出的4类风险控制措施的具体事例可供确定不同风险控制措施时参考。

表 3-10 四类风险控制措施案例

回避	分担
清理一个业务单元、生产线、地域性部门 确定不参加会产生风险的新方案或活动	给重大意外损失投保 参加合资企业或合伙企业 签订企业联合组织协议 通过资本市场工具对冲风险 外包业务流程 通过合同协议与客户、供应商或其他商业伙伴分担风险
降低	**承受**
多样化的产品供应 设定经营范围 建立有效的经营过程 加强对决策制定、监督的参与 调整资产组合以降低特定类型损失的风险 在经营单元间重新分配资本	“自我保险”防范损失 依靠组合中的自然抵消 承受已经符合风险容限的风险

3. 对变更管理做出了明确的要求

组织在进行任何可能涉及职业健康安全的变更（生产设施、劳动组织、作业环境、生产工艺等）时均要先进行风险评估并有可行控制措施后才进行变更。

4. 做好相关方及采购管理

在第五节已经做了专门说明。对于相关方，一要告知组织的职业健康安全方针和目标；二要在合同中明确职业健康安全风险及责任和要求；三是要做好对承包方和分包方人员的入厂安全教育和安规考试；四是要求相关方做好组织的安全责任保险和人员的工伤保险；五是要求配合符合要求的安全管理人员；六是要加强监督检查和考核。

【案例 3-11】 某企业与相关方签订的安全健康环保协议

安全环保管理协议书

发包人：__________________

承包人：__________________

工程项目名称：______________

根据《中华人民共和国安全生产法》《中华人民共和国劳动法》《建筑工程安全生产管理条例》《中华人民共和国环境保护法》《建设项目环境保护条例》等有关规定，双方本着平等、自愿的原则，特签订本协议书。发承包双方均应严格遵守本协议书的规定，确保人身和财产安全。

本工程的安全目标是：不发生轻伤及以上人身事故；不发生一般设备事故；不发生由人为误操作造成的一般及以上事故；不发生一般及以上等级的火灾事故；不发生因本单位责任引起的一般及以上电网事故；不发生涉及主要责任的一般及以上交通事故；安全隐患及时整改合格率100%。

本工程环境保护目标是：依据《建筑工程绿色施工评价标准》实施的绿色施工评价等级达到合格以上水平；依照《建设项目环境影响评价报告批复意见》中对施工建设阶段重要环境因素因素（如扬尘、建筑及生活垃圾等）排放达标，不发生环境污染事故。

本工程安全管理的方针和原则：贯彻安全第一、预防为主、综合治理的安全生产方针；遵循安全管理制度化、人员行为规范化、安全设施标准化、物料堆放定置化的原则。

本工程环境管理的原则：保护生态环境，预防环境污染；以能耗物耗小、污染物产生量少的绿色施工工艺，合理利用自然资源，防止环境污染和生态破坏，满足国家相关环境保护法律法规要求。

第一条　发承包须知

1. 招用承包人时，必须由本单位的安监部门，严格审查其安全资质。未经安全资质审查或审查不合格的承包人，严禁录用。

2. 承包人的全部手续审查合格，并经全员三级安全培训合格后，方可进入现场。

3. 承包人的安全环保方面，必须接受发包人的安全管理监督和指导。

4. 承包人的项目负责人，应对本单位的安全施工和环境保护负全部责任。

5. 承包人现场安全环保检查应常态化，安全环保检查和安全工作例会每周至少一次。

6. 承包人必须按国家、行业规定，为现场人员配备符合要求的劳动防护用品、用具，发包人应对其进行监督。

7. 发包人对承包人施工人员的违章和破坏环境行为，有权按有关规定进行处罚；对管理混乱、不服从管理的承包人，有权处罚，限期退出现场。

第二条　发包人职责

1. 严格遵守国家有关安全生产和环境保护的法律法规，认真执行工程承包合同中的有关安全环保要求。

2. 安全环保设施必须坚持与主体工程“三同时”的原则，即：同时设计、审批，同时施工，同时验收，投入使用。

3. 定期召开安全生产调度会，及时传达中央及地方有关安全生产的精神。

4. 做好对承包人施工现场安全环保生产监督检查，监督承包人及时处理发现的各项安全隐患和污染环境的行为。

5. 发包人负责对承包人的施工现场安全管理组织机构进行审查，将承包人的安全管理工作纳入发包人的安全监管过程中。

6. 有权对承包人配置使用的工器具、劳保用品等进行不定期检查，承包人应对不合格的工具、安全防护用品等及时清理出现场。

7. 在施工过程中，发包人发现承包人有违反安全规定和违规操作的，发包人有权立即要求停止施工进行整改。

8. 承包人发生事故时，发包人应协助承包人进行事故调查，查明事故原因。

9. 积极配合并监督承包人做好施工现场的防火、防盗等相关安全管理工作。

第三条　承包人职责

1. 严格遵守国家有关安全生产和环境保护的法律法规、规定，认真履行工程合同中的有关安全环保要求。认真履行工程合同中发包方《风电场安全文明施工标准手册》的有关安全和文明施工要求。

2. 坚持“安全第一、预防为主”和“管生产必须管安全”的原则，加强安全生产宣传教育，认真做好全员三级安全教育，增强全员安全意识，建立健全各项安全生产的管理机构和安全生产和环境保护管理制度，有组织、有领导地开展安全生产活动。施工现场全员必须熟悉和遵守有关安全管理和环境管理各项规定，做好安全管理计划、布置、检查、总结和评比工作。

3. 建立安全管理机构，现场配备考核合格的专职安全管理人员，专职安全员配备要求要符合建设部建质〔2008〕91 号文相关要求(至少配备一名)；逐级落实安全生产责任制。

4. 承包人在任何时候都应采取各种合理的预防措施，防止其员工发生任何违法、违禁、暴力或妨碍治安的行为。

5. 承包人施工现场专职安全员必须具有建设主管部门颁发的安全考核合格证书，参加施工的人员，必须接受安全技术教育，熟知和遵守本工种的各项安全技术操作规程；特种作业人员必须做到持证上岗。

6. 施工现场应按照要求配备有效的消防设施和灭火器材，定期组织消防演练和消防培训；强化易燃易爆品的安全管理。

7. 操作人员上岗，必须按规定穿戴安全防护用品，如安全帽、工作鞋、工作服等。施工负责人和专职安全员应随时检查劳动防护用品的穿戴情况，不按规定穿戴防护用品的人员不得上岗。

8. 所有施工机具设备和高空作业的设备均应定期检查，并有安全员的签字记录，保证其处于完好状态；严禁使用不合格的机具、设备和劳动保护用品。

9. 施工中采用新技术、新工艺、新设备、新材料时，必须制定相应的安全技术措施，施工现场必须具有相关的安全标志牌。

10. 承包人必须按照本工程项目特点，组织制定本工程实施中的生产安全事故和环境污染事故的应急救援预案；如果发生安全和环境污染事故，应按照国家和地方相关规定及时上报有关部门，并坚持“四不放过”的原则，严肃处理相关责任人。

11. 承包人应在施工现场设置安全警示标志，及时排查和处理现场安全隐患，为本单位所有人员购买意外伤害保险。

12. 严禁上下工作面同时作业和交叉作业，确有需要时必须采取安全防护措施经安全员确认后方可开工。

13. 施工现场严禁存在“三合一”（办公、仓库、生活）场所；承包人在施工过程中，应加强动火管理，严禁在未经批准的用火区吸烟和动火。

14. 承包人的特种作业人员，必须是经过安全技术培训，经有关部门考试合格持证上岗。

15. 承包人驻项目管理人员、安全员和特种作业人员如果有变换、变更、调离工作岗位的情况，应提前向监理单位报审，并征得发包人同意方可执行操作。

16. 在投标文件、《施工组织设计》中要编制环境保护篇，明确项目环境保护职责、目标和控制措施。

17. 严格执行《建筑工程绿色施工评价标准》，落实《施工组织设计》中规定的环境保护和文明施工措施，识别和评价环境因素，确定重要环境因素的管理方案；定期做好环境管理检查，开展绿色施工管理自我评价，接受发包方的监督，及时整改各类检查发现的问题。

第四条　监理单位职责

1. 监理单位对工程建设过程中的安全施工、环境保护和文明施工负监督管理责任。

2. 审查承包人《施工组织设计》中的“安全文明施工措施和环境保护措施”并督促执行。

3. 负责协调解决承包人在交叉作业中存在的安全施工、文明施工问题。

4. 负责组织有承包人参加的联合安全文明施工和环境保护大检查，对现场的安全隐患和环保违规行为应及时发放安全隐患整改通知单，跟踪整改并限期闭环，协调解决存在的问题。

5. 协助施工现场总平面管理，确保现场文明施工。

6. 组织做好项目绿色施工评价工作。

第五条　其他

1. 监理单位发现施工中的不安全、不文明、不环保行为，有权纠正或立即停止其工作；对习惯性违章、严重违章的人员和单位，有权处以500元～50000元的罚款。

2. 承包人必须向发包人合同价的______%作为安全保证金。安全保证金分两次在工程进度款中按约定比例支付内扣除。承包人因违章作业造成设备停运、损坏、火灾及人身伤亡等影响安全施工的，必须接受发包人的处罚。对于情节严重的，发包人有权停止该项目工程合同的执行。在工程竣工验收后返还安全保证金（扣减安全考核的相关费用）。

（1）不发生任何事故，返还保证金（但须扣除违章罚款等）

(2)发生重伤事故、重大设备事故和重大环境污染事故,扣除保证金数额的50%(另须扣除违章罚款等)

(3)发生死亡事故,扣除保证金数额的100%

3. 本协议书作为合同附件,由施工合同发包人、承包人双方共同签署,本协议自签字盖章之日开始生效。

4. 本协议未尽事宜亦按规定正常执行,如果双方还有其他条款,发、承包双方可协商解决。

5. 有新的法律、法规、条例规定时,以最新版本为准。

发包人:____________________

法人代表(授权代表签字):

盖章:

签字日期:　　　年　　月　　日

承包人:____________________

盖章:

法人代表(授权代表签字):

签字日期:　　　年　　月　　日

5. 应急准备和响应

(1)职业健康与安全(OHS)隐患和紧急情况

工作场所的职业安全与健康(OHS)隐患可分为五类:物理隐患、化学隐患、生物隐患、人体力学和心理隐患。

在风险评估过程中,组织应当根据公司的具体情况,采用岗位安全审查或岗位风险分析等方法找出存在的隐患。针对考察分析的结果,制定用来消除隐患或降低风险的行动计划。行动计划中应包括对各项任务的描述、承担每项任务的人员以及完成任务的期限。你的管理方案首先应当力求避免每项隐患可能产生的负面影响,这就要求对隐患的根源(如某种设备、材料或生产活动)进行淘汰或替代。如果隐患不可能完全消除,就应当通过工程控制(如安装机器防护罩或主动通风装置)和行政控制(如轮岗、清楚的工作指导、警示标志)来尽量降低其影响。组织还应该提供技术上恰当的个人防护装备,并就如何使用和维护这些装备对员工进行培训。OHS紧急情况的发生,往往是由于公司的管理体系存在漏洞。因此,尽管引发紧急情况的具体事故可能非常不同(比如液体溅出导致滑倒和遭受辐射),但它们的根源经常是同样的——未能有效实施ESMS,如未能进行完整的风险评估、缺乏安全程序或工人培训不足等。组织应当在风险评估过程中找出自己体系内存在的各种漏洞和缺陷,分析可能引起问题的各种根源。

(2)外部事件引起的紧急情况

除了工作场所隐患导致的紧急情况以外，也可能出现由外部事件引发的紧急情况。

在风险评估过程中，你应当确定你所在区域最易发生的紧急情况，并制定综合全面的应急准备计划，以便对预想不到的事件做出恰当反应，尽可能减少对公司和工人的伤害。

下面列出了一些可能出现的人为和自然灾害，它们都可能造成员工的严重伤亡，扰乱企业的正常运营，毁坏财产，导致严重财务损失。

1)风暴，包括龙卷风、台风和飓风(很多时候会引发洪水)；

2)洪水、地震及海啸、火山爆发；

3)地方和区域性火灾；

4)爆炸，包括事故性爆炸、军事行动或恐怖主义行动引起的爆炸；

5)骚乱。

(3)要求

一是要识别异常和紧急情况，编写好预案；二是要进行试验和演练；三是要定期评审预案并修订。

应急准备和响应计划应当包括：

1)基于风险评估对潜在紧急情况的识别；

2)对识别出的应急情况的响应程序；

3)关闭设备的程序；

4)营救与疏散程序，包括工厂外的指定会合地点；

5)包括了所有警报器的位置和维护时间表的清单；

6)应急响应设备和设施(消防设备、泄漏响应设备、急救包、应急响应队个人防护装备)清单和位置；

7)应急装备和应急设施的使用说明；

8)应急设备的定期检查、测试和维护时间表；

9)明确指定的疏散路线和会合地点；

10)培训和演练时间表，包括与本地应急响应机构(如消防队)的联合演练；

11)应急演练程序；

12)紧急联络人和通讯方法(包括与受影响社区的通讯)，以及与政府部门的互动程序；

13)定期审查和更新应急响应计划的程序。

【案例3－12】　化学品泄漏响应程序

1.0　目的与范围：

1.1　目的：本程序描述管理化学品泄漏、尽可能降低人员伤亡和环境危害的步骤。

1.2　范围：本程序适用于公司名称的所有活动和过程中因有害物质泄漏引起的任何事故。

2.0　定义：

2.1　泄漏性质：由有害物质的风险水平以及对泄漏的控制程度决定。可分为小型泄漏和大型泄漏。

2.2 小型泄漏:对职工和环境构成的风险有限。比如,如果5毫升浓硫酸洒出来,这就是小型泄漏,因为这个数量很小,很容易进行中和和清除。

2.3 大型泄漏:对职工和环境造成重大风险。大型泄漏的一个例子是氨气在不通风的空间无控制地释放。如果数量大,就会给该区域的人员造成很高风险。

3.0 职责和权力:本程序由运营经理或其指定人员负责。运营经理应向总汇经理报应急准备情况,并在紧急情况发生期间有绝对权威。运营经理有权宣布进入紧急状态。在运营经理不在场的情况下,这些权力收归公司总经理。

3.1 EHS经理应当:

a. 对本程序至少每年审查修订一次;

b. 确保每个人都了解自己根据本程序应承担的职责;

c. 确保所有指定区域的泄漏控制和清理设备及恰当的个人防护装备到位;

d. 确保在所有保存和使用有害化学品的区域都有“材料安全数据表”(MSDS)和“国际化学品安全卡”(ICSC);

e. 与作业区主管协商确定负责操作或储存有害化学品的工人;

f. 组建应急响应队;

g. 定期计划和实施以下培训:(1)向负责操作和储存有害化学品的工人进行如何处理小型泄漏的培训,(2)向应急响应队进行如何对大型泄漏做出响应的培训;

h. 对所有作业区定期计划和组织疏散演习;

i. 分析演习结果(如疏散所用时间)并采取必要行动。

3.2 人力资源经理应当:

a. 确保本程序所规定的各项职责包括在员工的岗位描述里。

3.3 运营经理应当:

a. 确保负责操作和储存有害化学品的工人和应急响应队参加培训;

3.4 负责操作和储存有害化学品的工人应当:

a. 参加由EHS经理组织的培训;

b. 按照本程序作业指导和培训内容对小型泄漏做出响应并提供医疗救助。

c. 如果发生大型泄漏,立即联系应急响应队。

3.5 应急响应队应当:

a. 参加由EHS经理组织的培训;

b. 按照本程序作业指导和培训内容对大型泄漏做出响应并提供医疗救助。

3.6. 所有工人应当:

a. 参加疏散演习;

b. 听到警报时通过最近的出口从建筑物疏散;

c. 在指定会合地点集合,清点人数。如果有人失踪,需向主管报告。

3.7 作业指导中规定的其他职责。

4.0 作业指导:

4.1 小型泄漏

a. 对泄漏的化学品必须立即彻底清理；

b. 谨慎操作——很多有害化学品无色无味。不要假定泄漏的化学品无害；

c. 确定泄漏涉及的化学品及其危害——在“材料安全数据表”(MSDS)和“国际化学品安全卡”(ICSC)中查找；

d. 根据泄漏材料的物理和化学特性决定采取何种响应和/或疏散程序；

e. 消除泄漏对设备、衣服和人员造成的污染，包括所有受害者在内；有必要的话在现场进行；

f. 只有在获得了专家指导意见后再抛弃被污染的设备和材料；

g. 确保设立了应急程序并予以执行。

4.2 大型泄漏

a. 联系应急响应队；

b. 通知电话接线员。除非另有指示或情况不允许，接线员应当坚守岗位，作为应急响应的信息和控制中心；

c. 必要时电话接线员将通知有关政府部门，提供以下信息：

i. 说明发生了紧急情况；

ii. 提供你的姓名、电话号码和位置；

iii. 提供事故发生地点；

iv. 提供事故发生时间和事故类型；

v. 提供事故所涉及的材料名称和数量；

vi. 如有伤亡，说明伤亡程度。

d. 将人员从泄漏发生的区域疏散；

e. 离开该区域时关闭设备；

f. 指挥人们前往最近的消防出口。不要使用电梯；

g. 不要触摸任何有害物质。必要时采取预防措施保护自己；

h. 不要回到发生化学品泄漏的区域！未经培训、未佩戴恰当防护装备的人员可能会吸入有毒或窒息性气体。联系运营经理和实验室经理；

i. 关门，防止有害物质的污染扩散。将泄漏区域保护起来，确保非应急响应人员远离危险；

j. 应急响应队将对受到有害物质感染的人员隔离，根据MSDS或ICSC进行治疗处置；

k. 在专家的帮助下，应急响应队将尽量控制污染的扩散，并开始消除/清理污染的程序。

4.3 医疗救助：对所有轻伤进行急救。但要记住，急救只是临时措施，它是在医生到达现场或受害者被送往医院之前的快速伤情处理。在伤情发生后的关键时候你采取的措施可以挽救生命，所以了解基本的急救方法非常重要。经常温习急救方法，这样当突然发生紧急情况时你就可以有备而来。遵循MSDS或ICSC的指导。

a. 将伤员从泄漏发生区域转移到有新鲜空气的地方(但不要因为进入有毒气的区域而危及你自己的生命);

b. 立即移除受污染的衣服;

c. 用流动水冲洗皮肤或眼睛15分钟;

d. 为伤员寻找医务人员。

5.0 应急响应小组:成立应急响应小组的目的是处理公司内的灾难性事故。小组的职责是在接到紧急情况报告时立即会面,以决定行动方案。

应急响应小组成员姓名	职务	住宅电话	移动电话
总经理			
运营经理			
EHS 经理			
应急响应队成员 1			
应急响应队成员 2			

第七节 检查内审及改进

一、日常检查

安全检查包括了隐患排查、日常检查、专项检查、检测评价、专项评估。组织应当按照国家和行业相关法律法规和标准要求做好相关检查。检查要注意以下几点:

(1)要做好策划,编制好一份检查表;

【案例 3-13】 某企业安全检查表(表 3-11)

表 3-11 某企业对流动性吊车的安全检查表

检验项目	项目编号	检验内容与要求	检验方法	检查记录
1 安全标识	1.1	起重机明显部位应有清晰的额定起重量标志和质量技术监督部门的安全检验合格标志	外观检查,定期检验和改造(大修)后验收检验时查检验合格标志	
	1.2	在主臂适当位置用醒目的字体写上“起重臂下严禁站人”。吊钩滑轮组侧板,回转尾部、平衡重、臂架头部和外伸支腿要有黄黑相间的危险部位标志	外观检查	

续表

检验项目	项目编号	检验内容与要求	检验方法	检查记录
2 金属结构	2.1	起重机的主要受力构件不应有整体失稳、严重塑性变形和产生裂纹。整体失稳时不得修复，应报废；产生塑性变形使工作机构不能正常运行时，如果不能修复，应报废；发生锈蚀或腐蚀超过原厚度的10%时应报废；产生裂纹应修复，否则应报废	外观检查，必要时用钢直尺、测厚仪等工具测量	
	2.2	金属结构的连接焊缝无明显可见的焊接缺陷。螺栓或铆钉连接不得松动，不应有缺件、损坏等缺陷。高强度螺栓连接应有足够的预紧力矩	外观检查，必要时可用探伤仪检查焊缝质量或用力矩扳手检查高强度螺栓的连接状况	
	2.3 臂架与支腿	2.3.1 箱形起重臂	目测检查，必要时用塞尺测量	
		各箱形臂侧向单面调整间隙不大于2.5mm，伸缩工作时不得有异常现象		
		2.3.2 桁架起重臂	外观检查	
		由多节组装成的桁架臂应保证中间臂具有互换性		
		2.3.3 当起重机处于行驶状态时，支腿应收回并可靠地固定	外观检查	
		2.3.4 在起重作业时，支座盘应牢靠地连接在支腿上，支腿应可靠地支承起重机	外观检查	
3 主要零部件与机构	3.1 吊钩	3.1.1 吊钩应有标记和防脱钩装置，不允许使用铸造吊钩	外观检查	
		3.1.2 吊钩不应有裂纹、剥裂等缺陷，存在缺陷不得焊补。吊钩危险断面磨损量：按GB 10051.2制造的吊钩应不大于原尺寸的5%；按行业沿用标准制造的吊钩应不大于原尺寸的10%。板钩衬套磨损达原尺寸50%时应报废衬套	外观检查，必要时用20倍放大镜检查裂纹缺陷，或者打磨、清洗，用磁粉、着色探伤检查裂纹缺陷。用卡尺测量断面磨损量	
		3.1.3 开口度增加量：按GB 10051.2制造的吊钩应不大于原尺寸的10%，其他吊钩应不大于原尺寸的15%	外观检查，必要时用卡尺测量	

续表

检验项目	项目编号	检验内容与要求	检验方法	检查记录
3 主要零部件与机构	3.2 钢丝绳	3.2.2 除固定钢丝绳的圈数外，卷筒上至少应有保留 3 圈钢丝绳作为安全圈	将吊钩放到最低工作位置，检查安全圈数	
		3.2.3 钢丝绳应润滑良好。不应与金属结构摩擦	外观检查	
		3.2.4 钢丝绳不应有扭结、压扁、弯折、断股、笼状畸变、断芯等变形现象	外观检查	
		3.2.6 钢丝绳断丝数不应超过附表 4 规定的数值	外观检查，必要时用探伤仪检查	
		3.3.7 滑轮应转动良好，出现下列情况应报废：	外观检查，必要时用卡尺测量	
		a)出现裂纹、轮缘破损等损伤钢丝绳的缺陷；		
		b)轮槽壁厚磨损达原壁厚的 20%；		
		c)轮槽底部直径减少量达钢丝绳直径的 50%或槽底出现沟槽		
		5.2.8 应有防止钢丝绳脱槽的装置，且可靠有效	外观检查，必要时用卡尺测量防脱槽装置与滑轮之间的间距	
	3.3 制动器	3.3.1 起升机构每一套独立驱动机构至少要装设一个支持制动器，支持制动器应是常闭式的，必须能持久地支持住额定载荷，用钢丝绳起落起重臂的变幅机构应采用常闭式制动器	外观检查，并经载荷试验验证	
		3.3.2 制动器的零部件不应有裂纹、过度磨损、塑性变形、缺件等缺陷。液压制动器不应漏油。制动片磨损达原厚度的 50%或露出铆钉应报废	外观检查，必要时测量	
		3.3.3 制动轮与摩擦片之间应接触均匀，且不能有影响制动性能的缺陷和油污	外观检查，必要时塞尺测量	
		3.3.4 制动轮应无裂纹(不包括制动轮表面淬硬层微裂纹)，凹凸不平度不得大于 1.5mm。不得有摩擦垫片固定铆钉引起的划痕	外观检查，必要时用卡尺测量	

续表

检验项目	项目编号	检验内容与要求	检验方法	检查记录
3 主要零部件与机构	3.4 减速器	3.4.1 地脚螺栓，壳体连接螺栓不得松动，螺栓不得缺损	外观检查	
		3.4.2 工作时应无异常声响、振动、发热和漏油	听觉判定噪声，手感判断温度和振动，必要时打开观察盖检查或用仪器测量	
	3.5 开式齿轮	齿轮啮合应平稳，无裂纹、断齿和过度磨损	外观检查，必要时测量	
	3.6 联轴器	零件无缺损，连接无松动，运转时无剧烈撞击声	外观检查，试验观察	
	3.7 卷筒	卷筒壁不应有裂纹或过度磨损	外观检查，必要时用卡尺测量	
4 液压系统	4.1	平衡阀和液压锁与执行机构的连接必须采用刚性连接。平衡阀和液压锁工作应可靠有效	目测检查，平衡阀和液压锁的锁闭功能可通过密封试验分别确定。平衡阀的限速功能可通过各机构的下降速度目测确定	
	4.2	液压油箱应有过滤装置	目测检查	
	4.3	有相对运动的部位采用软管连接时，应尽可能缩短软管长度，并避免相互刮磨，易受到损坏的外露软管应加保护套。软管不得老化	目测检查	
	4.4	液压管路、接头、阀组等元件不得漏油	目测检查	
	4.5	系统中采用蓄能器时，必须在蓄能器上或靠近蓄能器的明显部位有安全警示标志	目测检查	
5 安全装置及防护措施	5.1 水平仪	起重量≥16t 的汽车、轮胎起重机，起重量＞50t 的履带起重机应设置水平仪	目测检查	
	5.2 高度限位器	起重机应装有起升高度限位器，起升高度限位器应能可靠报警并停止吊钩起升，只能作下降操作	空载，吊钩慢慢上升碰撞限位装置，应停止上升运行	

续表

检验项目	项目编号	检验内容与要求	检验方法	检查记录
5 安全装置及防护措施	5.3 防护罩	在正常工作情况下所有外露的可能发生危险的运动零件均应装设防护装置,制动器应装有防雨罩	目测检查	
	5.4 幅度指示器	起重机应装有读数清晰的幅度指示器(仰角指示器)	动作试验	
	5.5 喇叭	起重机上车应装有喇叭,喇叭按钮位置应便于司机操作	操作试验	
	5.6 风速仪	起升高度大于50m的桁架臂式汽车、轮胎起重机和起升高度大于55m的履带起重机应在臂架头部安装风速仪。当风速大于13.8m/s时,应能发出停止作业的警报	目测检查	
6 操作系统	6.1	各手柄、踏板在中位不得因震动产生离位	目测检查	
	6.2	所有操纵手柄、踏板的上面或附近处均应有表明用途和操纵方向的清楚标志	目测检查	
7 电气	7.1	起重机上应设置对工作场地和操纵位置的合适照明	目测及实际检查	

(2)要熟悉业务和风险控制及隐患排查治理的工具和方法;

(3)要编制了检查报告,说明依据、内容、方法、发现的问题及整改要求;

【案例3-14】 某企业进行现场安全检查后的评价报告(问题汇总部分摘录,图片略)(表3-12)

表3-12 安全检查报告

序号	问题描述	整改要求	完成时间
1	15#机位80t汽车吊吊钩防脱钩装置未在正确位置,无法起到防脱钩作用	现场立即停止吊装并将防脱钩装置恢复	即时
2	15#机位80t汽车吊其中一个支腿未垫枕木、路基板等直接使用	立即停止吊装进行整改	即时
3	15#机位500t履带吊操作室周边未配置消防器材;操作室门前平台防护栏杆安装有缺失	配备消防器材并定期检查。将操作室门前平台防护栏杆补充到位确保人员上下安全	8月1日

续表

序号	问题描述	整改要求	完成时间
4	15#机位吊装现场临时用电布置混乱。发电机直接接入报废配电箱内。配电箱倒放、无门且仅配备一个漏保,下方接出多条线路。施工现场使用的手持电动工具直接使用民用插排取电。柴油发电机周边未配置防雨措施和消防器材	立即更换为正规配电箱。箱内必须保证一机一闸一漏保。所有手持电动工具不允许直接在普通插排上取电,必须更换为带漏电保护器的移动式线盘。发电机周边需有防雨措施和消防器材	即时

(4)要进行闭环整改,提供整改证据并通过验证。

二、内审与改进概述

有关如何进行内审,请读者参阅作者出版的《管理体系审核指南》一书。国际标准化组织也修订了 ISO 19011《管理体系审核指南》。

要做好内部审核,对审核人员而言,要做好以下准备:

(1)读好本书第二章。准备理解 ISO 45001 标准的要求;

(2)熟悉组织的业务和内部运营管理;

(3)熟悉相关法律法规和标准要求;

(4)读好作者写的《管理体系审核指南》,熟悉审核技巧;

(5)做好审核策划和准备,编写一份有针对性检查表。

三、一份标准的检查表(表 3-13)

表 3-13 内部审核检查表

ISO 45001	内审要点
4 组织的环境	
4.1 理解组织所处的环境	通过与最高管理者交谈和对安全健康主管部门的审核,了解组织是否确定了与宗旨相关且影响职业健康安全管理体系实现预期结果的能力的内部和外部问题?(可以是专门的报告,也可以是在组织的职业健康安全专项战略规划中对内外环境的洞察。)
4.2 理解工作人员和其他相关方的需求和期望	a)组织的工作人员包括哪些?他们有哪些与职业健康安全有关的需求和期望? b)组织还有哪些其他相关方?他们有哪些与职业健康安全有关的需求和期望? c)这些需求和期望中哪些已经是哪些可能成为法定要求或必须满足的其他要求?

续表

ISO 45001	内审要点
4.3 确定职业健康安全管理体系范围	a)组织的职业健康安全管理体系范围是什么? b)组织在确定范围时是否考虑了组织面临的内部和外部问题?是否考虑了工作人员和其他相关方的要求?是否充分考虑了策划和或执行的与工作相关的活动?是否考虑了在组织控制或影响范围内、能够影响组织的职业健康安全绩效的活动、产品和服务?
4.4 职业健康安全管理体系	是否按本标准要求的所有过程的要求建立、实施、保持和改进职业健康安全管理体系?
5 领导作用和工作人员的参与	
5.1 领导作用和承诺	与最高管理者交谈,了解其是如何通过标准要求的13个方面[标准5.1a)~f)]来发挥领导作用和履行承诺的?特别要关注如何承担全面责任?如何确保体系融入组织的业务过程?如何培养组织的职业健康安全文化?如何组织并发挥组织的健康和安全委员会的作用?如何确保实现职业健康安全管理体系的预期结果?方针和目标制定、内部沟通、支持其他领导履行相关职责?
5.2 职业健康安全方针	a)方针的内容是否满足5个承诺、1个适合、1个框架? b)方针的管理是否形成文件、在内部沟通、可为相关方获取? c)方针的内容及管理是否与组织业务相关且适宜?
5.3 组织的角色、职责和权限	是否通过文件化信息明确了组织的各层级的职业健康安全职责、权限并在组织内得到充分沟通?
5.4 工作人员的协商和参与	a)是否建立了组织的工作人员参与职业健康安全管理事务的过程? b)在机制、时间、培训、资源、渠道、无障碍方面如何确保参与顺畅和有效? c)是否与组织的非管理性工作的人员就需求和期望、方针、职责、法律法规要求、目标及实现措施、外包采购及承包控制进行了充分的协商?
6 策划	
6.1 应对风险和机遇的措施	
6.1.1 总则	a)组织在策划职业健康安全管理体系时是否考虑了组织所处的内外环境、相关方的要求、管理体系范围以及需要应对的风险和机遇? b)组织在确定风险和机遇及应对措施时是否考虑了危险源、职业健康安全风险和其他风险/机遇,以及法律法规要求? c)在策划各过程变更时是否确定和评估了风险和机遇?是否在变更发生前进行过风险和机遇的评估? d)是否保持了风险和机遇以及应对措施的文件化信息?
6.1.2 危险源辨识和风险与机遇的评价	

续表

ISO 45001	内审要点
6.1.2.1　危险源辨识	a)组织是否建立了危险源辨识的过程？并考虑了工作组织、领导作用、职业健康安全文化、例行和非例行情况（基础设施、产品和服务过程、人的因素、工作流程或工艺流程）、内外部以往的事件、潜在情况、人员的因素、变更、相关方活动？ b)是否考虑了关于危险源的知识和信息的变更？
6.1.2.2　职业健康安全风险和其他职业健康安全管理体系风险评价	a)组织是否建立了过程？是否考虑了现有措施的有效性？是否确定和评估了相关的其他风险？ b)评价准则、方法是否体现主动性及系统化的方式？是否将评估结果文件化？
6.1.2.3　职业健康安全机遇和其他职业健康安全管理体系的机遇的评价	a)是否建立相关过程？在识别和评估机遇时考虑组织及组织的方针、过程、活动的计划内的变更？ b)是否考虑其他持续改进职业健康安全管理体系的机遇？
6.1.3　法律法规和其他要求的确定	a)组织是否建立过程？ b)组织是否确定并获取了适用于危险源、OHSMS、OHSM风险法律法规和其他要求？ c)在建立、实施、保持和持续改进OHSMS时是否考虑了适用的法律法规和其他要求？ d)是否保持和保留了相关文件化信息？
6.1.4　措施的策划	a)组织是否策划了应对风险和机遇、满足法律法规和其他要求、准备和响应紧急情况的措施？ b)措施是否考虑了组织的最佳实践、技术选择、财务、运行和经营要求？并根据风险和实际考虑了优先级及OHSMS的输出？ c)措施是否融人OHSMS和其他业务过程？ d)是否评价了措施的有效性？
6.2　职业健康安全目标及其实现的策划	
6.2.1　职业健康安全目标	a)是否在组织的相关职能和层次建立了职业健康安全目标？ b)目标是否与方针保持一致，且可测量可评价？确定具体目标时是否考虑了适用的要求、风险和机遇评估结果、与工作人员沟通结果？ c)目标是否得到监视？得到沟通？并及时进行更新？ d)是否实现了本阶段的目标？
6.2.2　实现职业健康安全目标的策划	a)是否针对每一目标明确了目标值？确定了责任人、具体实现措施、完成时间、需要的资源、评价方法？ b)组织是如何将目标融人组织的各业务过程的？ c)是否保持了文件化的目标信息？
7　支持	

续表

ISO 45001	内审要点
7.1 资源	a)组织确保OHSMS有效运行并实现职业健康安全目标需要哪些资源？ b)组织如何提供这些资源？
7.2 能力	a)组织是否从教育、培训、经验等方面确定了影响和可能影响组织职业健康绩效的人员的能力要求？ b)组织是如何获得这些能力的？ c)是否保留了文件化的作为能力的证据？
7.3 意识	组织通过什么方式确保工作人员具备标准7.3条要求的6个意识？
7.4 沟通	
7.4.1 总则	a)组织是否建立了沟通过程？是否考虑了相关方的观点、法律法规要求与OHSMS信息的一致性？ b)是否对沟通做了安排，包括明确了沟通的内容、时机、对象、方式、语言要求？ c)是否确保职业健康安全有关沟通的信息得到响应？ d)是品保持了文件化的沟通证据？
7.4.2 内部沟通	a)组织是如何在各职能和层次就职业健康安全相关信息进行内部沟通的？特别是在管理体系变更后是否与工作人员进行过沟通？ b)沟通过程是如何促进工作人员为持续改进做贡献的？
7.4.3 外部沟通	是如何依据法律法规要求就职业健康安全管理体系的相关信息与外部相关方进行沟通的？
7.5 文件化信息	
7.5.1 总则	组织建立了哪些OHSMS文件化信息？
7.5.2 创建和更新	文件的创建和更新是如何有明确的标识和说明？有统一的格式？通过评审和批准并确保其适宜性和充分性？
7.5.3 文件化和信息的控制	a)组织是否对文件的发放、保护、检索、使用、存储、变更、保留和处置做出了规定并得到执行？ b)是否识别和确定与OHSMS相关的外来文件得到控制？
8 运行	
8.1 运行策划和控制	
8.1.1 总则	a)组织建立了哪些用于实现所策划的用于控制职业健康安全风险实现职业健康安全目标的运行过程？是否确定了运行准则，并使工作适应工作人员？ b)是否运行准则得到了有效实施？且保持和保留了适当的文件化信息？ c)如果存在同一场所多单位共同作业，是否考虑了与其他组织协调职业健康安全管理体系？

续表

ISO 45001	内审要点
8.1.2 消除危险源和减低职业健康安全风险	组织是否建立了用于消除危险源和减低职业健康安全风险的过程？其控制措施是否遵循控制优先控制顺序(消除、替代、控制、管理、防护)？
8.1.3 变更管理	a)组织是否建立了管理新的或已有的产品变更、服务变更、过程变更以及法律法规要求变更、相关知识和信息变更、知识的技术的发展？ b)对非预期如何管理？是否评审了非预期变更的后果？
8.1.4 采购	
8.1.4.1 总则	组织是否建立并有效运行用于控制与产品和服务的采购相关了职业健康安全风险和危险源？
8.1.4.2 承包商	a)组织是否与承包商协调其采购过程，用于危险源辨识，并评估和控制由于承包方的运行活动对本组织的影响？评估和控制组织的活动对承包方工作人员的影响？评估和控制承包商活动对同一场所内其他承包方人员的影响？ b)组织是否明确选择和确定承包商的职业健康安全准则？
8.1.4.3 外包	组织如何确保外包的职能和过程纳入组织的职业健康安全管理体系并得到控制，且能够根据外包职能和过程的不同，明确其控制的类型和程度，使其符合法律法规和其他要求和职业健康安全管理体系要求？
8.2 应急准备和响应	a)组织是否建立并有效运行用于应急准备和响应过程？ b)过程是否建立紧急情况响应计划？提供急救、提供应急培训、定期测试和演习、评价应急响应绩效？是否身影相关方沟通相关信息？且考虑了相关方的需求和能力，并确保相关方参与？ c)是否保持和保留有关过程和潜在紧急情况响应的文件化信息？
9 绩效评价	
9.1 监视、测量、分析和绩效评价	
9.1.1 总则	a)组织是否建立并有效运行监视测量分析和评价过程？过程是否明确了监视和测量的内容(法律法规的满足程度、危险源和风险控制过程、目标进展、运行有效性、监视测量分析和评价方法、绩效准则、监视测量时间、分析评价和沟通时间)？ b)是否评价组织的职业健康安全绩效？并确定职业健康安全管理体系有效性？ c)用于监视和测量的设备是否按规定进行校准或验证？是否得到及时的维护和保养？
9.1.2 合规性评价	a)是否建立、实施和保护过程(频次、方法)，以评价组织的合规性？ b)如何保持对合规状况的知识和合规状况的了解？ c)当存在不合规性，是否及时采取了有效措施？ d)是否保留合规性评价结果的文件化信息？

续表

ISO 45001	内审要点
9.2 内部审核	
9.2.1 总则	是否策划了内部审核过程?
9.2.2 内部审核方案	a)是否策划并实施内部审核方案(频次、方法、职责、协商、策划要求和报告、准则、范围)是否考虑了相关过程的重要性和以往审核的结果? b)组织如何选择审核员? c)是否将审核结果报告相关管理者、工作人员及其代表和相关方? d)针对发现的问题的整改有利于持续提升职业健康安全绩效? e)是否保留审核方案实施和审核证据?
9.3 管理评审	a)组织是否按规定的时间间隔进行了管理评审? b)管理评审的内容是否充分全面(以往措施的有效性、内外部问题的变化、方针目标实现情况、职业健康安全绩效、资源适当性)? c)管理评审的输出是否包括:体系的"三性"、改进机会、变更需求、资源需求、其他业务过程的融合、与战略方向相关的结论?
10 改进	
10.1 总则	组织是如何确定改进机遇并实施必要措施的?
10.2 事件、不符合和纠正措施	a)组织是否建立和实施事件、不符合和纠正措施管理过程? b)对事件和不符合是否及时处理? c)是否分析事件和不符合原因,并评估相关风险? d)是否按照优先等级和变更管理要求确定和实施必要措施? e)是否保持相关文件?
10.3 持续改进	a)组织是如何考虑持续改进的? 开展了哪些持续改进? b)持续改进取得了哪些绩效? 是否提升了职业健康安全绩效? 是否促进了员工参与实施改进的措施? c)是否与员工沟通了持续改进的结果? 保留了哪些持续改进的证据?

第四章
相关职业健康安全管理工具

第一节　企业的战略与平衡计分卡

在 ISO 9001:2015、ISO 14001:2015、ISO 45001:2018 三个标准中都强调将在建立管理体系时要考虑组织的战略，要求组织确定与其战略和宗旨相关的环境；在确定组织管理方针、目标时要考虑战略的要求。要求组织在职能、层次和过程中建立目标。

在 ISO 45001 标准“引言”中指出“职业健康安全管理体系建立、实施和保持的有效性和获得预期结果的能力取决于一些关键因素”：包括“与组织总体战略目标和方向相适应的清晰的职业健康安全方针”；“5.1 领导作用与员工参与”中要求最高管理者“确保建立职业健康安全方针和相关的目标，并确保其与组织的战略方向相一致”；“9.3 管理评审”要求管理评审的输出考虑“任何与组织的战略方向相关的结论”。

过去工作经验表明，审核员对组织的战略关注不够，对组织目标确定的全面性、准确性以及与战略的关联性审核不到位。许多企业也没有很好地将职业健康安全管理作为组织战略的内容来考虑，确定的职业健康安全目标，也没有从内部运营和员工两个维度来确定并形成体系。

一、平衡计分卡的基本知识

平衡计分卡(BSC)是源自哈佛大学教授 Robert Kaplan(罗伯特·卡普兰)与诺朗顿研究院(Nolan Norton Institute)的执行长 David Norton(大卫·诺顿)于 1990 年所从事的“未来组织绩效衡量方法”一种绩效评价体系，当时该计划的目的在于找出超越传统的以财务量度为主的绩效评价模式，以使组织的“策略”能够转变为“行动”。

平衡计分卡主要是通过图、卡、表来实现战略的规划。平衡计分卡中的目标和评估指标来源于组织战略，它把组织的使命和战略转化为有形的目标和衡量指标。其核心内容是四个方面：财务角度、顾客角度、内部经营流程、学习和成长。这几个角度分别代表企业三个主要的利益相关者：股东、顾客、员工每个角度的重要性取决于角度的本身和指标的选择是否与公司战略相一致。其中“财务业绩指标”可以显示企业的战略及其实施和执行是否对改善企业盈利做出贡献。财务目标通常与获利能力有关，其衡量指标有营业收入、资本报酬率、经济增加值等，也可能是销售额的迅速提高或创造现金流量。在平衡记分卡的“顾客”层面，管理者确立了其业务单位将竞争的顾客和市场，以及业务单位在这些目标顾客和市场中的衡量指标。顾客层面指标通常包括顾客满意度、顾客保持率、顾客获得率、顾客盈利率,以及在目标市场中所占的份额。顾客层面使业务单位的管理者能够阐明顾客和市场战略,从而创造出出色的财务回报。在“内部经营流程”层面管理者要确认组织擅长的关键的内部流程,这些流程帮助业务单位提供价值主张,以吸引和留住目标细分市场的顾客,并满足股东对卓越财务回报的期望。在学习与成长层面它确立了企业要创造长期的成长和改善就必须建立的基础框架,确立了未来成功的关键因素。平衡记分卡的前三个层面一般会揭示企业的实际能力与实现突破性业绩所必需的能力之间的差距,为了弥补这个差距,企业必须投资于员工技术的再造、组织程序和日常工作的理顺,这些都是平衡记分卡在“学习与成长”层面追求的目标。如员工满意度、员工保持率、员工培训和技能等,以及这些指标的驱动因素。图 4 - 1 描述了平衡计分卡四个维度。

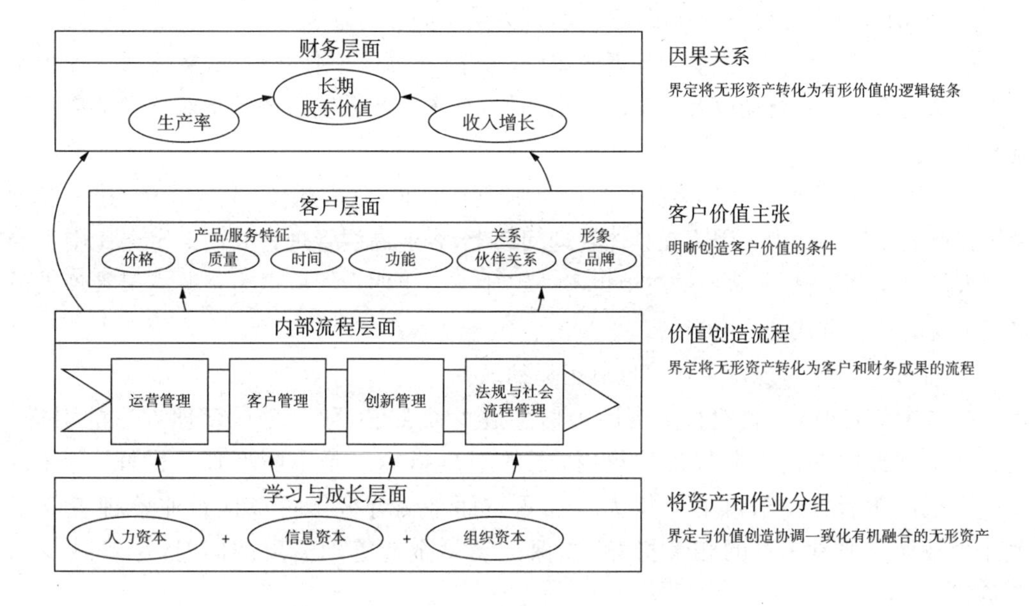

图 4 - 1 平衡计分卡的 4 个维度

平衡计分卡反映了财务与非财务衡量方法之间的平衡、长期目标与短期目标之间的平衡、外部和内部的平衡、结果和过程平衡、管理业绩和经营业绩的平衡等多个方面。所以能反映组织综合经营状况,使业绩评价趋于平衡和完善,利于组织长期发展。

平衡计分卡发展经历三代发展(萌芽、理论研究、应用推广);经过 20 年多的发展,平衡计分卡已经发展为集团战略管理的工具,在集团战略规划与执行管理方面发挥非常重要的作用。

与传统评价体系比较,具有如下特点:

(1)平衡计分卡为企业战略管理提供强有力的支持

随着全球经济一体化进程的不断发展,市场竞争的不断加剧,战略管理对企业持续发展而言更为重要。平衡计分卡的评价内容与相关指标和企业战略目标紧密相连，企业战略的实施可以通过对平衡计分卡的全面管理来完成。

(2)平衡计分卡可以提高企业整体管理效率

平衡计分卡所涉及的四项内容，都是企业未来发展成功的关键要素，通过平衡计分卡所提供的管理报告，将看似不相关的要素有机地结合在一起，可以大大节约企业管理者的时间，提高企业管理的整体效率，为企业未来成功发展奠定坚实的基础。

(3)注重团队合作，防止企业管理机能失调

团队精神是一个企业文化的集中表现，平衡计分卡通过对企业各要素的组合，让管理者能同时考虑企业各职能部门在企业整体中的不同作用与功能，使他们认识到某一领域的工作改进可能是以其他领域的退步为代价换来的，促使企业管理部门考虑决策时要从企业出发，慎重选择可行方案。

(4)平衡计分卡可提高企业激励作用，扩大员工的参与意识

传统的业绩评价体系强调管理者希望(或要求)下属采取什么行动，然后通过评价来证实下属是否采取了行动以及行动的结果如何，整个控制系统强调的是对行为结果的控制与考核。

而平衡计分卡则强调目标管理，鼓励下属创造性地(而非被动)完成目标，这一管理系统强调的是激励动力。因为在具体管理问题上，企业高层管理者并不一定会比中下层管理人员更了解情况、所做出的决策也不一定比下属更明智。所以由企业高层管理人员规定下属的行为方式是不恰当的。

(5)平衡计分卡可以使企业信息负担降到最少

在当今信息时代，企业很少会因为信息过少而苦恼，随着全员管理方法的引进，当企业员工或顾问向企业提出建议时，新的信息指标总是不断增加。这样，会导致企业高层决策者处理信息的负担大大加重。而平衡计分卡可以使企业管理者仅仅关注少数而又非常关键的相关指标，在保证满足企业管理需要的同时，尽量减少信息负担成本。

二、用战略地图描述组织的战略

1. 规划战略的六步流程

(1)确定股东/利益相关者的价值差距，设定挑战性目标值和必须缩小的价值差距；

(2)调整顾客价值主张，确定能够提供顾客价值新来源的目标顾客群和价值主张；

(3)为持续性结果规划时间表，在规划范围内说明如何缩小价值差距；

(4)确定战略主题(少数关键流程)，把价值差距分配到各战略主题；

(5)确定和协调无形资产，确定在人力资源、信息和组织资本方面的准备度差距；

(6)确定执行战略所要求的战略行动方案并安排预算，为战略行动方案安排预算。

2. 战略地图与平衡计分卡的关系

平衡计分卡与组织的愿景、使命、战略、战略地图、目标指标和行动方案的关系如图4－2所示。

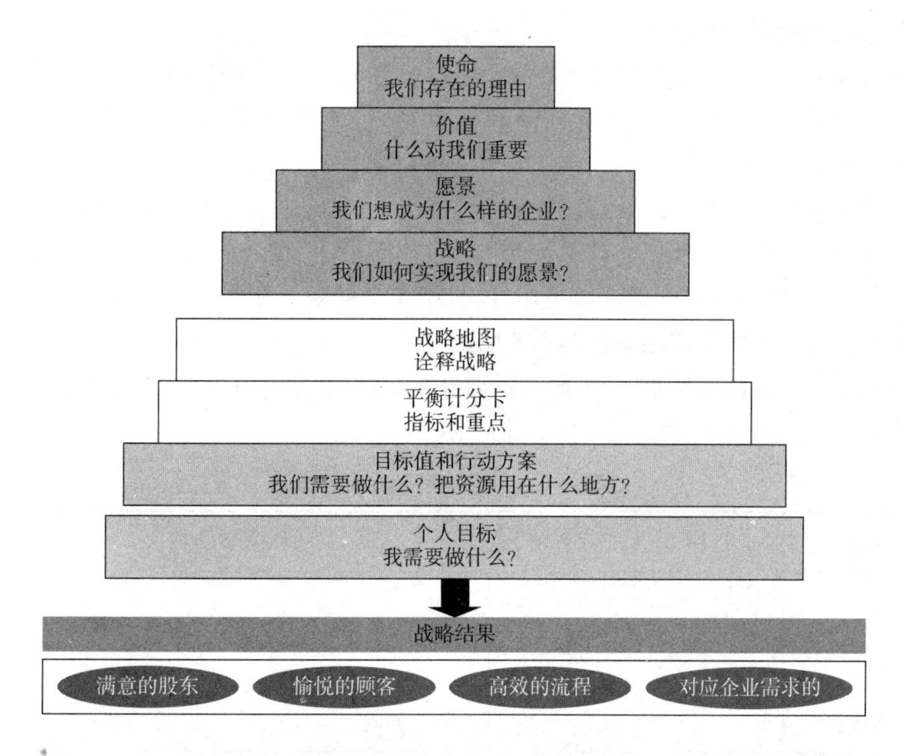

图 4－2　平衡计分卡与战略地图的关系

战略地图说明企业如何创造价值。有关安全健康指标在内部层面和学习成长层面都会涉及。图 4－3 说明了在战略地图中安全健康所在的位置。

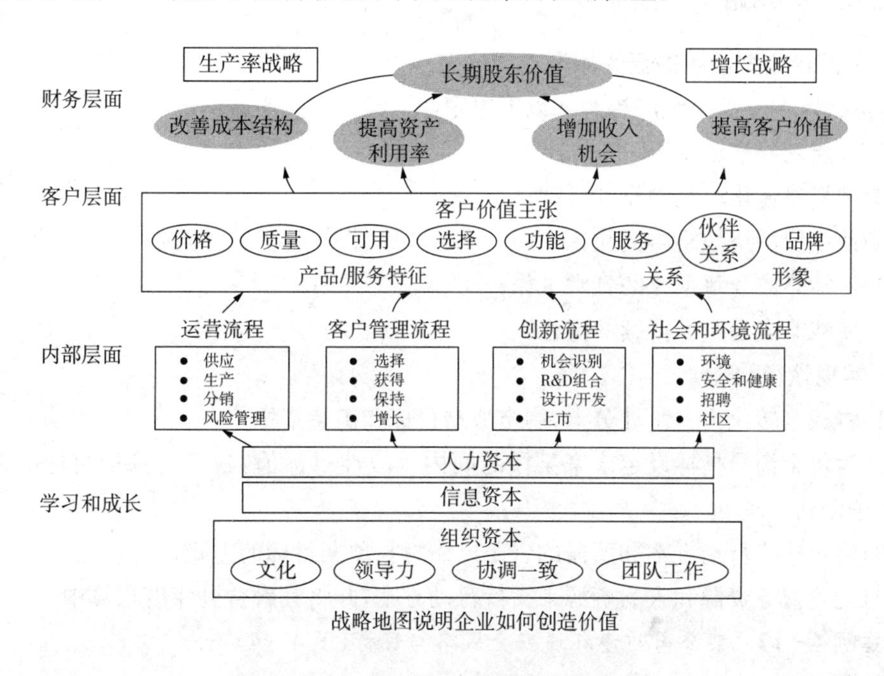

图 4－3　安全健康在战略地图中的位置

3. 明确目标和行动方案

在平衡计分卡中指标设定及考核权重一般设定 10～20 个指标：其中财务指标 40%；顾客指标 15%～20%；流程指标 25%（包括了安全健康指标）；学习成长指标 15%～20%。

明确了组织的战略方向后，要确定安全健康目标。安全和健康业绩目标要考虑企业倾向于用较少且更加标准化的员工安全和健康业绩指标、安全和健康报告主要是由监管要求引发的、意外事故无论是否与工作有关，将安全健康的职业指标纳入企业的平衡计分卡的决策应遵循清晰描述指标体系的原则。

确定了指标后需要按表 4－1 确定行动方案，这也符合 ISO 45001 标准有关目标的管理要求。

表 4－1 指标与行动方案表样

主题	指标	目标值	行动方案
财务			
顾客			
内部流程			
学习成长			

三、打造战略中心型组织

1. 战略中心型组织的五大原则

打造战略中心型组织应当遵守以下原则：

(1)高层领导推动变革；

(2)把战略转化成可操作的行动；

(3)使组织围绕战略协同化；

(4)使战略成为每个人的日常工作；

(5)使战略成为组织持续的流程。

2. 实现途径

(1)将战略转化为平衡计分卡，制定战略目标和衡量指标；

(2)为每个衡量指标设定未来某段时间内挑战性目标值，找出与预期目标的差距并推动促进创新；

(3)确定战略行动方案和所需的资源以缩短与预期目标的差距；

(4)配置财务资源和人力资源来支持行动方案，并将其融合到年度预算中。

【案例 4－1】 某公司质量环境安全战略与目标（图 4－4）

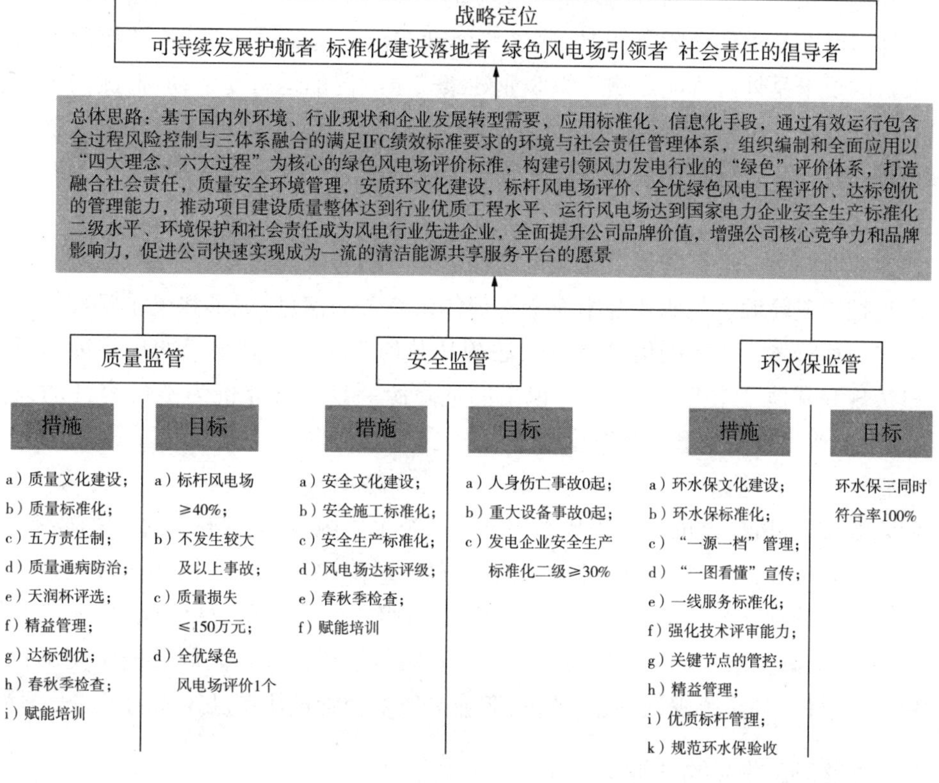

图 4－4 某公司质量安全环保战略与目标

第二节 危险源辨识与风险评价

一、危险源辨识与风险评价的重要性

职业健康安全管理体系实施目的在于控制危害因素，改善组织的职业健康安全绩效。因而全面识别危险源、进行风险评价成为职业健康安全管理体系建立与保持的基础。对评价出的不可容许风险的控制与管理成为职业健康安全管理体系的管理核心。

组织围绕危险源的辨识、风险评价，提出风险控制计划，制定职业健康安全目标、管理方案，并按要求实施、执行控制程序，检查、落实完成情况，一步步按照职业健康安全管理体系要素递次展开。这些管理要素包括危险源辨识、危险评价和危险控制计划、目标、职业健康安全管理方案、运行控制、应急预案与响应和绩效测量和监测等。这一类要素的直接作用对象是与危害因素相关的行为、设施或环境，以改变风险对组织职业健康安全状况的影响为目的，改善组织的职业健康安全绩效。

从这一系列要素的逻辑关系看，危险源辨识与评价的结果，对于不可容许的风险将作为制定目标的输入，通过制定管理方案实现目标，并明确实现目标的方法和时间表；运行控制和应急预案与响应的目的是对所识别的风险有关的、需采取控制措施的运行与活动以及针对潜在的事件和紧急情况，使这些活动在规定的条件下进行；绩效测量与监测这一条款的要求是针对可能影响组织职业健康安全状况的运行与活动，监测的内容包括组织的职业健康安全绩效、目标和有关的运行控制等内容，并对出现的各类问题加以纠正，采取预防措施。这样，在危害因素的管理上就构成了一个 PDCA 循环，成为职业健康安全管理体系的主线。

其他职业健康安全管理体系要素也同样对风险的有效控制发挥作用，如协商和沟通的重点是控制危险源及与职业健康安全管理体系有关的信息；记录和记录管理的重点为记录实施与运行体系所需的信息；法律、法规和其他要求是控制组织的危害因素所适用的法律法规和其他要求等。这样，辨识出的危险源一旦并被评价为不可容许的风险因素，则成为职业健康安全管理体系中的管理核心，对该风险的管理就可从 17 个要素出发全面考查。

危险源辨识、风险评价是初始状态评审的一个主要内容，同时作为体系的要素，又是体系运行的重要环节。企业危险源辨识的充分性、风险评价的准确性和合理性是影响其职业健康安全管理绩效的重要因素，只有识别和评价出了不可容许的风险，才能有针对性地控制，从而减少事故的发生。可以说：危险源辨识、风险评价是职业健康安全管理体系的根基，做好了危险源辨识、风险评价，职业健康安全管理体系已经成功了三分之一。

二、危险源辨识的步骤

危险源辨识的步骤可分为以下几步：

(1)划分作业活动；

(2)危险源辨识；

(3)风险评价；

(4)判断风险是否容许；

(5)制定风险控制措施计划。

1. 划分作业活动

一个组织通常有多种作业活动，对作业活动划分的总要求是：所划分出的每种作业活动既不能太复杂，如包含多达几十个作业步骤或作业内容；也不能太简单，如仅由一、两个作业步骤或作业内容构成。

一般地，可按如下方法划分作业活动：

(1)按生产(工作)流程的阶段分；

(2)按地理区域分；

(3)按生产装置分；

(4)按作业任务分；

(5)上述几种方法的结合。

【案例 4－2】　××火电厂的工作系统为：

(1)锅炉系统；

(2)汽轮机系统;

(3)电气系统;

(4)热工系统;

(5)化学水处理系统;

(6)燃料输送系统;

(7)除灰系统。

然后,对每个工作系统,再划分为若干种作业活动。

【案例4-3】 ××烧结厂的白灰车间作业活动划分

(1)按生产流程的阶段,可分为如下几种作业活动:

1)原料准备,包括:通过铁路把石灰石、煤粉运到现场,卸物,堆放,装斗车,用吊车把原料倒入焙烧窑;

2)烧,包括:混料和鼓风,预热,焙烧,烧后料的清理和皮带输送至破碎车间;

3)破碎,包括:破碎,筛选,电除尘,用汽车把成品运走。

(2)按生产装置分,将电测站的电气操作作为一种作业活动;

(3)按作业任务,将有关维修的内容划分为一种或几种作业活动;

(4)按地理区域,将后勤、办公室区域的活动划分为一种或几种作业活动。

将上述几种方法结合起来,就将白灰车间所辖地理区域内的全部作业活动涵盖了。

2. 危险源辨识的类别

危险源是可能导致伤害和疾病、财产损失、工作环境破坏或这些情况组合的根源或状态。实际工作和生活中的危险源很多,存在的形式也很复杂。安全科学理论根据危险源在事故发生发展过程中所起作用不同,把危险源划分为两大类:在生产过程中存在的、可能发生意外释放的能量(能源或能量载体)或危险物资为第一类危险源;导致能量和危险物资约束或限制措施破坏或失效的各种因素为第二类危险源。

(1)按影响因素可分为:

1)物的不安全状态

物的不安全状态是指机械、装置、元部件等由于性能低下而不能实现预定功能的现象。从安全功能角度,物的不安全状态也是物的故障。物的故障可能是固有的,由于设计或制造缺陷造成的,也可能是由于维修、使用不当,或磨损、腐蚀、老化等原因造成的。物的不安全状态有:

①装置、设备、工具、厂房等;

——设计不良——强度不够;稳定性不好;密封不良;应力集中;外形缺陷、外露运动件;缺乏必要的连接装置;构成的材料不合适;其他。

——防护不良——没有安全防护装置或不完善;没有接地、绝缘或接地、绝缘不够充分;缺乏防护设施和防护设施不良;没有指定使用或禁止使用某用品、用具;其他。

——维修不良——废旧、疲劳、过期而不更新。出故障未处理;平时维护不善;其他。

②物料;

——物理性——高温物(固体、气体、液体);低温物(固体、气体、液体);粉尘与气溶胶;运动物。

——化学性;易燃易爆性物质(易燃易爆性气体、易燃易爆性液体、易燃易爆性固体、易燃易爆性粉尘与气溶胶、其他易燃易爆性物质);自燃性物质;有毒物质(有毒气体、有毒液体、有毒固体、有毒粉尘与气溶胶、其他有毒物质);腐蚀性物质(腐蚀性气体、腐蚀性液体、腐蚀性固体、其他腐蚀性物质);其他化学性危害因素。

——生物性;致病微生物(细菌、病毒、其他致病微生物);传染病媒介物;致害动物;致害植物;其他生物性危害因素。

③有害噪声的产生(机械性、液体流动性、电磁性);

④有害振动的产生(机械性、液体流动性、电磁性);

⑤有害电磁辐射的产生——电离辐射(X射线、γ离子、β离子、高能电子束等);非电离辐射(超高压电场、紫外线等)。

2)人的不安全行动

人的不安全行为是指人的行为结果偏离了被要求的标准,即没有完成规定功能的现象。人的不安全行为也属于人的失误。人的失误会造成能量或危险物资控制系统故障,使屏蔽破坏或失效,从而是导致事故发生。人的不安全行为有:

①不按规定的方法操作——没有用规定的方法使用机械、装置等;

——使用有毛病的机械、工具、用具等;

——选择机械、装置、工具、用具等有误;

——离开运转着的机械、装置等;

——机械运转超速;

——送料或加料过快;

——机动车超速;

——机动车违章驾驶;

——其他。

②不采取安全措施——不能防止意外风险;

——不能防止机械装置突然开动;

——没有信号就开车;

——没有信号就移动或放开物体;

——其他。

③对运转着的设备、装置等清擦、加油、修理、调节

——对运转中的机械装置;

——对带电设备;

——对加压容器;

——对加热物;

——对装有风险物;

——其他。

④使安全防护装置失效——拆掉、移走安全装置;

——使安全装置不起作用；
——安全装置调整错误；
——去掉其他防护物。
⑤制造风险状态——货物过载；
——组装中混有风险物；
——把规定的东西换成不安全物；
——临时使用不安全设施；
——其他。
⑥使用保护用具的缺陷——不使用保护用具；
——不穿安全服装；
——保护用具、服装的选择、使用方法有误。
⑦不安全放置——使机械装置在不安全状态下放置；
——车辆、物料运输设备的不安全放置；
——物料、工具、垃圾等的不安全放置；
——其他。
⑧接近风险场所；
——接近或接触运转中的机械、装置；
——接触吊货，接近或到货物下面；
——进入风险有害场所；
——上或接触易倒塌的物体；
——攀、坐不安全场所；
——其他。
⑨某些不安全行为——用手代替工具；
——没有确定安全就进行下一个动作；
——从中间、底下抽取货物；
——扔代替用手递；
——飞降、飞乘；
——不必要的奔跑；
——作弄人、恶作剧；
——其他。
⑩误动作
——货物拿得过多；
——拿物体的方法有误；
——推、拉物体的方法不对；
——其他。
⑪其他不安全行动；
——作业时精神不集中；

——麻痹大意；

——好奇乱动；

——在不安全处逗留；

——违反劳动纪律。

3)作业环境的缺陷

人和物存在的环境，即生产作业环境中的温度、湿度、风雨雪、视野、色彩、噪声、振动、照明或通风换气等方面的问题，会促使人的失误和物的故障发生。作业环境的缺陷有：

①作业场所——没有确保通路；

——工作场所间隔不足；

——机械、装置、用具、日常用品配置的缺陷；

——物体放置的位置不当；

——物体堆积方式不当；

——对意外的摆动防范不够；

——信号缺陷(没有或不当)；

——标志缺陷(没有或不当)。

②环境因素——采光不良或有害光照；

——通风不良或缺氧；

——温度过高或过低；

——压力过高或过低；

——湿度不当；

——给排水不良；

——外部噪声；

——自然危害(风、雨、雷、电、野兽、地形等)。

③在狭窄场所作业。

4)安全健康管理的缺陷

管理的缺陷是由于制度不健全、检查不到位、人的能力不具备等因素导致人的失误和物的故障发生。管理的缺陷有：

①对物(含作业环境)性能控制的缺陷，如设计、监测和不符合处置方面的缺陷；

②对人失误控制的缺陷，如教育、培训、指示、雇用选择、行为监测方面的缺陷；

③工艺过程、作业程序的缺陷，如工艺、技术错误或不当，无作业程序或作业程序有错误；

④作业组织的缺陷，如人事安排不合理、负荷超限、无必要的监督和联络、禁忌作业等；

⑤对来自相关方(供应商、承包商等)的风险管理的缺陷，如合同签订、采购等活动中忽略了安全健康方面的要求；

⑥违反工效学原理，如使用的机器不适合人的生理或心理特点。

此外还可以从广义的角度对危险分类：

如机械类、电气类、辐射类、物资类、火灾与爆炸类。也可分为物理性、化学性、生物性、心理生理性、行业性、其他等。

(2)按直接原因分类

根据GB/T 13816—2009《生产过程危害和危害因素分类与代码》按直接原因将危险源分为6类：

1)物理性危险源：

①设备设施缺陷，如无防护、防护装置和设施缺陷、防护不当、支撑不当、防护距离不够等；

②电危害，如带电部位裸露、漏电、雷电、静电、电火花等；

③噪声危害，如机械性噪声、电磁性噪声、流体动力性噪声、其他噪声；

④振动危害，如机械性振动、电磁性振动、流体动力性振动、其他振动；

⑤电磁辐射，如电离辐射和非电离辐射、各类射线及紫外线、各类粒子、质子、中子、高能电子束、超高压电场等；

⑥运动物体危害，如固体抛射物、流体飞溅物、反弹物、岩土滑动、料堆垛滑动、气流卷动、冲击地压等；

⑦明火；

⑧能造成灼伤的高温物资，如高温气体、高温固体、高温液体、其他高温物资；

⑨能造成冻伤的低温物资，如低温气体、低温固体、低温液体、其他低温物资；

⑩粉尘与气溶胶；

⑪作业环境不良，如基础下沉、安全通道过缺陷空、采光照明不良、通风不良、涌水、气温过高或过低、气压过高或过低等；

⑫信号缺陷，如无信号设施、信号选择不当、信号不清、信号显示不准等；

⑬标志缺陷，如无标志、标志不清、标志不规范、标志选用不当、标志位置不对等；

⑭其他物理性危害。

2)化学性危险源：

①易燃易爆性物资，如易燃易爆性气体、易燃易爆性液体、易燃易爆性固体、易燃易爆性粉尘与气溶胶、其他易燃易爆性物资；

②自燃性物资；

③有毒物质(有毒气体、有毒液体、有毒固体、有毒粉尘与气溶胶、其他有毒物质)；

④腐蚀性物质(腐蚀性气体、腐蚀性液体、腐蚀性固体、其他腐蚀性物质)；

⑤其他化学性危害因素。

3)生物性危险源：

①致病微生物(细菌、病毒、其他致病微生物)；

②传染病媒介物；

③致害动物；

④致害植物；

⑤其他生物性危害因素。

4)心理、生理性危险源：

①负荷超限，如体力负荷超限、听力负荷超限、视力负荷超限、其他负荷超限；

②从事禁忌作业；

③心理异常，如情绪异常、过度紧张、其他心理异常；

④辨识功能缺陷，如感觉延迟、辨识错误、其他辨识功能缺陷；

⑤其他心理、生理因素。

5)行为性危险源：

①指挥错误，如指挥失误、违章指挥等；

②操作失误，如误操作、违章作业、其他操作失误；

③监护失误；

④其他错误；

⑤其他行为性危险。

6)其他危险源。

(3)按事故类别和职业病分类

根据GB 6441—1986《企业伤亡事故分类》，综合考虑起因物、引起事故先发的诱导性原因，致害物、伤害方式，将危险源分为15类：

1)物体打击：指物体在重力或其他外力作用下产生运动，打击人体，造成人员伤亡事故；

2)机械伤害：企业机动车辆在行驶中引起的人体坠落和物体倒塌、飞落、挤压伤亡事故；

3)起重伤害：指各种起重作业中发生的挤压、坠落物体打击和触电；

4)触电：包括雷击伤亡事故；

5)淹溺：包括高处坠落淹溺；

6)灼烫：指火焰烫伤、化学灼伤、物理灼伤；

7)火灾；

8)高处坠落；

9)坍塌：如土方坍塌、脚手架坍塌；

10)放炮：指爆破作业中的伤亡事故；

11)火药爆炸；

12)化学性爆炸；

13)物理性爆炸；

14)中毒和窒息；

15)其他伤害。

3. 常用危险源辨识的方法

危险源辨识方法有：

(1)基本分析法；

(2)工作安全分析(JSA);

(3)安全检查表(SCL);

(4)预先风险分析(PHA);

(5)危害与可操作性研究(HAZOP);

(6)故障类型和影响分析(FMEA)。

以下主要介绍常用的几种方法。

(1)基本分析法

对于某项作业活动,依据“作业活动信息”,对照危害分类和事故类型(或职业相关病症的类型),确定本项作业活动中具体的危险源。可通过询问、交谈、现场观察、查阅有关记录、获取有关信息进行。

【案例4-4】 电厂磨煤机检修作业危险源辨识作业活动信息(对磨煤机进行检修时的工作过程及环境):

检修人员开出热力工作票,运行人员对给煤机、磨煤机进行停电,“做安全措施”。磨煤机周围噪声较大。磨煤机停电前需先进行甩钢球,甩钢球时需用装载车。检修人员需进入磨煤机本体内检修,并更换衬瓦和钢球,更换衬瓦时需在磨煤机内做跑道,用手拉葫芦将衬瓦拉进磨煤机内。同时还对磨煤机减速机进行解体检修。检修需用叉车搬运重物。检修过程中需电、火焊作业。磨煤机检修完后需按工作票要求进行试转。由给煤机将煤送入磨煤机,系统热风经热风门进入磨煤机,磨出的煤粉进入粗粉分离器后进入细粉分离器。磨煤机的外形尺寸较大,其各零部件均较笨重。

1)每台锅炉有4台钢球磨煤机,共两台炉。磨煤机的检修频率为每周一次。

2)依据作业活动信息,按照基本分析法的思路,考察存在的危险源及其风险:

3)运行人员在停送电操作中,可能误操作,造成人员受电弧伤害和冲击波伤害;

4)长期在磨煤机周围作业,对工作人员的噪声伤害;

5)热风门关不严或未关,造成检修人员高温伤害;

6)甩钢球时,钢球飞出伤人;

7)磨煤机未停止运行就急于作业,造成转动部分伤人;

8)磨煤机内照明电源不规范,造成人员触电;亮度不够,造成人员跌碰伤;

9)通风不够造成检修人员一氧化碳中毒;

10)长期接触煤粉,造成人员患尘肺病;

11)进入现场的作业车辆行驶不当撞伤人;

12)搬运重物不当扭伤人或砸伤人;

13)给煤机落煤口落下杂物到磨煤机内,造成人员伤害;

14)安装跑道槽钢时,固定不牢靠或跑道葫芦不安全,落下伤人;

15)用葫芦起吊衬钢时,人员起吊动作不当,或衬瓦码放不当,造成衬瓦碰伤人;

16)检修人员未固定好上衬瓦,造成落下伤人;

17)地面有油污,造成人员滑倒摔伤;

18)起吊重物时,钢丝绳强度不够或固定方法不当,造成部件损伤;

19)漏油而未按规定动火造成火灾；

20)使用的电焊机漏电，造成人员触电；

21)电焊作业时，个人防护不当造成电弧烧伤，以及吸入电焊尘；

22)使用火焊时明火伤人；

23)氧气、乙炔瓶放置不规范，引起爆炸；

24)检修中使用大锤不当，砸伤人或部件；

25)人员未全部撤出磨煤机就试转，造成人员伤亡。

(2)工作安全分析(JSA)

通过分析组成成员工作任务中所涉及的危险，识别危险源。

选定作业活动将作业活动分解为若干个相连的工作步骤，对每个工作步骤，辨识危险源危险源汇总，定期检查和回顾。

【案例 4－5】 ××电建公司机炉工程处锅炉水冷壁组件抬吊扳立的危险源分析与控制措施策划

1)作业情况

水冷壁为火力发电厂的主要受热面，各施工单位一般都是在组合场内将单片小管排组件预先组合成若干个结构类似的大型组件(该组件刚性较差)，然后用桁架固定后逐一吊装就位。本例所示的组件结构尺寸为长×宽＝50m×4.5m，组件金属总重(包括加固桁架)，约45t，需在组合场内由塔吊(主吊)与履带吊(辅吊)两机共同抬吊扳立后转运至组件的安装位置。此过程中在组件临时垂直搁放时需对加固桁架进行割除。

2)作业主要流程

①吊装前的技术准备工作(包括技术交底、强度校核、吊点选择等)；

②吊装前的检查工作(焊缝检查、脚手架检查、工器具检查等)；

③两机共同抬吊至组件临时垂直搁放(包括履带吊脱钩后对加固桁架的升钩)；

④加固桁架割除；

⑤组件由塔吊转运(垂直)至安装位置；

⑥组合场内清理(该组件抬吊前的搁放位置)。

3)危险源辨识与风险评价

由于该作业过程涉及面较广，故将吊装机械、施工用钢丝绳等方面的作业安全另行考虑。其他见表4－2。

表4－2 东方电建公司机炉工程处锅炉水冷壁组件抬吊扳立作业危险源辨识与评价

编号	危险源	*L*	*E*	*C*	*D*	风险等级	不可容许风险
1	组件吊点不正确，引起组件起吊时产生位移，导致伤人	3	1	15	45	2	不属于
2	氧气、乙炔气体品质不合格，气瓶摆放不合理，发生爆炸伤人	3	2	15	90	3	属于

续表

编号	危险源	*L*	*E*	*C*	*D*	风险等级	不可容许风险
3	抬吊过程中,捆扎在组件上的脚手架因绑扎不牢,倒塌伤人	3	2	7	42	2	不属于
4	两吊装机具协调不一致,导致组件坠落伤人,损坏设备	3	2	40	240	4	属于
5	组件临时垂直搁放时,重心不稳使组件产生位移伤人	3	2	7	42	2	不属于
6	割除桁架时,飞溅的铁水引起火灾,伤人	6	3	7	126	3	属于
7	桁架割除时,操作台栏杆不牢固断裂后引起人员坠落	1	2	15	39	2	不属于

4)对不可接受风险的控制措施

①对编号 2 的风险控制:

——加强氧气、乙炔气体进库前的检验工作,禁用不合格气体;

——氧气、乙炔瓶直立搁放且绑扎牢固,两瓶间距符合“安规”要求;

——氧气、乙炔皮管上采用“阻火器”,以防回火。

②对编号 4 的风险的控制:

——加强组件前的检查工作,组件上的垃圾杂物清理干净,点焊构件牢固,工器具放入工具包且绑扎牢固;

——设立安全区域警示线,并悬挂小红旗,无关人员不得进入该施工区域。

③对序号 5 的风险的控制:

——设专人统一指挥,使用“对讲机”统一频率指挥;

——加强吊装前的技术交底工作,明确各操作工的职责;

——严禁违章指挥或越权指挥。

④对序号 7 的风险的控制:

——地面上各工种人员选择合理的位置,严禁在警示区域内逗留;

——安装工割除时选择合理的方向,做好金属构件下落的保护措施;

——警示区域内严禁摆放易燃易爆物品。

采用工作安全分析法和基本分析法进行危险源辨识:

1)如果某个作业活动可以分解为若干个相连接的作业步骤:——对每个作业步骤,参考危险源类别中前两大类的分类内容,辨识出与此步骤有关的物的不安全状态和人的不安全行动,然后将各步骤中的危害汇总。将整个作业活动作为一个整体,参考危害类别中后两大类的分类内容,辨识出与此作业活动有关的作业环境的缺陷和安全健康管理上的缺陷;

2)将上述辨识出的危险源汇总,汇总中合并同类项;

3)如果某作业活动不能分解成若干个相连接的作业步骤参考危害分类的内容,辨识出与此作业活动有关的物的不安全状态、人的不安全行动、作业环境的缺陷和安全健康管理上的缺陷。

(3)安全检查表(SCL)

为了系统地找出系统中的不安全因素,把系统加以分析,列出各层次的不安全因素,然后确定检查项目,以提问方式把检查项目按系统的组成顺序编制成表,以便进行检查评审,这种表就叫安全检查表。

也就是对于某项作业活动、某工作系统、某种装置,根据有关标准、规程、规范、规定、国内外事故案例、系统分析及研究的结果,结合运行经历,归纳、总结所有的危害、不符合,确定检查项目并按顺序编制成表,以便进行检查或评审的一种方法。

我国很多行业在长期大量实践的基础上归纳制定的安全评价方法对于辨识危害很有帮助。因为评价是针对检查出的问题进行,所以其中的检查部分就是一套系统、完整、实用的安全检查表。

1)安全检查表的倚仗优缺点:

①有充分时间组织有经验的人来编制,可做到系统化、完整化,不会遗漏关键因素;

②可以根据规定的标准、规范和法规,检查遵守情况,提出准确评价;

③表的应用方式是有问有答,给人印象深刻;

④简便易懂,容易掌握;

⑤只能作定性评价,不能给出定量评价结果;

⑥只能对已存在的对象进行评价。

2)编制依据

①有关标准、规程、规范及规定;

②国内外事故案例;

③通过系统分析确定的危险部位及防范措施;

④研究成果。

【案例4-6】 输电线路及电缆安全检查表见表4-3。

表4-3 输电线路及电缆安全检查表

序号	检查项目	检查内容	检查方法	是/否安全
1	电杆及附件	a)电杆无倾斜、断杆、腐烂、下陷; b)横担无倾斜、弯曲、松动; c)绝缘子无损坏; d)瓷轴无破裂及放电现象	现场检查	
2	架空线路	a)无穿越危险场所; b)无障碍物碰线; c)线路弧度符合规定; d)防雷设施完好	现场检查	

续表

序号	检查项目	检查内容	检查方法	是/否安全
3	电缆	a)埋地电缆走向标; b)桩牢固; c)明显; d)埋地电缆处无挖掘痕迹、无生物或腐蚀物堆放; e)电缆头无渗油; f)绝缘良好	现场检查	
4	检查及接地	a)月检查、季节性检测齐全、完整; b)塔杆接地、重复; c)接地良好; d)接地电阻小于10Ω	现场检查 查阅记录 测试	

4. 风险评价

风险评价是评价风险程度并确定风险是否可承受的全过程。风险评价的任务是评价识别出的危害的风险程度,确定不可容许的风险,并给出优先顺序的排列。风险评价的方法有:

(1)定性评价:根据人的经验和判断能力对工艺、设备、环境、人员、管理等方面的状况进行评价。具体方法有风险矩阵、作业条件风险度评价(LEC法)、作业条件风险度评价(MES法);

(2)半定量评价:用一种或几种可直接或间接反映物资和系统危险性指数、人员素质指标等方面;

(3)定量评价:用系统事故发生概率和事故严重程度来评价。用概率值或其他数值来表示风险的可能性。具体方法有事件树分析(ETA)故障树分析(FTA),后面单独介绍。

以下介绍几种常见评价方法。

(1)定性评价

定性评价可用等级表示,可能性等级示例见表4-4,后果等级示例见表4-5。

表4-4 可能性等级示例

级别	可能性	含义	例
4	几乎肯定发生	预计在多数情况下事件每天至每周发生一次	单个仪器或阀门故障; 软管漏泄; 人的操作不当
3	很可能发生	多数情况下事件每周至每月发生一次	两个仪器或阀门故障; 软管破裂;管道漏泄; 人为失误
2	中等可能	事件有时发生,每月至每年发生一次	设备故障和人为失误同时发生; 小型工艺过程或装置完全失效

续表

级别	可能性	含义	例
1	不大可能	事件仅在例外情况下发生	多个设备或阀门故障； 许多人为失误； 大型工艺过程或装置自发失效

表4-5 后果等级示例

级别	后果	损失(影响)			
		员工	公众	环境	设备/元
4	重大	群死群伤	群死群伤	有重大环境影响的不可控排放	设备损失>1亿
3	严重	一人死亡或群伤	一人死亡或群伤	有中等环境影响的不可控排放	设备损失1000万～1亿
2	中等	严重伤害,需医院诊治	严重伤害,需医院诊治	有较轻环境影响的不可控排放	设备损失100万～1000万
1	轻微	仅需急救的伤害	臭味、噪声等,无直接影响	有局部环境影响的可控排放	设备损失10万～100万

风险引发事故造成的损失是各种各样的,损失一般来自以下几方面:

1)职工本人及其他人的生命伤害;

2)职工本人及其他人的健康伤害(包括心理伤害);

3)资料、设备设施的损坏、损失,(包括一定时期内长时间无法正常工作);

4)处理事故的费用(包括停工停产、事故调查及其他间接费用);

5)企业、职工经济负担的增加;

6)职工本人及其他人的家庭、朋友、社会的精神、心理、经济伤害和损失;

7)政府、行业、社会舆论的批评和指责;

8)法律追究和新闻曝光引起的企业形象伤害;

9)投资方或金融部门的信心丧失;

10)企业信誉的伤害、损失,商业机会的损失;

11)产品的市场竞争力下降;

12)职工本人和其他人的埋怨、牢骚、批评等。

以上各类损失,有的是直接损失,有的是间接损失,而间接损失一般远远大于直接损失,其比例就像冰山,水面以下的山体比露出水面的山体大得多。

组织可以根据自身特点、关注的优先事项及事故损失类别,来设定安全健康事故影响的严重程度评分标准。此标准可以是定性的,也可以是定量的,只要能较准确地评估和比较各种风险引发事故的严重程度即可。

(2)风险矩阵

用可能性做横坐标,用后果作纵坐标,将可能性(或频率)和后果的四个级别分别赋予 1、2、3、4 的值,得到用相对数值表示的风险度。风险矩阵示意图见图 4-5。可能性(或频率)和后果与风险度关系见表 4-6。

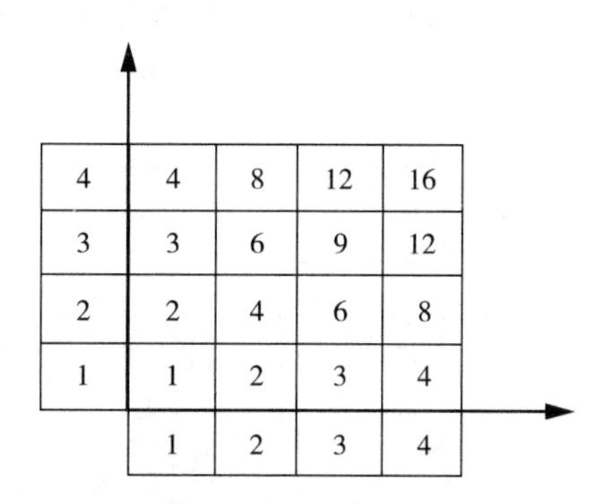

图 4-5 风险矩阵示意图

表 4-6 可能性(或频率)和后果与风险度

承受程度	风险度	控制行动
可忽略	1	无,不监测
可承受	2	无,监测
中等	3～4	控制
显著	6	紧急行动
不可承受	≥9	立即行动

1)根据人员暴露频率和控制措施的情况确定事故发生的可能性,见表 4-7。

表 4-7 事故发生的可能性

控制措施	暴露频率		
	连续或日常/定期(F1)	特殊或偶然(F2)	极少出现(F3)
无控制措施(C1)	非常可能(L1)	中度可能(L2)	可能(L3)
有缓和性控制措施(C2)	中度可能(L2)	可能(L3)	不可能(L4)
有预防性控制措施(C3)	可能(L3)	不可能(L4)	非常不可能(L5)

说明:F1(连续或日常/定期):连续或日常或定期操作,指正常操作情况;
F2(特殊或偶然):指间歇性或不定期的操作,如启动或关闭的情况,每年超过一次;
F3(极少出现):指紧急情况,每年一次或更少;
C2:缓和性控制措施指缓和、减轻事故或事件产生的后果的措施,例如紧急响应计划、培训、指导、警报系统等;
C3:预防性控制措施指预防事故发生的措施,例如机器防护装置等。虽有这类措施,也需要维修与监测。

2)根据伤害程度/性质和伤害人数确定后果的严重程度，见表 4－8。

表 4－8　事故发生的后果

可能性	后果				
	极度伤害(S1)	中度伤害(S2)	伤害(S3)	轻度伤害(S4)	轻微伤害(S5)
非常可能(L1)	不可容许(P1)	不可容许(P1)	严重(P2)	中度(P3)	可容许(P4)
中度可能(L2)	不可容许(P1)	严重(P2)	严重(P2)	中度(P3)	可容许(P4)
可能(L3)	严重(P2)	严重(P2)	中度(P3)	可容许(P4)	可容许(P4)
不可能(L4)	中度(P3)	中度(P3)	可容许(P4)	可容许(P4)	轻微(P5)
非常不可能(L5)	可容许(P4)	可容许(P4)	可容许(P4)	轻微(P5)	轻微(P5)

3)根据可能性和后果的程度确定风险程度，见表 4－9。

表 4－9　事故发生的风险程度

伤害程度/性质	伤害人数		
	大(Q1)	中(Q2)	小(Q3)
严重(N1)	极度伤害(S1)	中度伤害(S2)	伤害(S3)
中度(N2)	中度伤害(S2)	伤害(S3)	轻度伤害(S4)
轻度或轻微(N3)	伤害(S3)	轻度伤害(S4)	轻微伤害(S5)
说明：N1：截肢，严重骨折或挫伤，中毒，复合型伤害，致命伤害，职业性癌症，减短寿命的疾病，急性致命伤病等；N2：外伤，烧伤，脑震荡，严重扭伤，轻微骨折或挫伤，失聪，皮炎，哮喘，工作引起的四肢不适症状，可导致永久性轻微残疾的疾病等；N3：皮外伤，轻微割伤或擦伤，眼部发炎，炎症或不适(如头痛等)，导致轻度不适的疾病等。Q1：5 人以上；Q2：2～4 人；Q3：1 人。这里程度/性质不包括死亡，死亡被该企业视为绝不可出现的灾难。			

4)根据风险程度，确定控制行动计划及时限，见表 4－10。

表 4－10　对风险的控制计划和时限

编号	职业健康安全风险	L	E	C	D	风险等级	不可承受
1	吊装转向架时火车司机与作业人员联系不好碰伤人	3	6	1	18	1	否
2	火车驶入厂房剐伤人	3	6	1	18	1	否
3	电磁吊车吊装重轨突发掉电坠落伤人	6	6	7	252	4	是
4	铁线捆绑,线头乱舞伤人	3	6	1	18	1	否
5	撬棍紧固铁丝,由于铁丝、撬棍热处理不良、强度不合适,身体失去平衡摔伤	6	6	3	108	3	是

(3)作业条件风险性评价法

这是一种简单易行的评价人们在具有危险性环境中作业时的风险程度的方法,它是运用系统风险率有关的三种因素指标值之积来评价人员伤亡风险大小的,这三种因素是:

L——发生事故的可能性大小,取值标准见表 4－11;

E——人体暴露在这种风险环境中的频繁程度,取值标准见表 4－12;

C——一旦发生事故会造成的损失后果,取值标准见表 4－13;

三个分值的乘积用 D 表示,D 值越大,说明风险越大。

D——风险程度,危险程度见表 4－14。

用式(1)表示为:

$$D = LEC \tag{1}$$

表 4－11　发生事故的可能性大小(L)

分数值	事故发生的可能性
10	完全可以预料
6	相当可能
3	可能,但不经常
1	可能性小,完全意外
0.5	很不可能,可以设想
0.2	极不可能
0.1	实际不可能

表 4－12　人体暴露在这种风险环境中的频繁程度(E)

分数值	暴露于危险环境的频繁程度
10	连续暴露
6	每天工作时间内暴露
3	每周一次,或偶然暴露

续表

分数值	暴露于危险环境的频繁程度
2	每月一次暴露
1	每年几次暴露
0.5	非常罕见地暴露

表 4-13 发生事故产生的后果(*C*)

分数值	发生事故产生的后果
100	大灾难,许多人死亡
40	灾难,数人死亡
15	非常严重,一人死亡
7	严重,重伤
3	重大,致残
1	引人注目,需要救护

表 4-14 风险性分析(*D*)

D 值	危险程度
＞320	极其危险,不能继续作业
160～320	高度危险,要立即整改
70～160	显著危险,需要整改
20～70	一般危险,需要注意
＜20	稍有危险,可以接受

此外,*LEC* 法还可修正,*LEC* 法本身没有涉及财产损失和其他损失,如停产损失。我们可以像对伤亡事故一样应用 *L*、*E* 的规定值,而在 *C* 值表中加上财产损失和其他损失的分级定义,这样就可以将 *LEC* 法应用于非人身事故。例如,某电厂把“发生事故产生的后果”分为两栏,一栏是“对人身”,另一栏是“对设备”,对人身仍按原表,而对设备的六级情况分别设定为:

1)电力设施损坏,损失达 1000 万元,或火灾损失达 100 万元;

2)电力设施损坏,损失达 300 万元,或火灾损失达 30 万元;

3)电力设施损坏,损失达 10 万元,或火灾损失达 1 万元;

4)导致机组停运且直接损失在 1 万元以上;

5)导致机组停运;

6)造成设备二类障碍。

不同的行业和组织,应根据自身的情况和特点对财产损失和其他损失的后果分级,避免片面性。针对被评价的具体的作业条件,由有关人员(如车间主任、安全人员、技术人员、工人代表)组成的小组,依据过去的经历、有关的知识,经充分讨论,估定 L、E、C 的分数值。然后计算三个指标的乘积,得出危险性分值。

【案例 4-7】 轨梁厂重轨装车作业危险源辨识、风险评价见表 4-15。

表 4-15 轨梁厂重轨装车作业危险源辨识风险

编号	职业健康安全风险	L	E	C	D	风险等级	不可承受
1	吊装转向架时火车司机与作业人员联系不好碰伤人	3	6	1	18	1	否
2	火车驶入厂房剐伤人	3	6	1	18	1	否
3	电磁吊车吊装重轨突发掉电坠落伤人	6	6	7	252	4	是
4	铁线捆绑,线头乱舞伤人	3	6	1	18	1	否
5	撬棍紧固铁丝,由于铁丝、撬棍热处理不良、强度不合适,身体失去平衡摔伤	6	6	3	108	3	是

5. 不容许风险的确定

根据风险评价矩阵,我们得到关于风险程度的定性描述或在它们的相对数值表示。即:“低”“中”“较高”“高”或 1,2,3,4,6,8,9,12,16。那么,它们中的哪些属于“不可容许的风险”呢?根据 LEC 法或 MES 法我们得到 5 个风险等级,其中哪些级别属于“不可容许的风险”呢?对于通过 FTA 或 ETA 得到的不同概率值,我们也可提出同样的问题。通常情况下要考虑以下方面:

(1)“不容许风险”的确定要依据定义,即依据组织的法律义务和其制定的职业健康安全方针、法律、法规、标准、行业规范等规范性文件为组织提出了很多的要求,这些要求是不能违反的,违反了要求就构成不可容许的危险。

例如以下的危害构成不可容许的风险:让女工从事禁忌作业;在易发生高空落物的场所工作的工人佩戴了质量不合格的、不具备安全资质的厂家生产的安全帽;在有人员工作的现场,施工机械土方开挖后的坡度过大;起重机的钢丝绳强度不够;建筑施工现场照明度不够;化工厂中产生可燃及爆炸性气体处无监测、报警装置或装置不符合要求;进入盛有甲醇残留液的储罐中进行除锈作业前,不测有害气体浓度、不采取通风措施;车间中有毒气体或粉尘浓度超标等。

(2)在判定不可容许的风险时,要注意将违反法律及其他要求与一般的轻微违章区别开来。

例如某企业规定了如下尺度:对于违反国家职业健康安全有关法律、法规、标准及其他要求中硬性指标规定的,如有毒有害气体浓度、粉尘浓度、噪声等级等,列为不可容许风险。对于其他违规,如劳动防护用品穿戴不全一类,凡是组织性行为且涉及的范围较大、后果较为严重的,列为不可容许风险。

法律和其他要求是需要不断完善的。因此可能出现这样的情况:某种工作过程或工作场所存在明显的程度较高的风险,但已有的法律和其他要求却尚未涵盖情况。在这种情况下，组织要依据合理的评价结果将其确定为不可容许的风险，并使其制定的职业健康安全方针适合于其“安全健康危险的性质和规模”。实际上，这种情况本身提出了制定法律和其他要求的需求。

(3)确定不可容许的风险的另一个依据是组织的职业健康安全方针。

不同的方针反映了不同的职业健康安全总体目标、不同的，绩效改善幅度、不同的经济技术实力，即不同的风险控制范围和力度(当确定出的所有不可容许的风险都得到控制，方针才能实现)。

因此，在保证守法的前提下，同样一种风险对于A组织而言可能是不容许的，而对于B组织却可能是可以容许的。

不容许风险的判定原则：

1)以前发生过死亡、重伤、重大财产损失的事故，或轻伤、非重大财产损失三次以上的事故，且现在危害仍然存在，无论风险级别为几级，一律为不可容许的风险。对于曾发生过上述事故，但工艺设备、作业条件等因素已发生变化，不会再有此类事故发生，这种情况不必列入；

2)对于违反国家职业健康安全有关法律、法规、标准及其他要求中硬性指标规定的，如有毒有害气体浓度、粉尘浓度、噪声等级等，列为不可容许风险。对于其他违规，如劳动防护用品穿戴不全一类，凡是组织性行为且涉及的范围较大、后果较为严重的，列为不可容许风险；

3)风险评价级别为一级的定为不可容许风险；二级中不违法的情况，可自行决定是否属于不可接受的风险。

第三节 安全生产标准化

一、开展安全生产标准化的意义

党和政府历来高度重视安全标准化工作。2010年，《国务院关于进一步加强安全生产工作的通知》(国发〔2010〕23号)明确要求“全面开展安全达标，深入开展以岗位达标、专业达标和企业达标为内容的安全生产标准化建设”。2011年5月，国务院安委会发布《关于深入开展企业安全生产标准化建设的指导意见》(安委〔2011〕4号)要求“要建立健全各行业(领域)安全生产标准化评定标准和考核体系，严格把关，分行业(领域)开展达标考核验收；不断完善工作机制，将安全生产标准化建设纳入企业生产经营全过程，促进安全生产标准化的动态化、规范化和制度化，有效提高企业本质安全水平”。2011年，国务院办公厅发布《继续深化“安全生产年”活动的通知》(国办发〔2011〕11号，进一步明确“推进安全达标，强化安全基础”，要求“有序推进企业安全生产标准化达标升级，各有关部门要加快制定有关标准，分类指导、分步实施，促进企业安全生产基础不断强化。”2014年和2015年原国家安监总局先后发布《关于印发企业安全生产标准化工作的评审办法

(试行)的通知》和《关于深化工贸行业企业安全生产标准化工作的通知》对具体实施和考核安全生产标准化工作做出安排。

2016 年 12 月 9 日,中共中央和国务院发布《中共中央国务院关于推进安全生产领域改革发展的意见》要求完善安全生产法律法规和标准体系,规范考核评价体系。大力推进企业安全生产标准化建设,实现安全管理、操作行为、设备设施和作业环境的标准化。

2017 年 2 月 4 日,国务院印发的《安全生产"十三五"规划》主要任务中要求"推动企业安全生产标准化达标升级,实现安全管理、操作行为、设备设施、作业环境标准化。鼓励企业建立与国际接轨的安全管理体系"。

《中华人民共和国安全生产法》第四条明确要求生产经营单位"推进安全生产标准化建设"。开展安全生产标准化是党中央、国务院加强安全生产工作的重要举措;是实现"安全第一、预防为主、综合治理"安全方针和以人为本的科学发展的具体体现;是保护和发展生产力、促进国民经济持续健康快速健康发展的基本条件;是加强安全生产工作的一项基础性、长期性、前瞻性、战略性、根本性工作;是提高企业安全素质的一项基本建设工程,是落实企业安全生产主体责任的重要举措和建立安全生产长效机制的根本途径;是夯实企业安全生产基础,实现企业安全生产工作的制度化、标准化、规范化和科学化,提高企业安全生产水平,保障企业从业人员的安全与健康,促进企业可持续健康发展的需要;有助于对企业的分级管理、分类指导,促进安全生产形势好转,实现长治久安;有利于推动安全生产监督管理部门依法行政、提高安全监管水平。

二、GB/T 33000—2016《企业安全生产标准化基本规范》简介

原国家安监总局陆续在煤矿、危险化学品、烟花爆竹等行业开展了安全生产标准化创建活动,有效地提升了企业的安全生产管理水平。由于各行业的安全标准化工作要求不尽相同,为了对各行业已开展的安全生产标准化工作在形式要求、基本内容、考评办法等方面做出比较一致的规定,充分调动企业的积极性和主动性,结合企业安全生产工作的共性特点,原国家安监总局组织制定了 GB/T 33000—2016《企业安全生产标准化基本规范》(以下简称《基本规范》)。

《基本规范》采用了国际通用的策划、实施、检查、改进、动态循环的现代安全管理模式。通过企业自我检查、自我纠正、自我完善这一动态循环的管理模式,更好地促进企业安全绩效的持续改进和安全生产长效机制的建立。《基本规范》总结归纳了煤矿、危险化学品、烟花爆竹等已经颁布的行业安全生产标准化标准中的共性内容,提出了企业安全生产管理的共性基本要求,既适应各行业安全生产工作的开展,又避免了自成体系的局面。

《基本规范》第一版(AQ/T 9006—2010)由原国家安全生产监督管理总局于 2010 年 4 月15 日公布,自 2010 年 6 月 1 日起施行。新版《基本规范》(GB/T 33000—2016)由原国家质检总局、国家标准化委员会于 2016 年 12 月 13 日发布,2017 年 4 月 1 日起正式实施。

《基本规范》规定了企业安全生产标准化管理体系建立、保持与评定的原则和一般要求,以及目标职责、制度化管理、教育培训、现场管理、安全风险管控及隐患排查治理、应

急管理、事故管理和持续改进8个体系的核心技术要求(1级要素),40个2级要素。

适用于工矿企业开展安全生产标准化建设工作,有关行业制修订安全生产标准化标准、评定标准,以及对标准化工作的咨询、服务、评审、科研、管理和规划等。

三、安全生产标准化的特点和作用

安全生产标准化是吸收、借鉴国内外先进安全生产理念的基础上,采用体系化思想,遵循PDCA动态循环的模式,以风险管理为安全化的核心理念,强调企业安全工作的规范化、系统化、标准化,达到企业安全管理、安全技术、安全装备、安全作业标准化及持续发展的目的,使企业安全管理真正走上新台阶,实现安全生产长效机制。

安全生产标准化具有以下特点:

(1)管理方法的先进性

采用P—D—C—A(策划—实施—检查—改进)的管理模式,通过自我发现、自我检查、自我改进和自我完善的动态循环管理模式,能够更好地促进企业安全绩效的持续改进和安全长效机制的建立。

(2)内容的系统性

基本规范包括了目标职责、制度化管理、教育培训、现场管理、安全风险管控及隐患排查治理、应急管理、事故调查、持续改进八个方面的内容,且这八个方面有机结合,具备系统性和全面性。

(3)较强的可操作性

结合我国已经制定的标准化做法,对核心要素提出了具体、细化的要求,企业通过全员参与规章制度和操作规程的制定并进行定期检查,确保文件规定与企业实际相符合,避免了安全管理的“两层皮”。

(4)广泛的适用性

在多行业标准的基础上提出了具有广泛适应性的共用通用要求。是各行各业安全生产标准化的“基本”标准。

总之,新版《基本规范》体现了先进管理思想和传统管理经验的结合;隐患排查与危险源辨识的结合;持续改进与分组考评的结合。

安全生产标准化对组织的安全管理的作用有:是落实企业主体责任、规范安全生产工作的必要途径;体现安全管理先进思想,提升企业安全生产管理水平的重要方法;是强化企业安全生产基础工作的长效机制;是有效预防控制风险、防范事故发生的重要手段。

四、企业开展安全生产标准化的良好实践

1. 企业推行安全生产标准化的流程

企业安全生产标准化建设流程包括策划准备及制定目标、教育培训、现状梳理、管理文件修订、实施运行及完善整改、企业自评和问题整改、评审申请、外部评审等八个阶段。

第一阶段:策划准备及制定目标

策划准备阶段首先要成立领导小组,由企业主要负责人担任领导小组组长,所有相

关的职能部门的主要负责人作为成员，确保安全生产标准化建设所需的资源充分，负责安全生产标准化建设过程中的具体问题。

制定安全生产标准化建设目标，并根据目标来制定推进方案，分解落实达标建设责任，明确在安全生产标准化建设过程中确保各部门按照任务分工，顺利完成阶段性工作目标。大型企业集团要全面推进安全生产标准化企业建设工作，发动成员企业建设的积极性，要根据成员企业基本情况，合理制定安全生产标准化建设目标和推进计划。

第二阶段：教育培训

安全生产标准化建设需要全员参与。教育培训首先要解决企业领导层对安全生产建设工作重要性的认识，加强其对安全生产标准化工作的理解，从而使企业领导层重视该项工作，加大推动力度，监督检查执行进度；其次要解决执行部门、人员操作的问题，培训评定标准的具体条款要求是什么，本部门、本岗位、相关人员应该做哪些工作，如何将安全生产标准化建设和企业以往安全管理工作相结合，尤其是与已建立的职业安全健康管理体系相结合的问题，避免出现“两张皮”的现象。加大安全生产标准化工作的宣传力度，充分利用企业内部资源广泛宣传安全生产标准化的相关文件和知识，加强全员参与度，解决安全生产标准化建设的思想认识和关键问题。

第三阶段：现状摸底

对照相应专业评定标准（或评分细则），对企业各职能部门及下属各单位安全管理情况、现场设备设施状况进行现状摸底，摸清各单位存在的问题和缺陷；对于发现的问题，定责任部门、定措施、定时间、定资金，及时进行整改并验证整改效果。现状摸底的结果作为企业安全生产标准化建设各阶段进度任务的针对性依据。

企业要根据自身经营规模、行业地位、工艺特点及现状摸底结果等因素及时调整达标目标，不可盲目一味追求达到高等级的结果，而忽视达标过程。

第四阶段：管理文件制修订

对照评定标准，对各单位主要安全、健康管理文件进行梳理，结合现状摸底所发现的问题，准确判断管理文件亟待加强和改进的薄弱环节，提出有关文件的制修订计划；以各部门为主，自行对相关文件进行修订，由标准化执行小组对管理文件进行把关。

值得提醒和注意的是，安全生产标准化对安全管理制度、操作规程的要求，核心在其内容的符合性和有效性，而不是其名称和格式。

第五阶段：实施运行及完善

根据制修订后的安全管理文件，企业要在日常工作中进行实际运行。根据运行情况，对照评定标准的条款，将发现的问题及时进行整改及完善。

第六阶段：企业自评及问题整改

企业在安全生产标准化系统运行一段时间后（通常为3～6个月），依据评定标准，由标准化执行部门组织相关人员，对申请企业开展自主评定工作。

企业对自主评定中发现的问题进行整改，整改完毕后，着手准备安全生产标准化评审申请材料。

2. ××公司风电场安全生产标准化开展情况

××公司是一家新能源企业，坚持将安全生产标准化作为风电场安全管理的重要抓手，由于风电工程均为野外高风险作业，现场有不同的相关方共同作业；风电运行维护也是委托相关方实施。为了统一公司的现场安全管理，××公司结合现场情况和实践经验，编制了《风电工程安全文明施工标准化手册》和《风电场安全生产标准化手册》并正式出版，推行现场安全生产标准化清单式管理，并各工序作业时的危险源、可能的风险、相关法律法规和标准规范的要求、标准化的安全操作要领、控制风险的措施通过标准化形式描述，并设置成二维码在现场公示，现场作业人员只要通过扫码就能知道自己具体的作业过程的安全作业标准化要求。表 4－16 给出了风电场安全生产标准化文件化信息清单。

表 4－16 风电场安全生产标准化文件化信息清单

<table>
<tr><th rowspan="2">安全生产标准化规范条款号</th><th colspan="3" rowspan="2">规范要求及文件和记录说明</th><th colspan="2">实际情况</th></tr>
<tr></tr>
<tr><td>1.1</td><td colspan="3">目标</td><td>已存档</td><td>修编情况</td></tr>
<tr><td rowspan="3">1.1.1</td><td rowspan="3">目标的制定</td><td>1</td><td>公司制定且经主要负责人批准的近 3～5 年安全生产规划文件</td><td></td><td></td></tr>
<tr><td>2</td><td>公司制定且经主要负责人批准的本年度安全生产目标(指标)文件</td><td></td><td></td></tr>
<tr><td>3</td><td>公司制定的安全生产规划文件和本年度安全生产目标(指标)文件发放登记或记录</td><td></td><td></td></tr>
<tr><td rowspan="2">1.1.2</td><td rowspan="2">目标的控制与落实</td><td>4</td><td>公司、部门(分场或车间)、班组自上而下进行的层层分解的安全目标责任书</td><td></td><td></td></tr>
<tr><td>5</td><td>班组、部门(分场或车间)、公司自下而上逐级制定的目标分级控制措施(承诺书)</td><td></td><td></td></tr>
<tr><td rowspan="3">1.1.3</td><td rowspan="3">目标的监督与考核</td><td>6</td><td>公司评级期(一年，下同)内月安全生产简(通)报</td><td></td><td></td></tr>
<tr><td>7</td><td>公司安全目标考核管理办法或实施细则</td><td></td><td></td></tr>
<tr><td>8</td><td>公司安全生产目标完成情况评估及考核相关文档资料</td><td></td><td></td></tr>
<tr><td>1.2</td><td colspan="3">组织机构和职责</td><td></td><td></td></tr>
<tr><td rowspan="3">1.2.1</td><td rowspan="3">安全生产委员会</td><td>9</td><td>公司组建安全生产委员会文件及安全生产委员会制定的相关制度文件</td><td></td><td></td></tr>
<tr><td>10</td><td>公司安全生产委员会按规定定期和不定期召开的会议原始记录</td><td></td><td></td></tr>
<tr><td>11</td><td>公司安全生产委员会重大、重要安全生产事项研究、决定、决策相关文档资料</td><td></td><td></td></tr>
</table>

续表

安全生产标准化规范条款号	规范要求及文件和记录说明			实际情况	
1.2.2	安全生产保障体系	12			
		13			
1.2.3	安全生产监督体系	14	公司设置安全生产监督管理机构文件		
		15	公司安全生产监督管理机构人员明细及机构配备的设施、器材清单		
		16	公司安全生产监督管理机构具有注册安全工程师人员相应证书		
		17	安全监督人员对关键工作、危险工作、重点工作进行现场监督记录		
		18	安全监督人员现场安全监督手册或记录		
1.2.4	安全生产责任制	19	由公司主要负责人签发批准的各级人员安全生产责任制度		
		20	公司相关各级人员安全生产责任制落实情况监督考核记录		
		21	公司安全生产责任追究制度及相应的安全生产责任追究记录		
		22	公司安全生产奖惩制度及相应的安全生产奖惩记录		
1.3	安全生产投入				
1.3.1	费用管理	23	公司上级对公司安全生产费用提取的相关规定文件		
		24	公司制定、印发的年度安全生产费用计划文件		
		25	公司主要领导定期组织有关部门对执行情况进行检查、考核的记录资料		
1.3.2	费用使用	26	公司安全生产费用计划执行情况动态记录资料		
1.4	法律法规与安全管理制度				

续表

安全生产标准化规范条款号	规范要求及文件和记录说明			实际情况	
1.4.1	法律法规与标准规范	27	公司制定的识别和获取适用的安全生产法律法规、标准规范的制度		
		28	公司根据识别和获取的法律法规及时完善本公司规章制度和规程的相关记录记载资料		
		29	公司将识别和获取的法律法规对相关人员进行教育培训的相关记录记载资料		
		30	公司将识别和获取到适用于公司安全生产的安全生产法律法规、标准规范，结合公司安全生产实际，及时转化为本单位规章制度的相关记录记载资料		
1.4.2	规章制度	31	公司安全生产规章制度汇编及由公司主要负责人签发的印发安全生产规章制度文件		
		32	公司安全生产规章制度发放明细记录		
		33	各生产单位、部门相关岗位安全生产规章制度配置明细		
1.4.3	安全生产规程	34	公司配备的国家及电力行业有关安全生产规程		
		35	公司编制的符合现场实际的运行规程、检修规程、设备试验规程、系统图册、相关设备操作规程等有关安全生产规程		
		36	公司安全生产规程发放明细及发放记录		
1.4.4	评估和修订	37	公司每年至少进行一次的对公司执行的安全生产法律法规、标准规范、规章制度、操作规程、检修、运行、试验等规程的有效性进行了检查评估记录		
		38	每年发布的由公司主要负责人审批并以文件形式发布的有效法律法规、制度、规程等清单		
		39	公司每3～5年对有关制度、规程进行一次全面修订、重新印刷并由公司主要负责人批准，以文件形式发布的有关制度、规程清单		

续表

安全生产标准化规范条款号	规范要求及文件和记录说明			实际情况	
1.4.5	文件和档案管理	40	公司制定的执行文件和档案管理制度		
		41	公司主要安全生产过程、事件、活动、检查记录		
		42	公司各生产班组的班长日志、巡检记录、检修记录、不安全事件记录、事故调查报告、安全生产通报、安全日活动记录、安全会议记录、安全检查等安全记录		
1.5	教育培训				
1.5.1	教育培训管理	43	公司以文件形式包括明确安全教育培训主管部门或专责人内容的安全教育培训制度		
		44	公司在制定安全教育培训计划前,按规定及岗位需要,进行安全教育培训需求识别文档资料		
		45	公司制定的且以文件形式印发的年度安全教育培训计划		
		46	公司安全教育培训计划执行情况动态记录和安全教育培训分级管理档案		
		47	公司定期进行的安全教育培训效果评估和提出改进措施的评估报告或相关文档资料		
1.5.2	安全生产管理人员教育培训	48	公司安全生产管理人员名单		
		49	公司主要负责人、主管安全负责人、主管生产负责人、安全生产管理人员经政府安全生产监督管理部门或经国家安全生产监督管理总局认定的具备相应资质的培训机构培训合格证书		
1.5.3	操作岗位人员教育培训	50	公司安全教育培训记录及训考试(核)成绩统计及试卷		
		51	公司工作票签发人、工作负责人、工作许可人考试成绩清单及试卷		
		52	经公司主管生产负责人或总工程师批准的工作票签发人、工作负责人、工作许可人文件		

续表

安全生产标准化规范条款号	规范要求及文件和记录说明			实际情况	
1.5.3	操作岗位人员教育培训	53	评级期内新入厂员工明细和对应的厂、车间、班组三级安全教育培训记录、试卷、档案		
		54	评级期内生产岗位人员转岗、离岗三个月以上重新上岗人员明细和车间和班组安全生产教育培训记录、试卷、档案		
		55	公司从事接触危险化学品岗位人员名单及其安全培训记录、档案		
		56	公司特种(设备)作业人员明细及其按有关规定接受专门的安全培训，经考核合格取得的有效资格证书		
		57	公司因故离开特种作业岗位达 6 个月以上的特种作业人员明细及其重新进行实际操作考核合格记录、试卷		
1.5.4	其他人员教育培训	58	公司相关方人员、劳务派遣人员明细及其安全教育培训记录、试卷、档案		
		59	相关方人员、劳务派遣人员施工作业或从事生产运行所在单位对其进行安全教育培训记录、安全技术交底记录、安全教育培训考试试卷及成绩单		
		60	评级期内公司参观、学习等外来人员统计清单及对参观、学习等外来人员进行的有关安全规定和可能接触到的危害及应急知识的教育和告知及监护记录		
1.5.5	安全文化建设	61	公司安全文化建设规划		
		62	公司、生产部门(单位)安全文化建设实施方案		
		63	公司相关安全文化建设宣传、教育资料		
		64	公司制定的“反违章”制度		
		65	违章处罚考核记录及“反违章”月活动分析记录		
		66	公司生产管理部门、单位及班组安全日活动记录		
		67	部分班组班前会、班后会记录		

续表

安全生产标准化规范条款号	规范要求及文件和记录说明			实际情况	
1.6	生产设备设施				
1.6.1	设备设施管理				
1.6.1.1	生产设备设施建设	68	新、改、扩建电力项目依据国家相关法律法规制定的安全设施“三同时”制度		
		69	建设项目初步设计安全专篇		
		70	建设项目安全预评价备案文件		
		71	建设项目安全验收评价备案文件		
		72	建设项目变更安全设备设施未经设计单位书面同意文件		
		73	建设项目施工单位相关资质证书		
		74	建设项目隐蔽工程检查合格记录资料		
		75	安全预评价、安全验收评价单位的资质证明		
1.6.1.2	设备基础管理	76	本单位制定的设备分工责任制、设备质量管理制度、缺陷管理制度、设备异动管理制度、设备保护投退制度等规章制度		
		77	设备治理规划和年度治理计划及计划执行情况记录资料		
		78	设备异动管理、设备保护投退管理记录、资料		
		79	设备缺陷消缺台账或记录		
		80	备品、备件储备台账		
		81	设备台账、技术资料和图纸等台账		
		82	旧设备拆除制定和落实的拆除方案		
		83	拆除含有危险化学品旧设备清洗记录		
1.6.1.3	运行管理	84	电网调度命令运行值长记录		
		85	各专业运行设备故障统计记录或台账		
		86	评级期内各专业运行设备操作票考核记录(无票操作、操作票合格率等)		
		87	评级期内各专业运行设备定期轮换和试验记录		

续表

安全生产标准化规范条款号	规范要求及文件和记录说明			实际情况	
1.6.1.3	运行管理	88	评级期内各专业运行设备巡检记录		
		89	电气万能解锁钥匙和配电室及配电设备钥匙制度		
		90	电气万能解锁钥匙和配电室及配电设备钥匙使用管理记录		
		91	各专业运行岗位定期反事故演习、事故预想计划及开展反事故演习、进行事故预想记录、资料		
1.6.1.4	检修管理	92	本公司制定的设备检修管理制度		
		93	本公司设备检修组织机构图表		
		94	本公司年度检修进度网络图或控制表		
		95	本公司标准化检修管理，编制的各专业检修作业指导书或文件包		
		96	重大检修项目制定的安全组织措施、技术措施及施工方案		
		97	各专业运行设备检修定期检查记录		
		98	评级期内各专业运行设备检修工作票考核记录（无票作业、工作票合格率等）		
		99	评级期内各专业运行设备检修安全措施及安全措施落实情况考核记录		
		100	本公司设备检修现场隔离和定置管理资料（制度、图表、影像等）		
		101	本公司检修质量控制和监督三级验收制度及各专业设备大、中、小检修三级验收资料		
1.6.1.5	技术管理	102	本公司制定的技术监督管理制度		
		103	公司技术监控（督）网络和各级监督岗位责任制		
		104	本公司制定的年度技术监督工作计划		
		105	各项技术监督台账、报告、活动记录等资料		

续表

安全生产标准化规范条款号	规范要求及文件和记录说明			实际情况	
1.6.1.5	技术管理	106	本公司制定的技术改造管理办法		
		107	设备重大新增、改造项目可行性研究报告、编制的组织措施、技术措施和安全措施		
1.6.1.6	可靠性管理	108	本公司制定的可靠性管理制度		
		109	本公司可靠性管理组织网络体系图表		
		110	本公司设置可靠性管理专职(或兼职)工作岗位的文件		
		111	本公司可靠性专责人员参加岗位培训并取得岗位资格证书		
		112	本公司可靠性采集、统计、审核、分析、报送信息管理系统相关资料		
		113	本公司可靠性管理工作报告和技术分析报告(评价分析设备、设施及电网运行的可靠性状况、提高可靠性水平的具体措施及具体实施方案)		
		114	定期对可靠性管理工作进行总结,并开展可靠性管理自查工作记录、资料		
1.6.2	设备设施保护				
1.6.2.1	制度管理	115	本公司设备设施安全防护体系图表		
		116	公司设备设施安全防护体系定期会议记录资料		
		117	本公司制定的电力设施安全保卫制度		
		118	本公司制定的重要生产场所分区管理准入制度		
1.6.2.2	保护措施	119	电力设施永久保护区台账和检查记录		
		120	本公司制定的生产现场安全保卫制度		
		121	重要电力设施内部及周界安装视频监控、高压脉冲电网、远红外报警等技防系统布置图		
		122	本公司制定的安保器材、防暴装置配置、使用和维护管理制度		

续表

安全生产标准化规范条款号	规范要求及文件和记录说明			实际情况	
1.6.2.3	保卫方式	123	对重要的电力设施和生产场所应采用警企联防方式保卫、检查记录		
		124	组织公司有关人员、安全保卫人员在本单位辖区内现场值守和巡视检查记录		
1.6.2.4	处置与报告	125	重要电力设施遭受破坏后进行处置和报告记录		
1.6.3	设备设施安全				
1.6.3.1	电气一次设备及系统	126	电气一次设备缺陷台账或记录		
		127	针对电气一次设备存在的重大缺陷进行分析资料及制定的安全技术措施		
		128	电气一次设备绝缘监督检查记录		
1.6.3.2	电气二次设备及系统	129	电气二次设备缺陷台账或记录		
		130	继电保护装置及安全自动装置按规定检验记录或资料		
		131	定期测试技术参数的保护记录或资料		
		132	直流系统各级熔断器和空气小开关的定值专人管理制度及责任人		
		133	蓄电池定期进行核对性试验报告或记录资料		
1.6.3.3	热控自动化设备及计算机监控系统	134	热控、自动化设备及计算机监控系统缺陷台账或记录		
		135	工程师站分级授权管理制度		
		136	热工系统自动投入率、保护投入率、仪表准确率、DCS测点投入率统计台账或记录		
1.6.3.9	信息网络设备及系统	137	信息网络设备及系统缺陷台账或记录		
		138	信息网络设备及系统总体安全策略、网络安全策略、应用系统安全策略、部门安全策略、设备安全策略相关资料		
		139	本公司制定的《电力二次系统安全防护总体方案》和《二次系统安全防护方案》		
		140	测试、安全认证本公司安全区间单向横向隔离装置机构的法定资质证书和测试和安全认证报告或文件		

续表

安全生产标准化规范条款号	规范要求及文件和记录说明			实际情况	
1.6.4	设备设施风险控制				
1.6.4.1	电气设备及系统风险控制				
1.6.4.1.1	全厂停电风险控制	141	本公司结合现场实际制定的防止全厂停电事故预防措施		
		142	保护装置误动、拒动及误操作记录及相关资料		
		143	直流系统出现接地等异常情况记录及相关资料		
1.6.4.1.2	发电机损坏风险控制	144	结合现场实际制定的发电机反事故技术措施		
		145	停机过程中和大修中按规定进行的相关试验报告或记录		
		146	发生接地保护报警后采取的相应措施		
		147	出现发电机非同期并网或发电机非全相运行采取的相应措施		
1.6.4.1.3	高压开关损坏风险控制	148	本公司结合现场实际制定的高压开关设备反事故技术措施		
		149	隔离开关进行操作试验、检查记录		
		150	气体管理、运行及设备的气体监测和异常情况分析记录、资料		
		151	高压开关设备防误闭锁装置相关资料		
		152	高压开关定期测量温度记录		
1.6.4.1.4	接地网事故风险控制	153	结合现场实际制定的防止接地网事故预防措施		
		154	设备设施接地引下线设计、施工相关资料、图纸		
		155	接地装置的焊接质量、接地试验记录		
		156	接地装置引下线导通检测记录和分析报告		
		157	高土壤电阻率地区的接地网电阻不合格采取的相应措施		
		158	变压器中性点、重要设备及设备架构接地方式资料、图纸		

续表

安全生产标准化规范条款号	规范要求及文件和记录说明			实际情况	
1.6.4.1.5	污闪风险控制	159	结合现场实际制定的防止污闪事故预防措施		
		160	定期进行输变电设备外绝缘表面盐密度测量、污秽调查和运行巡视记录、资料		
		161	运行设备外绝缘爬距，未与污秽分级相适应采取的相应措施		
		162	电气设备定期清扫记录		
1.6.4.1.6	继电保护故障风险控制	163	本公司结合现场实际制定的防止继电保护事故预防措施		
		164	继电保护技术规程、整定规程、技术管理规定		
		165	继电保护装置和安全自动装置整定记录、资料		
		166	继电保护操作电源系统图纸		
		167	继电保护装置和安全自动装置发生误动、拒动、误碰、误接线、误整定记录、资料		
1.6.4.1.7	变压器互感器损坏风险控制	168	本公司结合现场实际制定的变压器、互感器设备反事故技术措施		
		169	变压器设备选型、订货、监造、验收、投运等过程管理相关记录、资料		
		170	变压器油测试报告		
		171	大型变压器在线监测装置图纸、资料		
		172	在近端发生短路后，进行相应试验报告或记录		
		173	冷却装置电源定期切换记录		
1.6.4.2	热控、自动化设备及系统风险控制				
1.6.4.2.1	分散控制系统失灵风险控制	174	分散控制系统有关技术规程和规定		
		175	本公司结合现场实际制定的防止分散控制系统事故预防措施		
		176	主要控制器冗余配置设备说明书及相关资料 系统电源及接地图纸、资料		
		177	系统有关裕度计算数据、资料		
		178	控制信号电缆选型和接地方式相关资料		
		179	系统软件和应用软件管理相关资料		

续表

安全生产标准化规范条款号	规范要求及文件和记录说明			实际情况	
1.6.4.7	风力发电设备及系统风险控制				
1.6.4.7.1	风机着火风险控制	180	预防风机火灾的管理制度		
		181	机舱、塔筒阻燃电缆产品资料说明书		
		182	定期对母排、并网接触器、励磁接触器、变频器、变压器等一次设备动力电缆连接点及设备本体等部位进行温度探测记录		
		183	定期对风机防雷系统和接地系统检查、测试记录		
1.6.4.7.2	倒塔风险控制	184	风机安装作业指导书及安装记录		
		185	每 3 个月对风机基础进行水平测试记录		
		186	安装作业单位资质证书复印件		
		187	塔筒连接的高强度螺栓检验合格记录		
		188	塔筒螺栓力矩和焊缝验收记录		
		189	塔筒连接部件和防腐情况的检查记录		
		190	定期开展风机基础沉降、塔筒垂直度、塔筒螺栓力矩的检测记录		
		191	暴雨、台风、地震等自然灾害应对措施		
1.6.4.7.3	轮毂(桨叶)脱落风险控制	192	出厂前按要求做的风轮质量不平衡试验、桨叶与轮毂连接螺栓力矩测试、开桨收桨测试、开桨收桨偏移校准、正负流量测试、急停阀测试等记录		
1.6.4.7.4	叶轮超速风险控制	193	风机巡检制度		
		194	风机定期超速保护试验记录		
		195	急停装置定期测试记录		
1.6.4.7.5	齿轮箱损坏风险控制	196	定期进行的油样化验检测报告		
		197	定期进行的振动检测报告		
1.6.4.7.6	风电机组防雷接地风险控制		无须查阅文档资料		
1.6.4.8	其他设备及系统风险控制				

续表

安全生产标准化规范条款号	规范要求及文件和记录说明			实际情况	
1.6.4.8.1	压力容器爆炸风险控制	198	结合本公司实际制定的压力容器管理制度		
		199	压力容器台账、档案(设备规格型号、注册登记、编号、工作介质压力、检测检验记录资料等)		
		200	安全附件(安全阀、表计等)定期校验报告记录资料		
		201	气瓶、液瓶管理制度		
		202	放置液氯、液氨钢瓶、溶解乙炔气瓶场所的温度及防爆装置设置资料		
1.6.4.8.3	燃油润滑油系统着火风险控制	203	润滑油系统设备缺陷台账或记录		
		204	储油罐区、油箱附近、润滑油系统附近消防器材配备配置资料		
		205	消防系统按规定定期进行检查试验记录资料		
1.6.5	设备设施防汛、防灾				
1.6.5.1	制度管理	206	结合本公司实际制定的防汛、防范台风、暴雨、泥石流和地震等自然灾害规章制度		
		207	结合本公司实际制定的防范台风、暴雨、泥石流和地震等自然灾害应急预案		
		208	结合本公司实际制定的防汛、防范台风、暴雨、泥石流和地震等自然灾害规章制度及应急预案宣传教育和培训相关记录资料		
		209	结合本公司实际制定的防灾减灾的责任制和工作机制		
		210	定期防灾减灾预案定期演练计划及演练记录		
1.6.5.2	监测检查	211	定期组织开展抗震减灾安全检查记录资料		
		212	定期进行厂区主要建(构)筑物观测和分析,并开展抗震性能普查和鉴定工作记录资料		

续表

安全生产标准化规范条款号	规范要求及文件和记录说明			实际情况	
1.6.5.3	设防措施	213	地震易发区和超标洪水多发区结合本公司实际制定的电力设施设防标准		
		214	防汛检查及隐患整改计划、记录资料		
		215	厂区防台、防汛设施配备情况资料		
1.6.5.4	技术研究和灾后修复	216	结合本公司实际开展自然灾害防护措施研究相关资料		
		217	结合本公司实际制定的抗灾技术防护措施		
		218	本公司防汛大事记及防汛总结		
		219	自然灾害损坏工程修复记录及相关资料		
1.7	作业安全				
1.7.1	生产现场管理				
1.7.1.1	建(构)筑物	220	厂区建(构)筑物设计图纸及实际布局图		
		221	厂区建(构)筑物防雷装置定期检测报告资料		
1.7.1.2	安全设施	222	生产现场紧急疏散通道布置图		
1.7.1.3	生产区域照明	223	常用照明与事故照明定期切换记录		
1.7.1.4	保温	224	结合本公司实际制定的生产厂房取暖用热源管理、运行、维护检修制度		
		225	生产厂房暖气设计图及实际布置图		
		226	防寒防冻措施检查记录		
1.7.1.5	电源箱及临时接线		无须查阅文档资料		
1.7.2	作业行为管理				
1.7.2.1	高处作业	227	结合本公司实际制定的高处作业安全管理规定制度(含脚手架验收和使用管理规定)		
		228	搭设脚手架人员持有的有效特种作业人员证书		

续表

安全生产标准化规范条款号	规范要求及文件和记录说明			实际情况	
1.7.2.2	起重作业	229	结合本公司实际制定的起重作业和起重设备设施管理制度		
		230	起重设备安全技术档案和设备台账		
		231	从事起重机械设备作业人员持有的有效证件		
		232	起重机械设备维保单位的有效资质证书		
		233	起重机械设备定期维护保养记录		
		234	起重机械设备缺陷台账或记录		
		235	以往重大物件起吊、炉内检修平台的搭设安全防护技术措施		
		236	货物码放或堆放的材料的标准		
1.7.2.3	焊接作业	237	结合本公司实际制定的电焊机使用管理、责任及检查试验制度		
		238	电焊机台账		
		239	电焊机定期维护和消缺记录		
		240	以往焊接作业现场防火措施		
		241	焊接作业人员个人防护用品使用规定		
1.7.2.4	有限空间作业	242	有限空间作业安全措施		
		243	以往有限空间作业气体浓度测试记录		
1.7.2.5	电气安全	244	电气安全用具、手持电动工具、移动式电动机具台账		
		245	电气安全用具、手持电动工具、移动式电动机具定期检测试验记录		
		246	公司购置的电气安全用具、手持电动工具		
		247	移动式电动机经国家有关部门试验鉴定合格证		
1.7.2.6	防爆安全	248	结合本公司实际制定的油区防火防爆管理制度		
		249	油区设备设施和系统缺陷台账或记录		
		250	高压气瓶和安全装置定期检验报告记录		
		251	以往在易爆场所或设备设施及系统上作业，履行工作许可手续，安全措施资料		

续表

安全生产标准化规范条款号	规范要求及文件和记录说明			实际情况	
1.7.2.7	消防安全	252	结合本公司实际建立健全的消防安全组织机构图表		
		253	公司消防安全生产管理制度及责任制度		
		254	公司年度消防安全培训、演习计划及实施情况考核记录资料		
		255	公司消防设备设施定期检查记录资料		
		256	公司消防设备设施定期检测试验记录资料		
1.7.2.8	机械安全		无须查阅文档资料		
1.7.2.9	交通安全	257	公司制定的交通安全管理制度		
		258	结合本公司制定的驾驶人员培训计划及实施情况考核记录资料		
		259	机动车辆或起重机械部分的检验、检测报告记录		
		260	公司通勤车辆对特殊情况的应对措施		
1.7.3	标志标识		无须查阅文档资料		
1.7.3.1	标志标识		无须查阅文档资料		
1.7.4	相关方安全管理				
1.7.4.1	制度建设	261	结合本公司实际制定的承包商、供应商等相关方安全管理制度		
1.7.4.2	资质及管理	262	相关方明细及其安全生产资质条件		
		263	相关方名录、档案及与相关方签订安全生产协议		
1.7.4.3	安全要求	264	公司审查相关方制定的作业任务安全生产工作方案		
		265	公司和相关方对相关方作业人员进行安全教育、安全交底和安全规程考试记录资料		
1.7.4.4	监督检查	266	公司根据相关方作业行为定期识别作业风险，督促相关方落实安全措施记录资料		
		267	公司对两个及以上的相关方在同一作业区域内作业进行协调，组织制定并监督落实防范措施记录资料		

续表

安全生产标准化规范条款号	规范要求及文件和记录说明			实际情况	
1.7.5	变更管理				
1.7.5.1	变更管理	268	公司制定的设备、系统或有关事项变更管理制度		
		269	公司以往变更事项履行变更程序记录资料		
		270	公司制定的永久性或暂时性变更计划		
		271	公司变更控制、变更后培训、变更后的设备进行专门的验收和评估和变更以及变更过程可能产生的隐患进行分析和控制资料		
1.8	隐患排查和治理				
1.8.1	隐患管理	272	公司制定的隐患排查治理制度		
		273	定期进行隐患排查治理统计分析，并按规定将统计分析表报送电力监管机构的报表资料		
1.8.2	隐患排查	274	公司制定的隐患排查治理方案		
		275	公司开展隐患排查治理工作的相关资料		
		276	对排查出的隐患确定等级、登记建档相关资料		
		277	公司制定的隐患排查治理方案执行情况动态考核记录资料		
1.8.3	隐患治理	278	公司对排查出的隐患制定的整改计划措施		
		279	公司隐患整改计划落实动态闭环管理记录资料		
1.8.4	监督检查	280	公司对重大隐患实行挂牌督办的相关资料		
		281	对隐患排查治理过程进行动态监督检查记录		
		282	公司对隐患治理效果进行验证和评估资料		

续表

安全生产标准化规范条款号	规范要求及文件和记录说明			实际情况	
1.9	重大危险源监控				
1.9.1	辨识与评估	283	结合本公司实际制定的重大危险源管理制度		
		284	公司开展重大危险源辨识、评估相关资料		
1.9.2	登记建档与备案	285	公司针对重大危险源辨识、评估结果对重大危险源登记建档资料		
		286	公司对重大危险源定期检查检测记录资料		
		287	公司针对重大危险源辨识结果向电力监管机构和地方政府安全生产监督管理部门的备案文件或文书		
1.9.3	监控与管理	288	公司对重大危险源采取的有效控制措施资料		
		289	公司对重大危险源采取的管理措施和技术措施落实情况动态监督考核记录资料		
1.10	职业健康				
1.10.1	职业健康管理				
1.10.1.1	危害区域管理	290	公司对可能发生急性职业危害的有毒、有害工作场所现场急救用品配置清单；报警装置、应急撤离通道和必要的泄险区设置图		
		291	公司定期进行职业危害检测报告资料		
		292	公司职业健康档案		
1.10.1.2	职业防护用品、设施	293	现场职业健康防护设施、器具存放定置图		
		294	明确现场职业健康防护设施、器具保管责任制度或文书		
		295	现场职业健康防护设施、器具定期校验和维护记录资料		
		296	公司职业防护费用投入计划		
		297	公司职业防护费用使用动态检查考核记录资料		

续表

安全生产标准化规范条款号	规范要求及文件和记录说明			实际情况	
1.10.1.3	健康检查	298	公司开展职业健康宣传教育记录资料		
		299	公司安排相关岗位人员定期进行职业健康检查记录资料		
1.10.2	职业危害告知和警示				
1.10.2.1	告知约定	300	部分公司与从业人员订立劳动合同文本		
1.10.2.2	警示说明	301	公司现场设置的警示标识和警示说明样本		
1.10.3	职业健康防护				
1.10.3.1	粉尘防护				
1.10.3.2	噪声防护				
1.10.3.3	振动防护	302	公司对可产生振动伤害的各种机械设备采取的消振、减振和隔离措施资料		
		303	公司对于单元控制室等处的通风管道与围护结构及楼板间的连接采取的必要减振措施资料		
1.10.3.4	防毒防化学伤害	304	有毒有害物质的辨识，根据储存数量和物质特性，确定危险化学品的分布区域和控制措施资料		
		305	公司对有毒有害物质的辨识，根据储存数量和物质特性，确定危险化学品的分布区域和采取控制措施资料		
		306	危险化学品使用、存储、运输规定或制度		
1.10.3.5	高、低温伤害防护	307	公司对异常高温、低温环境下作业人员劳动防护用品发放明细目录		
1.10.3.6	辐射伤害防护	308	公司制定的电离辐射工作管理制度		
		309	公司存在电离辐射的场所、区域分布图		
1.10.4	职业危害申报				
1.10.4.1	职业危害申报	310	公司向当地主管部门申报生产过程存在的职业危害因素的资料		
		311	职业危害当地主管部门监督检查相关资料		

续表

安全生产标准化规范条款号	规范要求及文件和记录说明			实际情况	
1.11	应急救援				
1.11.1	应急管理与投入	312	结合本公司实际制定的应急管理制度(包括应急投入、应急机构和队伍、预案制定、评级及备案、设施装备及物资、培训、演练、监测预警、响应、信息发布、事故救援、社会支援等方面管理)		
		313	结合本公司实际建立的应急资金投入管理制度		
1.11.2	应急机构和队伍	314	本公司应急工作体系图表		
		315	本公司应急抢险救援队伍组织体系图表		
		316	本公司与相邻公司或当地驻军、医院、消防队伍签订的应急支援协议书		
1.11.3	应急预案	317	按照规定制定的各类各项应急预案文本资料		
		318	本公司制定的应急预案按照相关规定进行评级备案文件资料		
		319	本公司制定的应急预案按照相关规定进行修订和完善记录资料		
1.11.4	应急设施装备物资	320	结合本公司实际情况,建立与有关部门互联互通的应急平台体系和移动应急平台相关资料		
		321	应急平台、应急物资和装备的维护管理记录资料		
1.11.5	应急培训	322	本公司组织应急预案培训记录资料		
		323	本公司组织应急管理能力培训记录资料		
		324	本公司组织对重点岗位员工应急知识和技能培训记录资料		
		325	本公司制定的年度应急培训计划		
1.11.6	应急演练	326	公司制定的3～5年的应急演练整体规划		
		327	本公司制定的年度应急演练计划		
		328	本公司组织开展应急演练记录资料		

续表

安全生产标准化规范条款号	规范要求及文件和记录说明			实际情况	
1.11.7	监测预警	329	结合本公司实际建立的电力设备设施运行情况和各类外部因素的监测和预警相关资料		
		330	本公司获取各类应急信息和及时发布预警信息的相关资料		
1.11.8	应急响应与事故救援	331	本公司制定的突发事件分级标准确定应急响应、结束原则和标准		
		332	本公司制定的应急结束后期工作内容及标准		
		333	以往本公司应急救援工作记录资料（应急响应、应急救援、应急结束、后期处置工作等）		
1.12	信息报送和事故调查处理				
1.12.1	信息报送	334	按照有关规定，结合本公司实际制定的电力安全信息报送管理制度		
		335	明确本公司电力安全信息报送责任部门和责任人的文件		
1.12.2	事故报告	336	评级期内发生电力安全生产事故信息报送相关记录资料		
1.12.3	事故调查处理	337	评级期内发生电力安全生产事故调查处理报告及相关记录资料		
		338	评级期内发生电力安全生产事故执行“四不放过”原则及落实整改措施相关资料		
1.13	绩效评定和持续改进				
1.13.1	建立机制	339	制定的安全生产标准化绩效评定的管理制度		
		340	制定的安全生产标准化绩效评定考核实施细则		
1.13.2	绩效评定	341	定期组织的安全生产标准化实施情况评定报告		

续表

安全生产标准化规范条款号	规范要求及文件和记录说明			实际情况	
1.13.3	绩效改进	342	公司根据安全生产标准化评定结果和安全预警指数系统,制定完善的安全生产标准化工作计划和具体措施		
		343	完善安全生产标准化工作计划和具体措施落实情况动态监督考核记录资料		
1.13.4	绩效考核	344	公司根据绩效评价结果,对有关单位和岗位兑现奖惩的文件及相关记录资料		

第四节　行为观察

观察法是指研究者根据一定的研究目的、研究提纲或观察表,用自己的感官和辅助工具去直接观察被研究对象,从而获得资料的一种方法。科学的观察具有目的性和计划性、系统性和可重复性。常见的观察方法有:核对清单法;级别量表法;记叙性描述法。观察一般利用眼睛、耳朵等感觉器官去感知观察对象。由于人的感觉器官具有一定的局限性,观察者往往要借助各种现代化的仪器和手段,如照相机、录音机、显微录像机等来辅助观察。

美国的人力资源专家拉萨姆和瓦克斯雷在行为锚定等级评价法和传统业绩评定表法的基础上对其不断发展和演变,他们于 1981 年提出了行为观察量表法。行为观察量表法适用于对基层员工工作技能和工作表现的考察。行为观察量表法包含特定工作的成功绩效所需求的一系列合乎希望的行为。运用行为观察量表,不是要先确定员工工作表现处于哪一个水平,而是确定员工某一个行为出现的频率,然后通过给某种行为出现的频率赋值,从而计算出得分。

一、使用原则

用观察法时应注意以下原则:

(1)全方位原则在运用观察法进行社会调查时,应尽量以多方面、多角度、不同层次进行观察,搜集资料;

(2)求实原则观察者必须注意下列要求:

第一,密切注意各种细节,详细做好观察记录;

第二,确定范围,不遗漏偶然事件;

第三,积极开动脑筋,加强与理论的联系;

第四,必须遵守法律和道德原则。

二、适用范围

观察法可以在以下情况下使用：

(1)对研究对象无法进行控制；

(2)在控制条件下,可能影响某种行为的出现；

(3)由于社会道德的需求,不能对某种现象进行控制。

为避免主观臆测和偏颇应遵循以下四条：

(1)每次只观察一种行为；

(2)所观察的行为特征应事先有明确的说明；

(3)观察时要善于捕捉和记录；

(4)采取时间取样的方式进行观察。

三、具体步骤

1. 观察法准备阶段

主要包括：

(1)检查文件,形成工作的总体概念:工作的使命、主要职责和任务、工作流程；

(2)准备一个初步的观察任务清单,作为观察的框架；

(3)为数据收集过程中涉及的还不清楚的主要项目做一个注释。

2. 进行观察

主要包括：

(1)在部门主管的协助下,对员工的工作进行观察；

(2)在观察中,要适时地做记录。

3. 进行面谈

主要包括：

(1)根据观察情况,最好再选择一个主管或有经验的员工进行面谈,因为他们了解工作的整体情况以及各项工作任务是如何配合起来的；

(2)确保所选择的面谈对象具有代表性。

4. 合并工作信息

主要包括：

(1)检查最初的任务或问题清单,确保每一项都已经被除数回答或确认；

(2)进行信息的合并:把所收集到的各种信息合并为一个综合的工作描述,这些信息包括:主管、工作者、现场观察者、有关工作的书面材料；

(3)在合并阶段,工作分析人员应该随时获得补充材料。

5. 核实工作描述

主要包括：

(1)把工作描述分发给主管和工作的承担者,并附上反馈意见表；

(2)根据反馈意见有，逐步逐句地检查整个工作描述，并在遗漏和含糊地方做出标记；

(3)召集所有观察对象，进行面谈，补充工作描述的遗漏和明确其含糊的地方；

(4)形成完整和精确的工作描述。

四、优缺点

1. 优点

观察法的主要优点是：

(1)它能通过观察直接获得资料，不需其他中间环节。因此，观察的资料比较真实；

(2)在自然状态下的观察，能获得生动的资料；

(3)观察具有及时性的优点，它能捕捉到正在发生的现象；

(4)观察能搜集到一些无法言表的材料。

2. 缺点

观察法的主要缺点是：

(1)受时间的限制，某些事件的发生是有一定时间限制的，过了这段时间就不会再发生；

(2)受观察对象限制。如研究青少年犯罪问题，有些秘密团伙一般不会让别人观察的；

(3)受观察者本身限制。一方面人的感官都有生理限制，超出这个限度就很难直接观察；另一方面，观察结果也会受到主观意识的影响；

(4)观察者只能观察外表现象和某些物质结构，不能直接观察到事物的本质和人们的思想意识；

(5)观察法不适应于大面积调查。

五、行为观察在安全管理中的应用

行为安全观察是根据行为纠正理论所创建的一种发现并纠正不安全行为的一种安全工具。行为纠正理论利用正强化、负强化、消退以及惩罚操作性条件反射等手段，影响人行为。

什么要进行安全行为观察？进行安全行为观察可以建立被广大员工所普遍接受的安全理念，形成良好安全文化。有助于制定员工理解并遵守的行为安全准则，规范作业程序。

能够更好地应用科学有效的管理手段与工具，对不安全行为及时纠正。能够让员工在生产作业过程中参与对不安全行为的发现与纠正。

国内外应用表明：应用安全行为观察的企业伤害及意外事件减少50%～60%；降低事故赔偿或损失成本；员工安全意识的提升；增强员工的沟通技巧；培养现场管理人员的管理技巧；传达出管理层对安全的重视。

安全行为观察的具体步骤如下。

(1)编制观察卡

根据企业的生产经营特点及风险特点，确定观察项，设计观察卡。图 4－6 为某企业的“五想五不干”安全行为观察卡。

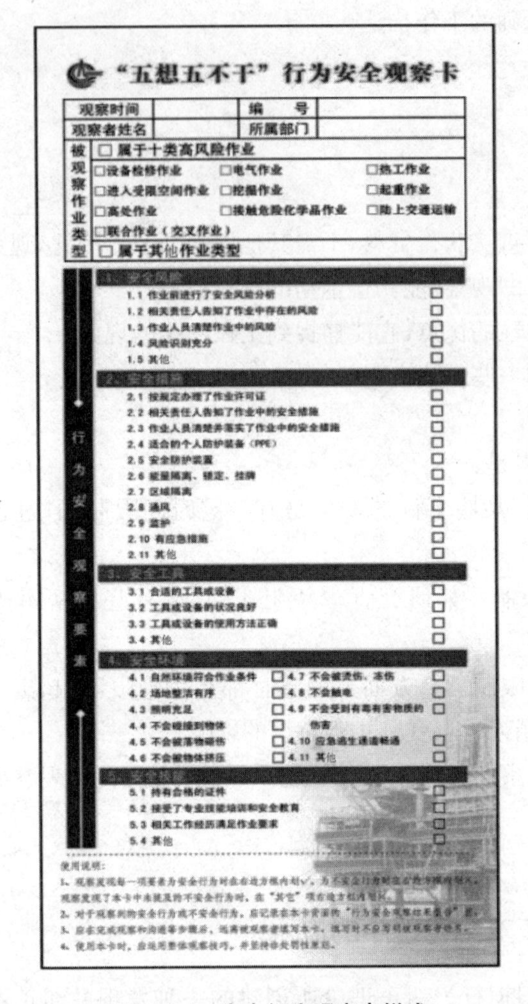

“五想五不干”行为安全观察卡

观察时间		编　号	
观察者姓名		所属部门	

被观察作业类型

□ 属于十类高风险作业

□设备检修作业　□电气作业　□热工作业

□进入受限空间作业　□挖掘作业　□起重作业

□高处作业　□接触危险化学品作业　□陆上交通运输

□联合作业（交叉作业）

□ 属于其他作业类型

行为安全观察要素

1. 安全风险

1.1 作业前进行了安全风险分析 □

1.2 相关责任人告知了作业中存在的风险 □

1.3 作业人员清楚作业中的风险 □

1.4 风险识别充分 □

1.5 其他 □

2. 安全措施

2.1 按规定办理了作业许可证 □

2.2 相关责任人告知了作业中的安全措施 □

2.3 作业人员清楚并落实了作业中的安全措施 □

2.4 适合的个人防护装备（PPE） □

2.5 安全防护装置 □

2.6 能量隔离、锁定、挂牌 □

2.7 区域隔离 □

2.8 通风 □

2.9 监护 □

2.10 有应急措施 □

2.11 其他 □

3. 安全工具

3.1 合适的工具或设备 □

3.2 工具或设备的状况良好 □

3.3 工具或设备的使用方法正确 □

3.4 其他 □

4. 安全环境

4.1 自然环境符合作业条件 □　4.7 不会被烫伤、冻伤 □

4.2 场地整洁有序 □　4.8 不会触电 □

4.3 照明充足 □　4.9 不会受到有毒有害物质的伤害 □

4.4 不会碰撞到物体 □　4.10 应急逃生通道畅通 □

4.5 不会被落物砸伤 □　4.11 其他 □

4.6 不会被物体挤压 □

5. 安全技能

5.1 持有合格的证件 □

5.2 接受了专业技能培训和安全教育 □

5.3 相关工作经历满足作业要求 □

5.4 其他 □

使用说明：

1、[illegible]

2、[illegible]

3、[illegible]

4、[illegible]

图 4－6　安全行为观察卡样式

(2)培训

通过培训使员工掌握安全行为观察方法与技巧。

(3)观察与报告

观察员根据计划，选择观察地点，对生产作业现场进行观察。观察作业人员的安全行为和不安全行为。对于安全行为予以鼓励不安全行为予以纠正，将观察结果填入《观察卡》。

(4)统计分析

安全管理人员定期对《行为安全观察卡》进行统计分析，找出安全管理管理中的薄弱环节，制定相应措施，实现持续改进。图 4－7 是某监理公司“五想五不干”观察结果分析图。

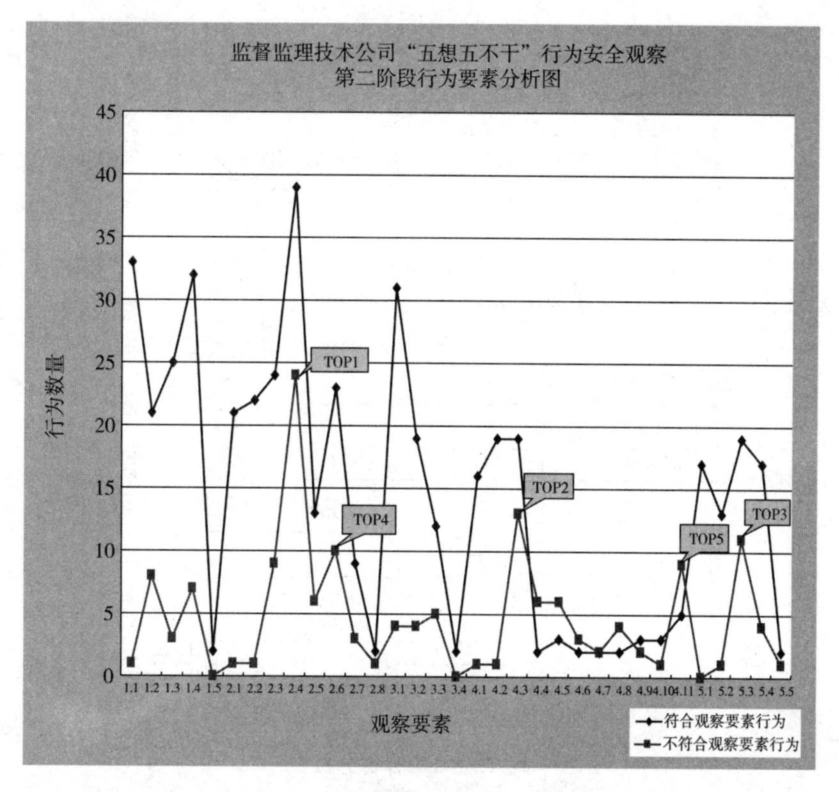

图 4-7 某监理公司"五想五不干"观察结果分析图

第五节 事件树和故障树

一、事件树分析(ETA)

对较复杂系统的风险评价,常用系统安全分析法,例如属于归纳法(由原因而结果)的事件树分析和属于演绎法(由结果而原因)的故障树分析。这两种方法既可用于定性评价,也可用于定量评价。

一个事件树由初因事件和系统事件组成。初因事件是引起事故的起因事件,一个事件树只有一个初因事件。系统事件是由初因事件引起的事件,一个事件树可有多个系统事件。事件序列是表示事件发生过程的一系列符号。图 4-8 是最简单的事件树的基本结构,该事件树由初因事件、两层系统事件和事件序列组成。

事件树是一种从初始原因事件起,分析各环节事件正常或失败和发展变化过程,并预测各种可能结果的方法。

【案例 4-8】 火灾后果事件树分析如图 4-8 所示。

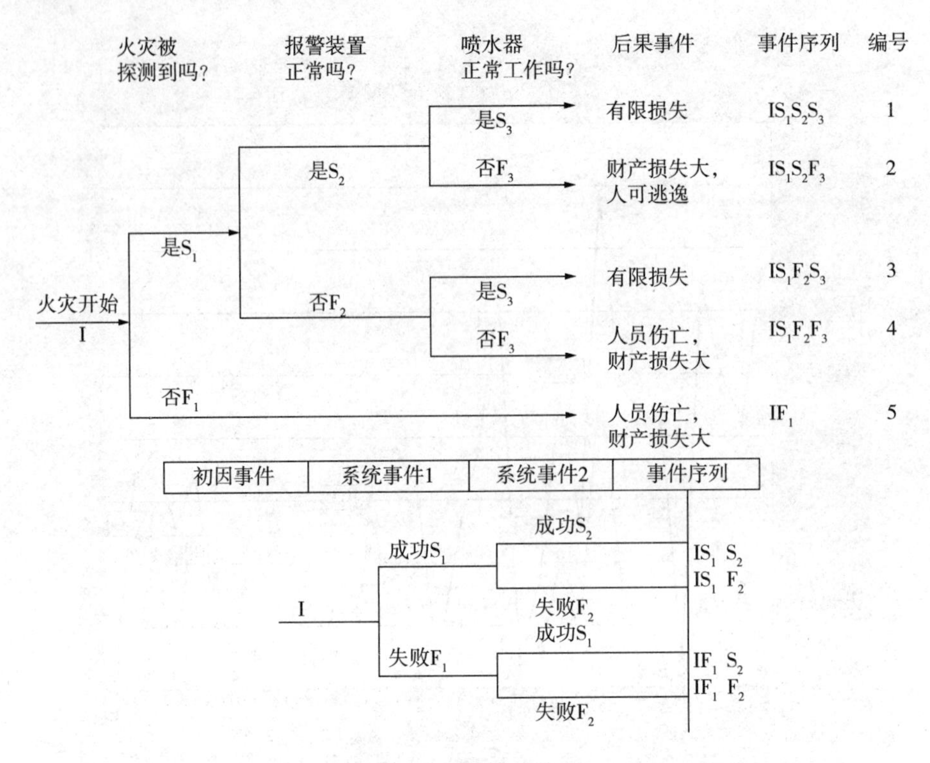

图 4-8　事件树分析

说明：如果知道I、S_1、S_2、S_3 的发生概率，就可求出每种后果的发生概率(其中，如火灾已发生，I=1)。

事件树分析的步骤归纳如下：

(1)确定或寻找可能导致系统严重后果的初因事件，并进行分析，对于那些可能导致相同事件树的初因可归纳为一类；

(2)构造事件树，先构造事件树，再构造系统事件树；

(3)进行事件树的简化；

(4)进行事件序列的定量化。

二、故障树分析（FTA）

故障树分析从故障、失败、事故、损失开始，以逻辑推理的方式分析、找出全部可能的原因因素——失效状态及其逻辑关系。被作为故障、事故等的事件称为顶上事件，其前导事件中是其他事件的结果的事件称为中间事件，不能或不必再继续分解的事件称为基本事件。

故障树分析的几个阶段：

(1)选择合理的顶上事件；

(2)资料收集准备；

(3)建造故障树；

(4)简化或者模块化；

(5)定性分析；

(6)定量分析。

【案例 4-9】 静电引起 LPG 燃爆事故树(见图 4-9)

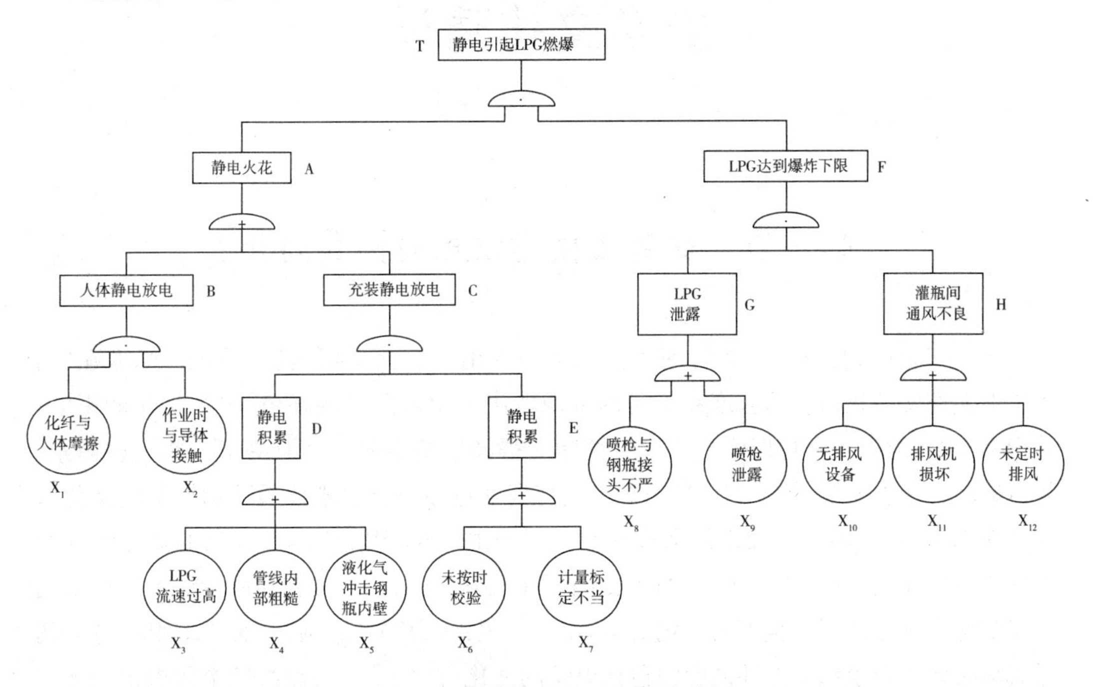

图 4-9 静电引起 LPG 燃爆事故树

说明:图中符号“. ”表示“与”门,意为:当输入(下方)事件同时发生时,输出(上方)事件才发生;符号“+”为“或”门,意为:至少有一个输入事件发生,输出事件就发生。

故障树中的逻辑关系还有:

(1)“非”:输入事件不发生,输出事件就发生;

(2)“顺序与”:输入事件都发生,但满足一定先后顺序,输出事件才发生;

(3)“条件与”:输入事件同时发生且满足某条件,输出事件才发生;

(4)“条件或”:在满足某条件情况下,输入事件中至少有一个发生,输出事件就发生;

(5)“排斥或”:输入几个事件中仅有一个发生,输出事件发生;

(6)“单事件限制”:输入事件仅一个且满足某条件,输出事件发生。

以上的关系都有代表符号。上例中,若知各个基本事件的概率,则所有组合情况下,上一层事件的发生概率可以求得。

第五章 安全文化建设

第一节 安全文化建设相关标准简介

ISO 45001标准第一次在管理体系标准中提出了安全文化建设的要求，标准在“引言”“中强调文件化信息的程度和所需的资源取决于组织所处的环境，包括文化的影响；并指出“职业健康安全管理体系的有效性和获得预期结果的能力取决于一些关键因素，包括最高管理者发展、领导和促进组织中支持职业健康安全管理体系预期结果的文化”；“5.1领导作用与承诺”中要求最高管理者“在组织内培养、引导和宣传支持职业健康安全管理体系的文化。”；在6.1.2.1“危险源辨识”中要求组织建立、实施和保持危险源辨识的过程要考虑领导作用和组织的文化；在7.4.1有关“沟通”的“总则”中对要求组织考虑沟通需求时要考虑组织多无性的面向包括组织的文化；在“10.3持续改进”中要求组织通过“促进支持职业健康安全管理体系文化”来持续改进职业健康安全管理体系的适宜性、充分性、有效性。可见，安全文化建设也是职业管理安全管理体系建立、实施和保持的重要内容。

2010年1月14日，原国家安全监管总局就发布了《关于开展安全文化建设示范企业创建活动的指导意见》(安监总政法〔2010〕5号)，明确了企业开展安全文化建设的指导思想、总体目标和实施要求。要求“以科学发展观和安全发展理念为指导，全面贯彻安全第一、预防为主、综合治理的方针，通过大力加强企业安全文化建设，促进企业落实安全生产主体责任，强化干部职工的安全意识，建立健全安全生产长效机制，提升企业安全管理水平，实现本质安全，有效遏制重特大事故发生，为全国安全生产形势明显好转提供支撑。”这为企业开展安全文化建设提出了政策依据。原国家安全生产监督管理总局还组织编制发布了几项安全文化建设行业标准。

一、《企业安全文化建设导则》(AQ/T 9004—2008)

2008年11月19日，原国家安全生产监督管理总局发布了《企业安全文化建设导则》(以下简称《建设导则》)行业标准。标准适用于开展安全文化建设工作的各类企业，作为其促进自身安全文化发展的工作指南。标准共6章，包括：总则、规范性引用文件、术语和定义(19个)、总体要求、基本要素(安全承诺、行为规范和程序、安全行为激励、安全信息传播与沟通、自主学习与改进、安全事务参与、审核与评估、推进与保障)。标准给出的企业安全文化建设的总体模式如图5－1所示。

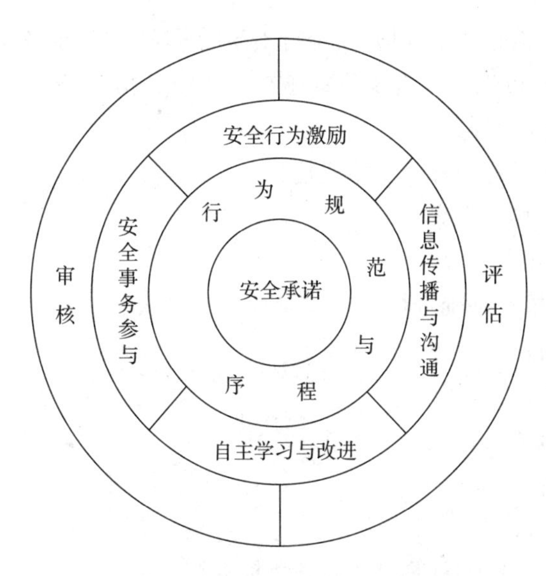

图 5-1 企业安全文化建设的总体模式

《建设导则》要求企业在安全文化建设过程中，应充分考虑自身内部的和外部的文化特征，引导全体员工的安全态度和安全行为，实现在法律和政府监管要求之上的安全自我约束，通过全员参与实现企业安全生产水平持续进步。

《建设导则》要求企业应建立有效的安全学习模式，实现动态发展的安全学习过程，保证安全绩效的持续改进。安全自主学习过程的模式如图 5-2 所示。

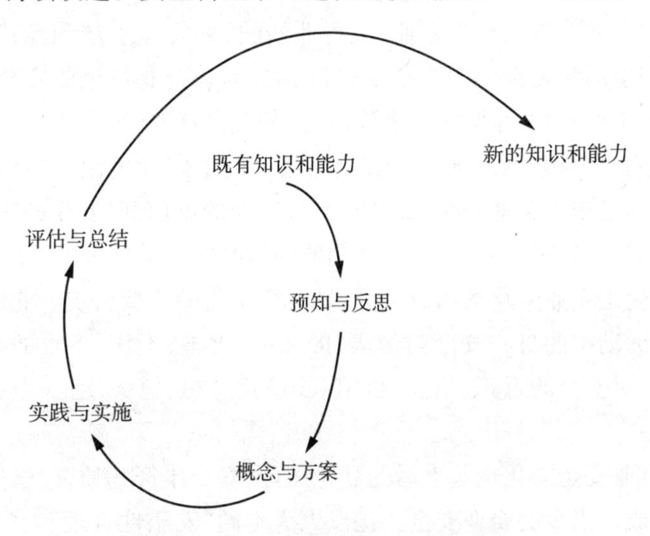

图 5-2 企业安全自主学习过程模式

二、企业安全文化建设评价准则（AQ/T 9005—2008）

2008 年 11 月 19 日原国家安全生产监督管理总局还发布了《企业安全文化建设评价准则》(以下简称《评价准则》)。《评价准则》包括 6 章，即范围、规范性引用文件，术语和定义(6 个)、评价指标(基础特征 8 项、安全承诺 4 项、安全管理 4 项、安全环境 3 项、安全培训与学习3项、安全信息传播3项、安全行不激励3项、安全事务参与4项、决策性行为3项、管理层行业3项、员工层行为4项），还有3项减分指标（死亡事故、重伤事故、违章记录）；标准还规定了评价程序：

（1）建立评价组织机构与评价实施机构；

（2）制定评价工作实施方案；

（3）下达《评价通知书》；

（4）调研、收集与核实基础资料；

（5）数据统计分析；

（6）撰写评价报告；

（7）反馈企业征求意见；

（8）提交评价报告；

（9）进行评价工作总结。

附录中给出了测评方法、计算公式和各指标的权重。

第二节　安全文化建设的形式和方法

一、企业安全文化内涵

企业安全文化，顾名思义是指企业（或行业）在长期安全生产和经营活动中，逐步形成的，或有意识塑造的又为全体职工接受、遵循的，具有企业特色的安全思想和意识、安全作风和态度、安全管理机制及行为规范；企业的安全生产奋斗目标、企业安全进取精神：保护职工身心安全与健康而创造的安全而舒适的生产和生活环境和条件、防灾避难应急的安全设备和措施等企业安全生产的形象；安全的价值观、安全的审美观、安全的心理素质和企业的安全风貌等种种企业安全物质因素和安全精神因素的总和。

企业安全文化是企业文化的组成部分，是安全文化的主要分支。它既包括保护职工在从事生产经营活动中的身心安全与健康，即无损、无害、不伤、不亡的物质条件和作业环境，也包括职工对安全的意识、信念、价值观、经营思想、道德规范、企业安全激励精制安全的精神因素。

一般认为，企业安全文化也是多后的复合体，由安全生产物质文化、安全制度文化和安全行为文化组成。当今的企业安全文化以人为本的“安乐性管理”为中心，以职工安全文化素质为基础所形成的群体和企业的安全价值观（即生产与人的价值在安全取向上的统一），表现在职工中的激励安全生产和敬业精神。建立起“安全第一，预防为主”“尊重人、关心人、爱护人”“惜生命，文明生产”“保护劳动者在生产经营活动中的身心安全与健康”的安全文化氛围是企业安全的文化的出发点，也是最终的归宿。企业安全文化也是广施仁爱，尊重人权，保护人的安全与健康的高雅文化。

要使企业职工建立起自保互爱互救、心和人安，以企业为家，以企业安全为荣的企业形象和风貌，要在职工的心灵深处树立起安全、高效的个人和群体的共同奋斗意识，当今最根本的方法和途径就是通过安全知识和技能教育、安全文化教育。根据企业的特点、安全管理的经验，以建立保护职工身心安全的安全文化氛围为首要条件，依靠先进的安全科技和现代安全防灾的风险控制方法，以新的安全生产营运机制，发展生产，提高效益，实现共同的安全价值观，形成具有各自特色的企业安全文化。

二、企业安全文化建设的形式

在安全文化建设方面可巧用“三种形式”，积极开展社会宣传舆论的监督，努力营造“人人关注安全，人人关爱生命”的氛围，并把推进“全员安全培训工程”的实施作为安全生产的一项重要基础工作来抓，进一步提高全社会安全意识和自我保护能力。

社会宣传形式：以《浙江省安全生产条例》和《刑法》修正案宣传贯彻为重点，加大宣传安全生产的法律、法规，普及安全生产知识。突出“以人为本”的宣传理念，贴近企业、贴近职工、贴近群众。利用短信提示、气象预报 121 平台等各种载体，扩大全社会宣传的覆盖面；做好全国安全生产漫画大赛的后续宣传；制作 10 万册安全年画、挂历、台历，免费发送到基层、农村、社区和企业；充分利用每年 6 月份全国开展的安全生产月活动，面向企业、面向社会、面向广大群众的全方位宣传。

培训教育形式：继续抓好全员安全培训工作，重点抓好对生产经营单位主要负责人、安全管理人员及特种作业人员的上岗资格培训，确保培训考核的质量。同时加强对培训机构的规范管理，加快培训基地建设。

企业教育形式：强化企业内部从业人员，尤其是首次上岗人员的安全生产教育，规范企业安全教育档案，建立健全企业安全培训制度。督促企业必须对从业人员全面开展厂级、车间、岗位三级教育培训，使从业人员掌握必要的安全知识，减少违章作业，提高自我保护能力。

三、企业安全文化建设的思路

企业安全文化建设可以考虑以下几点思路：

(1)贯彻落实安全生产法律法规，强化企业安全生产责任主体意识

企业是安全生产的责任主体，企业法定代表人、企业“一把手”是安全生产的第一责任人。第一责任人要学习和贯彻国家有关安全生产的法律法规，树立“以人为本”的安全管理理念，真正树立和落实科学发展观，切实贯彻落实“安全第一，预防为主，综合治理”的方针，制定和完善企业安全生产方针和制度，层层落实安全生产责任制，完善企业规章制度，加强安全生产监督检查和安全生产“三同时”建设，把安全生产纳入企业发展的总体布局，建立安全生产长效机制。在安全管理制度建设、安全检查、应急预案及安全“三同时”方面要规范化、科学化和制度化。企业安全管理制度建设要遵循合法(符合安全生产法律法规的要求)、合规(遵守安全操作规程)、合理(建立的安全管理制度要有操作性)的要求。

(2)建立职业健康安全管理体系，实行系统安全管理

职业健康安全管理体系是实现系统安全管理的一种有效方法。企业建立并实施职

业健康安全管理体系有以下几点作用和意义：一是，为企业安全管理提供一个科学、有效的管理手段；二是，推动职业健康安全法律法规和制度的有效贯彻和执行；三是，使企业由被动安全管理行为转变为主动自愿管理行为；四是，为企业树立良好的品牌效应和社会形象。当然，建立管理体系，并不是将原有的管理手段、制度、组织机构等彻底推翻，而是应用管理体系标准的框架模式重新构造、安排、组合和完善企业现有的管理体系。将企业现有的管理操作方法与标准要求结合得越密切，所建立的管理体系就越务实，越便于操作。

职业健康安全管理体系的建设就是构建企业安全文化的思路和方法。

如陕西中烟工业公司在建立职业健康安全管理体系工作以来，通过标准规定的初始评审、内审员培训考核、危险源辨识、文件编写、文件初审、文件评审、文件审定等程序规定的工作，依据安全生产法律法规，结合陕西烟草工业系统实际，形成了职业健康安全管理体系管理手册，21 个程序文件，38 个安全管理制度和 42 个重点岗位安全操作规程。职业健康安全管理体系文件化的建设遵循了"充分性、有效性、适宜性"的贯标原则，体现了"安全第一，预防为主"的安全工作方针，落实了"谁主管，谁负责"的安全管理原则。体系文件基本覆盖了公司及各单位安全生产工作实际，安全文化建设以职业健康安全管理体系为载体，取得了较好的效果。

职业健康安全管理的显著特征是系统化管理，是以系统安全思想为基础，从企业的整体出发，把管理的重点放在事故预防的整体效应上，这就是"关口前移"的安全管理思想，管理的核心是系统中导致事故的根源——危险源，通过危险源辨识，风险评价，风险控制来达到最佳安全状态。当然危险源是动态的、变化的，物的不安全状态、人员自身安全行为、管理上的缺陷、环境因素等都是导致危险的状态或根源。人员的培训、意识和能力是体系有效运行的保障。

职业健康安全管理体系文件为企业安全发展提供的途径。文件从管理制度、管理方法、管理职责、管理途径等方面，对安全生产管理做了系统的阐述，体系现代安全管理的要求。通过体系各要素(共 17 个要素)的运行，收集并积累体系有效性和符合性的证据，建立的体系是否能起到控制风险的作用，需通过要素的运行来验证。同时，通过绩效测量和监视、审核、管理评审、不符合纠正与预防措施等要素的实施，充分发现文件和体系运行中存在的问题，从而实现职业健康安全管理体系的初步完善和持续改进。

(3)推进班组安全文化建设

班组是企业构成的基本单元，企业安全管理制度的有效运行离不开班组成员的参与和支持，班组成员对设备或工作环境是最了解的，控制好班组安全管理是保障企业顺利实施各项安全管理的基础。为此，做好班组安全文化建设尤为重要。在班组安全文化建设方面，企业应根据各自的生产情况、工艺流程、设备状况、工作环境现状、工作现场危险危害因素等具体情况，通过培训将这些因素如实告知职工，并采取相应的措施，激励和鼓舞班组成员参与班组安全管理和安全文化建设中去，通过班组日常安全合规的安全行为杜绝不安全事故的发生。

安全文化建设离不开对职工的安全教育与培训。培训、意识和能力是提高职工安全意识和安全防范能力的重要手段，提高职工的安全意识是安全文化建设的目的。对于新进厂、换岗、复岗等人员要切实组织好“三级”安全教育和岗位安全教育。培训的目的是要让职工提高安全意识和安全防范技能，也要让职工知道自己的安全职责，尤其是突发事故(事件)处置过程中自己的安全职责。

在开展全员、全方位系统的安全教育培训，积极宣传国家和行业有关安全生产方针、政策、法律法规，宣传推广先进典型和经验，推进企业安全文化建设，树立“安全发展，国泰民安”的理念，营造“遵章守法，关注安全，关爱生命”的良好氛围，塑造“学习型企业，知识型员工”的企业形象。

企业建立安全文化就是要实现安全生产工作从被动防范向源头治理转变；实现安全生产工作从集中开展专项整治向规范化、制度化管理转变；实现安全生产工作从事后查处向强化基础转变；实现安全生产工作从控制伤亡事故为主向全面做好职业安全健康工作转变，为安全发展奠定坚实的基础。

四、企业安全文化建设的方法

企业安全文化建设可采取以下方法：

(1)领导垂范法

企业文化是企业领导人的哲学，必须由企业的最高层领导抓起。塑造安全生产价值，靠的是领导人去躬亲实践他想要培植的价值观，一往无前，诚恳踏实，持之以恒地献身于这些价值观。领导垂范要从细节做起。在深入生产作业现场时，也规范着装、“两穿一戴”；领导垂范要从保证过程的公正公平做起。在安全生产上一视同仁，确保制度面前人人平等，对事不对人，使每个职工在制度面前得到平等对待和人格尊重；领导垂范要从最困难的工作做起，从最不好落实的问题示范起。在安全工作最困难的局面下，要不屈于误解，勇于承担责任，以不言放弃的精神推行安全价值观。

(2)营造氛围法

安全理念是企业安全文化建设的核心，是开展安全生产工作的行动指南，它代表了尊重员工的价值、理解员工需求、关爱员工身心健康、实现员工自我的安全价值取向。要通过各种方式、组织专班征集，不断丰富安全文化理念内涵，完善体系，要通过编制安全文化手册、举行安全文化导入仪式、举办专题讲座等活动，对业已形成的安全文化理念大力的灌输。大力开展安全文化环境建设。充分利用公司网络、内部报刊抓好宣传教育和舆论监督，通过开办“安全论坛”提供安全思想的沟通交流，通过“曝光台”形成让违章者面上无光的舆论压力；制作富有哲理和人性化的安全警示牌、贺卡，悬挂和摆放在办公场所、办公桌、生活小区，时该提醒员工注意安全；按照规范划、标准化、定置管理的原则，在电力设施、施工现场悬挂好“禁止合闸，线路有人工作”“止步，高压危险”“必须戴安全帽”等禁止标志、警告标志、指令标志；积极培育安全亲情文化，唤醒职工的主体意识，使职工在亲情、关爱的浓厚氛围中增加安全意识和安全生产自觉性，用爱心筑牢安全的第二道防线。

(3)造就楷模法

发掘和培植安全生产先进典型，寻找企业“平凡英雄”“平凡英雄”是安全价值观的人格化，其是企业中其他成员可仿效的榜样，能使员工在潜移默化中接受公司安全文化，规范自我安全行为。要树立潜心学习，耐心细致，苦练技术的学习典型；要树立安心本职，言传身教，勇于纠章的工作典型；要树立立足岗位，技术革新，流程再造的创新典型；要树立夯实基础，狠抓管理，从严治企的实干典型，用典型带路，大张旗鼓宣传他们的美好的品格和模范事迹，引发人们的“内省”与共鸣，从而起到强烈的示范作用，就像一面旗帜，引导人们的行动，化为职工的“精、气、神”和推动安全生产的强大动力。

(4)利用事件法

安全文化要被广大员工接受，需要良好的契机，时机不同，所取得的效果可能完全不同，敏感地把握事件时机，为企业安全生产造势，是推行企业文化一个重要手段。可以结合社会、行业、企业内部新近发生的重大安全事故，展开举一反三，多层次的剖析，进行深入的大讨论，给员工带来心灵的震撼和教育；围绕企业内部安全生产重大事件，如实现长周期安全记录、出台新的安全举措等，精心做好策划，形成宣传强势，让员工在成绩中受到鼓舞，在信心中认同安全价值观。

(5)制度牵引法

没有规矩，不成方圆，要以制度为牵引，全面规范约束员工行为，提升全员安全水平。

在安全性评价的基础上，建立健全《安全能力评估》《员工安全信誉等级评价》《安全风险评估》等制度，规定将员工的安全能力、安全信誉、承担的安全风险作为岗位调整、薪酬分配的依据，使员工承认等级的差别，接受风险共担、利益共享的安全理念。确保制度的执行力不亚于出台一两个好的制度，安全制度建设要真正体现以人为本，遵循心灵契约、共赢平台的原则，对现有制度中激励不足、规定不明等方面问题进行全面梳理、详尽修编，做到奖得心动，罚得心痛，职责清晰，做事舒畅。倡导职工参与制度的修编，提高操作者对安全规章制度的认识，增强遵章的自觉性。

(6)特色活动法

充分发挥活动的文化载体作用，围绕“爱心活动”“平安工程”，策划组织“我经历的一次事故”为主题的报告会，以现身说法方式，深刻剖析事故之害，心灵之痛，达到教育员工、感化员工的目的；班组是企业文化建设的主战场，抓好班组安全学习和培训，开展示范性安全学习活动，制作1～2个具有示范作用的班组安全学习会和典型事故案例多媒体，在各基层班组中播放；定期聘请心理咨询专家进行员工安全心理诊断，根据员工安全心理状态，理顺情绪，释放压力；开展“安全生产流动红旗单位评比竞赛”活动；确定每年6月为公司安全宣传教育月，广泛开展安全生产文艺汇演，开展“安全在我心中”或“我用我心话安全”演讲会，安全救护演习，安全生产书法、漫画、摄影展等活动。

(7)行为激励法

激励是行为的金钥匙，在生产过程对保护自己、他人和物资设备健康安全的行为采取激励措施，可引导职工把安全需要作为一种自觉的心理活动和行为准则。这些行为包括：与违章行为做斗争；时刻提醒、指正同伴的不安全操作；发现重大安全隐患；关心安全生产、积极献计献策；勤于思考、勇于探索，发明解决安全难题的新技术、新方法；做好自身的防护措施，出色完成工作任务等，激励采取精神鼓励与物质奖励相结合，使企业所倡导的行为不断强化，发扬光大，形成自觉。

五、安全文化建设应注意的问题

安全文化是企业干部职工在安全生产实践中形成的具有本企业特色的安全理念和行为准则以及相应的规章制度和组织体系。在实际工作中，存在以下10个不等式。

1. 安全文化不等于企业文化

在搞好安全文化建设的同时，必须抓好企业文化建设。要通过抓安全文化建设，以有形或无形的渠道，以正式或非正式的传播方式，在企业干部职工中树立一种全新的"安全生产、以人为本"的企业文化理念，以此推进企业文化建设向深层次发展。

2. 安全文化不等于安全管理

安全文化与安全管理是互相不可取代的。它们都是为了安全生产，但各自的目标值、广度及深度大不相同。安全文化与安全管理是有机的统一，安全文化来源于安全管理，安全管理又提炼了安全文化，丰富了安全文化的内容和理念。

3. 安全理念不等于安全生产

在铁路企业生产过程中，安全理念的确立是第一位的，而安全生产活动则是第二位的。也就是说，安全理念形成才能确保企业安全生产；反之，安全生产就会大打折扣。

4. 建设安全文化不等于创建学习型组织

搞好安全文化建设工作，首先要组织编写《安全文化手册》，这是最基础的工作。同时，学习型组织创建工作能够与安全文化建设相辅相成、相得益彰，共同取得成果。以安全文化建设为突破口，全面带动企业文化建设向前发展，以企业文化建设为纽带，促进学习型组织创建工作的不断深入。

5. 继承不等于创新

在安全文化建设中，一方面要继承和发扬过去在安全文化建设中创造和总结的好经验、好做法；另一方面，要与时俱进，不断创新，虚心学习和借鉴兄弟单位的先进做法，使安全文化在安全生产管理中发挥应有的作用。

6. 思想教育不等于经济处罚

要把思想教育与经济处罚有机地结合起来，做到经济处罚与思想教育同步进行，在经济处罚中深入做好思想教育工作，在思想教育中合理利用经济处罚手段。

7. 安全文化建设不等于思想政治工作

安全文化建设和思想政治工作既有区别，又有联系。安全文化属于管理方法范畴，思想政治工作属于政治思想教育范畴。企业开展的形式多样的安全思想教育工作，全部都是安全文化建设的内容。

8. 政工部门不等于生产部门

安全生产涉及方方面面，安全文化同样如此。搞好安全文化建设，既需要政工部门，又需要生产部门。政工部门和生产部门要通力合作，密切配合，全力以赴搞好安全文化建设，以此确保安全生产工作的健康、有序、稳定发展。

9. 领导带头不等于群众参与

各级领导干部要把加强安全文化建设作为强化安全管理的一项重要举措，主动、积极、自觉地学习、宣传和实施安全文化，把安全行为规范落实到日常工作中，切实发挥模范作用。同时，搞好安全文化建设也离不开全体员工的积极参与。只有广大职工在共同参与中互相学习、互相促进，安全文化建设才能不断引向深入，才能有深厚的群众基础。

10. 健全机制不等于监督考核

安全文化作为一项先进的管理方法，要使其在安全生产过程中发挥应有的作用，必须建立健全安全文化建设检查监督考核机制。企业应设立安全文化建设专项资金，用于安全文化建设奖励，做到专款专用。企业要制定安全文化建设考核办法，检查考核结果要严格按照安全文化建设奖罚考核办法落实兑现。企业要从制度上保证安全文化建设能够深入、持久开展，并且取得明显成效，促进安全生产工作的可持续发展。

第三节 安全文化建设方案

安全文化建设是一个系统的涉及组织多方面的长期的工作，在组织安全管理专项战略中要有安全文化建设的要求。在战略的基础上要制定开展安全文化建设的方案，包括指导思想、目标、组织保证与职责、具体方案及实施安排。

以下是某新能源企业制定了《安全文化建设方案》。

××公司安全文化建设实施方案

安全文化是全体员工对安全工作的特性认知和态度的集中表现，这种集合所建立的就是安全高于一切的优先权。××公司成立9年来，安全管理从无到有、从弱到强、从非正式到正式、从单打独斗到齐抓共管，从粗放管理到标准化管理，从标准化管理到精益管理，积淀了较为深厚的安全文化底蕴，但是当前面临××主战场转移建设难度增大、电价下调等新的形势、新的任务、新的挑战，要想在激烈的市场竞争中取胜，把公司做大做强，实现跨越式发展，就必须树立“文化兴业”的管理理念，要对原有文化进行整合和创新，营造培育先进的安全文化，积极推进安全文化建设，促成安全文化氛围，形成安全健康长远的发展环境。

一、总体思路

通过安全文化建设，形成员工积极参与，相关方认同和集团公司认可的安全管控局面；通过广泛开展安全文化进项目、进电场、进班组、进岗位、进家庭活动，不断创新安全文化建设模式；树立安全文化建设标杆，促使全员的安全知识、安全意识、安全能力、安全素质得到普遍提高，创建本质安全型部门、本质安全型单位、本质安全型班组、本质安全型员工；通过学习和借鉴行业内优秀的安全管理思想和安全文化理论，结合我公司安全管理实际，经过提炼总结，逐步形成安全文化的价值体系，做到内涵丰富、系统完善、个性鲜明，逐步形成上下齐心、知行合一的安全文化，推动公司安全、健康发展。

二、工作目标

总结提炼形成公司的安全文化理念，得到广大员工普遍认同并自觉执行。通过宣传、教育、奖惩、形象、标识、安全活动与安全管理理念的有机结合，创建群体安全氛围，形成适应于××的安全文化属性，规范改进员工安全行为，促进安全理念文化、安全制度文化、安全行为文化、安全评价体系的完善和提高；提高全员的安全意识和安全技能，实现由“他律”到“自律”的自我管理。通过对相关方施加影响，实现“以遵章守纪为荣，以违章违纪为耻”的安全文化环境，为实现本质安全提供精神动力和文化支撑，确保公司的长治久安。

三、组织保障

为了加强对安全文化建设的组织领导，公司成立安全文化建设领导组。

（一）安全文化建设领导组

组长：略

成员：略

领导组下设办公室，办公室主任：×××

办公室主要负责安全文化建设工作方案的制定和策划、组织、宣传、培训、推动、检查、考核等日常工作。

（二）安全文化建设领导组职责

1. 负责提炼公司安全文化核心理念、安全愿景、安全价值观、安全目标；

2. 确定安全文化体系建立的模式和推行办法；制定推行安全文化体系考核管理办法；

3. 组织安全文化理念和体系建设培训；宣传安全文化理念、指导安全文化体系建设；

4. 对各分子公司的安全文化建设情况做出客观评价。

（三）相关职责

1. 公司行政人事部和技术中心安全与质量管理部负责安全文化的集中培训和宣贯，提高全体干部、员工对安全文化重要性的认识；公司技术中心安全与质量管理部负责对各单位安全文化建设情况进行抽查和督促；

2. 各分、子公司负责本单位安全文化的推广宣传工作，利用微信、视频、专刊、标语、板报等形式，营造安全文化氛围，使安全文化尽快深入人心。各分公司安全管理部门组织工程、生产等相关部门对各相关方现场安全文化建设情况进行督查和考核；

3. 要求各现场以班组建设为基础，把推进安全文化建设的具体措施融入班组安全管理活动中，加强基础工作的落实，切实把安全文化融入日常管理工作中。

四、安全文化建设内容

（一）构建安全文化理念体系，提高员工安全文化素质安全文化理念是人们关于公司安全以及安全管理的思想、认识、观念、意识的综合，是公司安全文化的核心和灵魂。它主要包括安全的价值观、管理观、责任观、标准观、投入观、分配观、方法观等内容。提高员工安全文化素质要重点。

做好以下几个方面：

1. 要提炼好公司安全文化理念。要结合行业特点以及本公司的文化传统和实际情况，提炼出富有特色、内涵深刻、易于记忆、便于理解的，为广大员工所认同的安全文化理念并形成体系；

2. 要宣贯好安全文化理念。开展多种形式的安全文化活动，通过微信、电视、刊物、网络等多种传媒以及举办培训班、研讨会、表彰会、亲情寄语等多种方法，将公司的安全文化理念灌输并根植于全体员工；

3. 要固化好安全文化理念。要将安全文化理念让员工处处能看见，时时有提醒，外化于行，固化于心，寓于各项工作之中，成为全体员工自觉行动的指南，为相关方安全管理指明方向。

（二）构建安全文化制度体系，把安全文化融入公司管理全过程安全制度文化是公司安全生产运作保障机制的重要组成部分，是公司安全理念文化的重要体现。它是公司为了安全生产及其经营活动，长期执行的保障人和物的安全而形成的各种安全规章制度、操作规程、防范措施、安全管理责任制等，也包括安全生产法律、法规、条例及有关的安全技术标准等内容。建设好安全制度文化应主要从以下几个方面着手：

1. 严格落实法律法规的要求，同时要根据法律法规的要求，结合公司实际，制定执行并不断完善公司和各分子公司安全管理制度；

2. 要按照“一岗双责”的要求，做到全员、全过程、全方位安全责任化，建立和完善横向到边、纵向到底的安全保障体系和各司其职、合力监管的安全监管体系；

3. 抓好安全标准化建设，通过开展抓短板树标杆活动，在各现场推广相关经验；

4. 通过相关方管理制度不断强化相关方安全管理，从招投标管理、合同谈判、履约管理、供方评价、退出机制、“黑名单管理”等方面着手，力争通过优胜劣汰的竞争规则，培育和打造天润公司的战略合作伙伴。

（三）构建安全文化行为体系，培养良好的安全行为规范安全行为文化是指在安全观念文化指导下，人们在生产过程中的安全行为准则、思维方式、行为模式的表现。安全行为体系建设包括决策层、管理层和执行层的安全行为建设：

1. 公司决策层要制定安全行为规范和准则，形成强有力的安全文化的约束机制；

2. 管理层要按照决策层制定的安全行为规范和准则，进行管理和监督，形成管理层的安全文化；

3. 现场执行层应自觉遵章守纪，不断强化自律管理，形成现场基层安全文化；

4. 通过决策层和管理层的行为教育，引导全体员工树立主人翁意识，要监督和引导现场各相关方从实际出发，从提高教育效果入手，不断探索喜闻乐见的安全教育新模式，增强对隐患的判断技能和分析能力，使安全措施落实到现场并落实到个人的行为。

（四）构建安全文化物质体系，创造良好的工作环境

1. 依法依规保障安全投入，坚持本质安全，解决安全技术难题，加强现场管理，积极改善现场工作环境和条件；

2. 建立科学的预警和救援体系，努力追求人、机、环境的和谐统一，实现系统无缺陷、管理无漏洞、设备无障碍；

3. 要依托集团公司安全信息平台、公司 EAM 系统等管理手段，坚持模块管理信息化、信息管理集约化，不断提高安全管理效率。以安全标准化为抓手，以工程和发电现场

为着力点，营造良好的工作环境和氛围，为安全生产工作提供有力支撑。

五、重点做好以下工作

（一）相关方管理

相关方安全管理是××安全管理的重要组成部分。相关方自身的安全管理水平和安全文化建设水平参差不齐，相关方在现场安全管理水平直接影响了××的安全管理绩效。回顾近年现场安全事故情况，主要原因是现场相关方自身的安全管理不到位和安全责任制不落实。××公司要通过履约关系和安全文化建设直接和间接对相关方施加影响，在现场形成一个人员素质相对较高、设备管理相对较好、现场隐患发现及时、整改闭环彻底到位、能进能出的安全管控机制，严格按照要求开展供方评价，落实相关方事故横向通报和定期约谈机制，确保现场人员、设备、环境和管理处于可控和在控状态。

（二）标准化管理

标准化管理是安全管理的重要抓手。目前公司推进的在建风电场安全文明施工标准化和运行风电场安全生产标准化已经取得了一些阶段性的成果，但是离标准化管理的最终目的尚有差距，需要我们持之以恒并继续提高，及时总结相关经验，按照要求做好后续工作。

1. 在建项目　项目从前期策划、施工组织设计、施工方案编制审查、作业指导书和操作规程交底教育与学习遵守、检查与整改、检测与验收等环节着手，要求现场严格按照相关法律法规和公司《风电场安全文明施工标准化手册》的相关要求执行，现场全员人人都是一道屏障，从个人到班组、从班组到团队、从施工到监理、从监理到业主、从工作到生活、从场内到场外形成一个你中有我、我中有你，互相提醒互相关爱的和谐大家庭。

2. 运行电场　要求各运行风电场严格按照《发电企业安全生产标准化规范及达标评级标准》的相关要求落实，从目标管理、组织机构、安全生产投入、法律法规与安全制度管理、安全教育与培训、生产设备设施安全管理、作业安全、隐患排查和治理、危险源监控、职业健康管理、应急救援、信息报送和事故调查处理、安全绩效和持续改进等相关要素着手，严格规范“两票管理”和“风电场三种人管理”等管理要求，以信息化管理为纽带，以相关方管理为基础，坚持问题发现与整改同步，坚持“三同时”和“四不放过”原则，不断探索运行电场在新时期新要求下的全新的安全管理模式。

（三）口诀化管理

将管理内容和管理要求口诀化是强化记忆与执行的重要方式。很多看上去很抽象和枯燥的管理要求和规程规范，在经过提炼和归纳以后形成便于记忆的口诀，朗朗上口且随时呈现，能够激发基层人员的学习兴趣，时间长了自然就形成了习惯，在安全管理规范化和标准化管理上能起到积极的作用。

公司在安全管理上初步整理了部分口诀，已经随同安全理念一并发布，要求现场要多体会多领悟，要求各单位和相关方将管理要求等内容尽量口诀化，在开展安全培训过程中对基层作业人员进行培训和宣贯，引导大家在班前会和相关例会上多宣传，尤其对一些容易造成习惯性违章的情况要积极导入口诀，借助口诀的杠杆促使大家养成安全的习惯。

（四）可视化管理和看板管理

通过形象直观、色彩适宜的各种视觉感知信息来组织现场的各项管理活动，并运用定位、画线、挂标示牌等可视化技巧及方法来实现管理，可视化管理使员工能及时发现问题，从而达到安全管理的目的；可视化方法是能够让人们感知现场实物的正常与异常状态的方法，体现了安全管理的主动性和意识性。

1. 可视化管理的范围

1)人的行为（包括但不限于指令标识、警告标识、禁止标识、提示标识等）；

2)设备、工具的状态（包括但不限于设备名称、规格型号、安全装置、维护保养、用途、检修、注意事项等）；

3)施工工艺、安全规程（包括设备操作规程、工具操作规程、吊装规程、用电规范、爆破规程及注意事项、高处作业规程及注意事项、交通运输及消防安全规程和注意事项等）；

4)材料（名称、规格、用途、检验、试验、注意事项等）；

5)其他（曝光台、安全天数、成品保护、安全防护、特种设备、安全通道、劳动防护用品、五牌一图等）。

2. 可视化管理工具/材料

油漆、胶带、看板、文字、数字、线条、箭头、一览表、图表、图形、颜色、照片等。

要求各现场要成立可视化工作组，积极推动可视化管理，营造可视化安全管理氛围，提升安全管理绩效。

（五）标杆管理

2016年××公司在集团公司的指导下，在目前管理基础上将深入开展“抓短板、树标杆”活动，活动将以“立足现场、驱动创新、全面提升”为主题，以GB/T 29590—2013《企业现场管理准则》、AQ/T 9006—2010《安全生产标准化基本规范》为依据，通过实施标准找出问题、节约成本、提高绩效。

各单位要以公司天润安〔2016〕81号文相关要求为基准，按照活动安排和具体要求稳步推进标杆项目的具体工作，除集团公司标杆评选活动外，公司将结合年度内所有现场的安全管理情况，在公司范围内评选出优秀的标杆，力争通过标杆的建设和评选推动公司整体安全管理水平的再提高。

（六）其他 不局限于形式。

六、安全文化建设的实施步骤

启动安全文化建设活动。要求各分公司成立安全文化建设领导小组，在公司安全文化建设方案的基础上结合各区域实际编制本单位的安全文化建设方案，定期召开安全文化建设专项会议，分享安全文化建设经验，总结阶段性安全文化建设成果。各子公司要以工程和生产现场为依托，从现场来到现场去，将安全因素添加到每一个操作步骤和作业岗位，使制度及相关要求成为习惯，使习惯成为自然，逐步影响员工的态度，态度和行为将直接和间接促成公司文化氛围的形成。

第一阶段：被动约束阶段（制度约束阶段：2016年1月1日以前）。××公司建立的各种安全制度、措施是安全文化建设的重要基础。用制度管人是安全管理的基础阶段。

第二阶段：主动管理阶段(管理约束阶段：2016年1月1日～2016年12月31日)。管理层在自觉的抓安全生产，而部分基层员工的安全意识仍然不强，主观能动性不足，这一阶段主要靠管理层管理和约束。

第三阶段：全员自律阶段(自主管理阶段：2017年1月1日以后)。管理层与基层员工都能自觉、主动、规范的指导自己的安全行为，相关方履约效果较好而且能持续改进，公司安全管理绩效也能得到持续改善，这也是安全文化建设的目的所在。

图5－3给出了公司安全文化建设阶段结果与结果的关系。

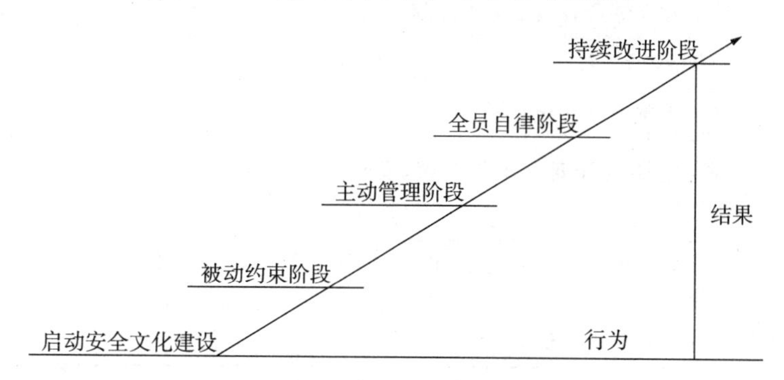

图5－3　公司安全文化建设结果与行为关系

七、评估与考核

审核与评估是安全文化建设的判断要素，定期对各分子公司安全文化建设的效果进行审核评估和判断，及时纠正偏差，最终达到安全文化建设的目的。

建立每季度一次的安全文化建设状况评估制度，从“安全承诺”“安全制度”“安全环境”“安全行为”“学习培训”“激励制度”“全员参与”“职业健康”“持续改进”等方面，书面评估安全文化建设的现状、优点及缺点，制定下一步的措施等。

建立每年一次的年度审核制度，从落实安全文化建设10个一级要素的情况进行全面审核，形成审核报告，综合评价建设效果，提出是否进一步改进方案的意见和建议。公司领导应组织安委会全体成员对评估报告和审核报告进行讨论分析和评价，形成决议后由安委会办公室告知相关单位、部门，并跟踪落实效果。

公司将根据安全文化建设实际情况，阶段性组织评价和考核，对于安全文化建设过程中表现突出和成果优秀的单位和个人给予物质奖励和荣誉称号。

附件：安全文化建设评价标准(略)

第四节　安全文化建设绩效量化评价

安全文化建设要纳入组织的管理绩效考核，要制定专门的绩效考核评价标准。表5－1给出了某公司安全文化考核评价表。

表 5-1 某公司安全文化考核评价表

序号	一级指标	二级指标	评价得分	备注
1	安全承诺	1. 安全管理制度、管理和现场行为符合安全相关法律法规、标准和安全操作规程		
		2. 公司安全理念在单位内部有宣贯，有培训，有落实；安全目标明确且具有针对性		
		3. 领导层、管理层、班组和岗位逐级签订安全责任书		
		4. 建立健全各级安全责任制		
		合计得分		
2	安全制度	1. 编制安全文化手册		
		2. 定期召开安全工作会议，发布安全信息，接受员工监督		
		3. 有定期的安全检查制度并通过安全检查确保安全管理体系处于良好的状态，建立隐患排查整改制度，能及早发现隐患并及时处理		
		4. 有职责明确的生产安全事故报告、记录制度和整改措施监督落实制度并按照要求执行		
		5. 有完备的应急预案并按照要求开展演练		
		合计得分		
3	安全环境	1. 作业现场、作业岗位符合公司安全管理要求		
		2. 危险源、点和作业现场等部分设置符合相关作业标准的安全标识和安全操作规程		
		3. 现场设置和提醒安全警示、安全提示等警示标识		
		4. 充分利用广播、微信、报刊、网络等传播手段，宣传法律法规、安全常识、事故警示、榜样事迹、实践经验等内容并留有记录		
		5. 设立安全展板、安全角、黑板报、宣传栏等员工安全文化阵地，每季度至少更换 1 次内容		
		6. 建立内外部(安监局、安监站、消防队、急救中心等)安全信息沟通机制，落实责任和责任人，共享安全信息，促进安全生产		
		7. 按照要求使用集团公司安全信息平台等信息手段进行安全管理		
		合计得分		

续表

序号	一级指标	二级指标	评价得分	备注
4	安全行为	1. 各级安全负责人、专兼职安全生产管理人员按规定参加安全生产培训并全部获得上岗资格，特殊工种持证上岗率100%（包括现场相关方人员）		
		2. 识别并说明岗位的主要风险，做到危险告知，预防在先，引导员工理解和接受建立安全行为规范的必要性		
		3. 员工知晓由于不遵守安全行为规范所引发的潜在危害与后果		
		4. 建立观测员工行为（行为观察）的制度，实施有效监控和纠正的方法		
		5. 能按国家或行业标准要求自觉佩戴劳动保护用品		
		6. 行为习惯良好，能按岗位安全操作规程作业，做到不伤害自己、别人，不被他人伤害		
		7. 员工主动关心团队安全绩效，对任何可能的不安全问题有质疑的态度，对事故苗头保持警觉并主动报告		
		8. 购买意外伤害保险和工伤保险（包括现场相关方人员）		
		合计得分		
5	学习培训	1. 建立安全生产教育培训制度，全员有安全培训并能提供记录（包括现场相关方人员）		
		2. 员工有安全知识与技能培训（不同风险岗位有专门安全培训）		
		3. 有安全培训场地和安全培训教材；各类安全事故有组织学习记录		
		4. 每个员工均有岗位安全常识手册（或类似读本），并懂得其中的内容		
		5. 每年不少于一次全员安全生产教育培训或群众性安全活动，有影响、有成效、有影像资料（现场相关方人员每月至少一次安全活动）		
		6. 积极组织开展全国“安全生产月”活动，有方案、有总结，过程资料属实		
		合计得分		

续表

序号	一级指标	二级指标	评价得分	备注
6	激励制度	1. 建立有完善的安全绩效评估系统，把奖励制度和安全管理联系起来		
		2. 现场违章行为有通报；事故教训有学习记录并主动采取预防措施		
		3. 应阶段性表彰在安全方面有突出表现的人员、树立榜样，形成比学赶帮超的局面，并给予物质奖励		
		合计得分		
7	全员参与	1. 工会对“安全承诺”、安全规划、安全目标、安全投入有监督的权利并形成记录		
		2. 定期召开安全会议（安委会会议、专项会议、月度例会、周例会等）		
		3. 安全管理沟通与协作（横向和纵向）		
		4. 建立员工参与安全事务的机制并实施		
		5. 建立安全报告制度，对员工识别的安全缺陷，能给予及时的处理和反馈		
		合计得分		
8	职业健康	1. 建立防止职业病的沟通机制和措施，保护员工身心健康		
		2. 定期对员工进行健康检查，关注员工身心健康		
		3. 对高危作业环境，有明确的工作时间和限制加班政策		
		合计得分		
9	持续改进	1. 建立安全信息收集和反馈机制		
		2. 深刻吸取经验教训，组织学习交流，使员工广泛知晓		
		3. 定期组织管理者评审安全文化建设过程的有效性和安全绩效结果		
		4. 验证安全整改的有效性		
		合计得分		
10	相关方管理	1. 现场相关方组织架构健全，有专职安全员，能认真履职		
		2. 相关方履约关系良好，有信用；现场安全投入到位		
		3. 公司安全理念和安全文化建设方案已经对相关方培训和宣贯并留有记录		
		4. 对相关方有安全管理要求，有定期检查和沟通		
		5. 相关方在现场无事故，安全信息上报及时，沟通无障碍		
		合计得分		

续表

序号	一级指标	二级指标	评价得分	备注
11	奖励项	1. 特色创新活动		
		2. 开展安全生产诚信建设		
总计得分				
评定人：				

说明：

1.《评价标准》共设 10 个一级评定指标，50 个二级评定指标，另加 2 个奖励项（每项最多加 6 分），满分为 300 分（不包括奖励项得分）。

2. 每个二级指标的评定分数为 0～6 分。

序号	分值	二级标题对应情况	备注
1	6 分	该指标完成出色	
2	5 分	该指标已完成落实并符合要求，实施情况好	
3	4 分	该指标已完成落实并符合要求，实施情况较好	
4	3 分	该指标已经完成落实并符合要求，但实施效果一般	
5	2 分	该指标已经完成落实，但存在一定缺陷	
6	1 分	该指标已经部分完成落实	
7	0 分	该指标完成属空白或存在严重缺陷	

3. 计分规则

1）在 50 个二级评定指标中，出现 1 个 0 分指标，则取消参评资格。

2）评定级别。

序号	评定级别	分数范围	备注
1	一级	$X \geqslant 255$	
2	二级	$255 < X \geqslant 210$	
3	三级	$210 < X$	

第五节　良好安全文化建设实践

××公司于 2013 年制定了安全发展战略规划，提出了 4 步发展战略，规划确定 2015 年开展实施质量文化建设。在制定方案的基础上每年编制工作计划，将安全文化建设作为重要内容，已经有多个现场获得安全文化建设优秀现场。

一、公司的安全理念及含义

安全理念：以人为本　尊重规则　预防为主　本质安全

释义：

以人为本：是公司安全管理的基本理念，安全管理要以人的生命为本，科学发展要安全发展，和谐企业要关爱生命。天润新能在开展各项建设生产和管理活动中，以人为关注焦点，紧紧依靠全体员工和相关方，创造和谐的工作环境，充分发挥员工和相关方的积极性、主动性和创造性。充分履行社会责任，不断改善现场作业环境，保障员工的安全与健康；

尊重规则：是安全管理的基本要求，安全是相对的，风险是绝对的，事故是可以避免的。违章不一定出事，出事必定违章，严格执行集团和公司各项规章制度是安全的根本所在。制度不打折，执行无借口。规则就是秩序，就是行为规范，规则是一把标尺。如果有“规”不遵，有“矩”不守，就会使安全管理体系断链，就会带来“一损俱损”的恶果；

预防为主：是安全管理的重要原则；天润新能建立职业健康安全管理体系，全面识别职业健康安全危险源，准确评价风险等级，合理确定控制措施，加强隐患排查和安全检查，不断提高人员安全意识和预防事故的能力，充分体现预防为主的思想；做到：风险识别全面化，控制措施精细化，文明施工规范化，安全生产标准化。从细节入手、防微杜渐，防患于未然，用行动构筑“安全第一”大堤！实现“安全问题在一线解决、矛盾在一线化解、情感在一线融合、决策在一线形成、措施在一线落实、形象在一线树立”；

本质安全：是安全管理的根本目标，天润新能在充分识别危险源和准确评价风险的基础上，提倡本质安全，在风场选址、工艺设计、生产组织、原材料和设备选择、安全设施设置、安全投入等等方面从源头入手，将安全隐患从源头消除。做到人员本质安全化、设备本质安全化、作业环境本质安全化、管理本质安全化，把安全带上岗，把幸福带回家。

二、公司的安全口号和标语

公司通过安全文化建设征集的用于公司的安全管理现场宣传标识。

1. 口号

（1）风险识别全面化、控制措施精细化、文明施工规范化、安全生产标准化、检查监督专业化、全员参与责任化。

注：风险识别是安全管理的首要步骤，在开展所有工作前都要系统全面充分地识别危险源、确定风险，明确安全管控的对象；并针对不同的风险制定可操作和有效的控制措施；安全文明施工标准化和安全生产标准化规定了工程建设和生产发电安全方面的全部要求，是公司近年安全工作的两条主线和重要抓手，在安全管理方面必须持续落实两个标准化；作为业主，面对众多负有安全主体责任的相关方，

安全管理的重要方式是监督检查，必须以专业的水平，依据法律法规和标准实施高水平的检查，并督促整改；安全是全员的事，需要公司全员和所有相关方参与。

(2)安全管理要做到：坚持“一个原则”、落实“一岗双责”、坚持“三个必须”、做好“四个导入”、实现“五个到位”。

注：一个原则：(一切事故可以预防)；

一岗双责：一个岗位在做好本职工作的同时必须同时做好安全管理工作；

三个必须：管业务必须管安全、管部门必须管安全、管企业必须管安全；

四个导入：安全导入工作、安全导入生活、安全导入岗位、安全导入生命；

五个到位：安全工作要说到位、写到位、检查到位、整改到位、问责到位。

(3)练好“一、二、三”，做好“四不短”。

注：一正一反：坚持安全第一永远是正确的；一切违规行为都是要反对的；

二荣二耻：以爱岗敬业为荣，以违章违纪为耻；以多做贡献为荣，以损人损企为耻；

三升三降：提升全员安全意识，降低事故潜在性；提升安全管理水平，降低事故可能性；提升应急处置能力，降低事故破坏性；

四不短：企业发展要持续，不应有短念头；安全方面要投入，不应短金少两；安全管理要规范，不应成为短板；珍重生命要互爱，不应让人短命。

2. 宣传标语(作业现场统一使用以下安全标语)

(1)质量是安全基础，安全为生产前提；

(2)质量是工程的生命，安全是职工的性命；

(3)持续的安全生产是企业效益的基石，过硬的产品质量是参与竞争的保证；

(4)有安则全，求安必全；

(5)安全管理重于泰山，安全意识贯穿全员；

(6)辨识、预防、检查、落实；

(7)安全是最大的增值，事故是最大的损失；

(8)安全管理要实，安全意识要真；

(9)安全与效益同行，事故与亏损共生；

(10)搞好安全生产工作，宣传安全文化知识，树立企业安全形象，推动安全文明生产；

(11)人人都是安全员，人人把好安全关；

(12)强化安全生产意识，提高安全管理水平；

(13)最珍贵是生命，最幸福的是安全；

(14)安全生产齐抓共管，生命红线时刻牢记；

(15)以人为本、预防为主、执行为根、安全是福；

(16)人人讲安全，事事为安全；时时想安全，处处要安全；

(17)不要让麻痹大意给你幸福的家庭埋下祸根；

(18)寒霜只打无根草，事故专找懒惰人；

(19)严是爱，松是害，搞好安全利三代；

(20)安全是效益的基石，隐患是事故的根源；

(21)抓三违良言入耳三冬暖，保安全苦口婆心万人安；

(22)隐患猛于虎，安全在我心；

(23)工作宁可千日紧，安全不可一时松；

(24)安全基础打得牢，安全天数步步高；

(25)搞好安全不是一切，搞不好安全没有一切；

(26)持续的安全生产是企业效益的基石，过硬的产品质量是参与竞争的保证；

(27)安全是效益的基石，隐患是事故的根源；

(28)智能两票编织人身安全网，运行三制铸就设备保护屏。

三、安全口诀（安全文化建设过程中不断丰富）

一举一动、遵章守纪、尽职尽责、确保安全；
自保互保、遵章守纪、团结协作、安全第一；
安全为天、质量为本、遵章作业、互助团结。
安全连着你我他，平安幸福靠大家。
你不抓、我不抓、安全工作谁来抓；
你不管、我不管、安全管理谁来管。
严格要求安全在，松松垮垮事故来。
管理基础打得牢，安全大厦层层高。
安全不离口，规章不离手；
措施握在手，危险绕着走。
安全在口，安全在手，安全在心，安全在控；
质量在口，质量在手，质量在心，质量在控。
深入细致，不做表面文章；警钟长鸣，务必防患未然；
层层落实，搞好监督管理；常抓不懈，确保万无一失。

四、公司安全管理“六十要”

2018年，结合马刺案例实际，在安全月动员会议上，提出了公司的安全管理六十要。即：

项目可研究报告要有安全篇章
项目开发要做安全预评价
开发人员野外作业要做安全防护策划
微观选址要佩戴专门防护用品
项目建成要有安全设施和职业卫生竣工验收
《招标文件》要有安全要求
评标要有安全分数
供方评价要有安全权重
约谈要有安全承诺
承包方要上安全责任险

承包方要有安全许可
签订合同要有安全约束
承包方不整改和发生安全问题要处罚
开工要签《安全协议》
队伍进场要提供《人员实名册》
作业人员要上工伤保险
进入现场要进行安全教育
现场人员要通过安规考试
特种作业人员要持证上岗
进场设备要有安全验收
特种设备要有定期检验
现场要配备专职安全人员
所有人员都要具备防护与自救能力
《施工组织设计》要有安全篇章
专项施工要有《安全方案》
作业前要有危险源辨识与风险评价
施工前要进行安全交底
危险作业要有监理旁站
高风险作业要双人相互监护
所有作业要穿戴防护用品
每天开工要召开班前会议
每天要有人巡视现场
每周要有现场安全检查
每周要开安全监理会议
检查发现问题要完全闭环整改
作业区域要有相关防护
作业现场要有风险告知
作业岗位要有警示标识
作业活动要有操作文件
运维作业要执行“两票三制”
设施设备要定期巡检
运维现场要全面执行《风电场危险源识别及风险控制指南》
所有作业活动要有记录
安全资料要与工程和生产档案同步归档
现场要有应急处置方案
每月要有应急演练

出现事故要第一时间启动预案
发生二类障碍以上问题要第一时间上报
事故调查要真实科学全面
处理事故要做到“四不放过”
发生问题要按规定追责
所有人员都要纳入安全绩效考核
各级人员都要承担安全责任
所有单位都要有安全目标
所在现场都要运行职业健康安全管理体系
所有现场都要落实安全标准化
所有领导到现场出差检查都要讲安全
所有单位都要落实《公司安全文化建设纲要》
所有现场和单位都要及时填报《安全月报》
所有员工都要学习和理解安全法规标准规程和制度

五、公司几年的开展安全文化建设取得的成绩

通过建立体系，开展安全生产标准化工作，开展安全文化建设，我们的安全管理取得了重要成绩：

几年过去了，我们的安全管理本身发生了天翻地覆的变化，主要成绩有：

(1)我们从本质安全出发建立了符合国际先进标准要求的公司职业健康安全管理体系并动态更新；

(2)建立并多次迭代完善了全面的安全健康管理制度，做到了有法可依；基本建立了公司安全管理体制和机制；管理范围扩展到相关方；

(3)全面推行标准化，依据国家标准和公司实际编制完成适用于项目建设和发电生产运维的两项安全生产标准化手册，有了适用可行的管理工具；

(4)开展公司安全文化建设，形成公司安全管理方针、理念、口诀和统一宣传口号及量化考核标准；

(5)持续开展了针对所有员工及全部现场相关方的安全赋能培训。

通过几年的努力，在公司规模不断扩大，涉及区域不断扩展、并网规模和发电量持续提升、公司人员不断增加的前提下，安全管理人员只降不升；在平均每千瓦装机容量的安全投入、平均每人现场人员安全投入没有变化的情况下，公司的安全意识明显上升，隐患整改率明显提高，每5万kW容量的事故发生率和事故损失逐年降低，平均现场人均事故发生率大大降低。作为高风险行业，通过对标，我们的安全管理已经由相当落后水平进入中等以上水平。但公司安全管理永远在路上，安全形势依然严峻，安全管理依然还有很大改进空间。

第六章 主要的职业健康安全法律法规解读

第一节 安全生产法

2014年8月31日，第十二届全国人大常委会第十次会议表决通过了全国人大常委会关于修改安全生产法的决定，标志着安全生产法制建设向前迈出了关键性的一步，对指导和推进安全生产工作将起到十分重要的作用。

一、概述

安全生产事关人民群众生命财产安全，事关改革开放、经济发展和社会稳定大局。2002年制定的《中华人民共和国安全生产法》（以下简称《安全生产法》）施行10余年来，对建立安全生产法治秩序，预防和减少生产安全事故，保障人民群众生命财产安全发挥了重要作用。由于我国正处于工业化快速发展进程中，安全生产基础仍然比较薄弱，安全生产责任不落实、安全防范和监督管理不到位、违法生产经营建设行为屡禁不止等问题较为突出，生产安全事故还处于易发多发的特殊时期，特别是重特大事故尚未得到有效遏制，安全生产各方面工作亟须进一步加强。

党中央、国务院历来高度重视安全生产工作。中央领导同志多次就安全生产工作提出要求，强调坚守发展不能以牺牲人的生命为代价这条“红线”；要深刻汲取用生命和鲜血换来的教训，筑牢科学管理的安全防线；安全生产既是攻坚战也是持久战，要树立以人为本、安全发展理念，创新安全管理模式，落实企业主体责任，提升监管执法和应急处置能力；要坚持预防为主、标本兼治，健全各项制度，严格安全生产责任，对安全隐患实行“零容忍”，切实维护人民群众的生命安全。按照中央领导同志要求，在总结多年来经验教训的基础上，安全监管总局与法制办共同研究形成了《中华人民共和国安全生产法修正案（草案）》（以下简称“草案”）。2014年1月15日，草案经国务院第36次常务会议讨论通过。2月25～27日，十二届全国人大常委会第七次会议对草案进行了第一次审议。8月26日，十二届全国人大常委会第十次会议对草案进行了第二次审议，并在8月31日通过了修改《安全生产法》的决定。

二、修改后的《安全生产法》的十大亮点

修改后的《安全生产法》（以下简称“新法”），认真贯彻落实习近平总书记、李克强总理关于安全生产工作一系列重要指示精神，从强化安全生产工作的摆位、进一步落实生

产经营单位主体责任，政府安全监管定位和加强基层执法力量、强化安全生产责任追究等4个方面入手，着眼于安全生产现实问题和发展要求，补充完善了相关法律制度规定，主要有十大亮点。

1. 坚持以人为本，推进安全发展

新法提出安全生产工作应当以人为本，坚持安全发展，充分体现了习近平总书记等中央领导同志近一年来关于安全生产工作一系列重要指示精神，对于坚守发展决不能以牺牲人的生命为代价这条红线，牢固树立以人为本、生命至上的理念，正确处理重大险情和事故应急救援中"保财产"还是"保人命"问题，具有重大现实意义。

2. 建立完善安全生产方针和工作机制

新法确立了"安全第一、预防为主、综合治理"的安全生产工作"十二字方针"，明确了安全生产的重要地位、主体任务和实现安全生产的根本途径。"安全第一"要求从事生产经营活动必须把安全放在首位，不能以牺牲人的生命、健康为代价换取发展和效益。"预防为主"要求把安全生产工作的重心放在预防上，强化隐患排查治理，打非治违，从源头上控制、预防和减少生产安全事故。"综合治理"要求运用行政、经济、法治、科技等多种手段，充分发挥社会、职工、舆论监督各个方面的作用，抓好安全生产工作。

3. 落实"三个必须"，明确安全监管部门执法地位

按照"三个必须"（管业务必须管安全、管行业必须管安全、管生产经营必须管安全）的要求，新法规定：一是国务院和县级以上地方人民政府应当建立健全安全生产工作协调机制，及时协调、解决安全生产监督管理中存在的重大问题；二是明确国务院和县级以上地方人民政府安全生产监督管理部门实施综合监督管理，有关部门在各自职责范围内对有关行业、领域的安全生产工作实施监督管理，并将其统称负有安全生产监督管理职责的部门；三是明确各级安全生产监督管理部门和其他负有安全生产监督管理职责的部门作为执法部门，依法开展安全生产行政执法工作，对生产经营单位执行法律、法规、国家标准或者行业标准的情况进行监督检查。

4. 明确乡镇人民政府以及街道办事处、开发区管理机构安全生产职责

乡镇街道是安全生产工作的重要基础，有必要在立法层面明确其安全生产职责，同时，针对各地经济技术开发区、工业园区的安全监管体制不顺、监管人员配备不足、事故隐患集中、事故多发等突出问题，新法明确：乡、镇人民政府以及街道办事处、开发区管理机构等地方人民政府的派出机关应当按照职责，加强对本行政区域内生产经营单位安全生产状况的监督检查，协助上级人民政府有关部门依法履行安全生产监督管理职责。

5. 进一步强化生产经营单位的安全生产主体责任

新法把明确安全责任、发挥生产经营单位安全生产管理机构和安全生产管理人员作用作为一项重要内容，做出4个方面的重要规定：一是明确委托规定的机构提供安全生产技术、管理服务的，保证安全生产的责任仍然由本单位负责；二是明确生产经营单位的安全生产责任制的内容，规定生产经营单位应当建立相应的机制，加强对安全生产责任制落实情况的监督考核；三是明确生产经营单位的安全生产管理机构以及安全生产管理人员履行的七项职责；四是规定矿山、金属冶炼建设项目和用于生产、储存危险物品的建设项目竣工投入生产或者使用前，由建设单位负责组织对安全设施进行验收。

6. 建立事故预防和应急救援的制度

加强事前预防和事故应急救援是安全生产工作的两项重要内容。新法规定：一是生产经营单位必须建立生产安全事故隐患排查治理制度，采取技术、管理措施及时发现并消除事故隐患，并向从业人员通报隐患排查治理情况；二是政府有关部门要建立健全重大事故隐患治理督办制度，督促生产经营单位消除重大事故隐患；三是对未建立隐患排查治理制度、未采取有效措施消除事故隐患的行为，设定了严格的行政处罚；四是赋予负有安全监管职责的部门对拒不执行执法决定、有发生生产安全事故现实危险的生产经营单位依法采取停电、停供民用爆炸物品等措施，强制生产经营单位履行决定；五是国家建立应急救援基地和应急救援队伍，建立全国统一的应急救援信息系统。生产经营单位应当依法制定应急预案并定期演练。参与事故抢救的部门和单位要服从统一指挥，根据事故救援的需要组织采取告知、警戒、疏散等措施。

7. 建立安全生产标准化制度

近年来矿山、危险化学品等高危行业企业安全生产标准化取得了显著成效，工贸行业领域的标准化工作正在全面推进，企业本质安全生产水平明显提高。结合多年的实践经验，新法在总则部分明确提出推进安全生产标准化工作，这将对强化安全生产基础建设，促进企业安全生产水平持续提升产生重大而深远的影响。

8. 推行注册安全工程师制度

为解决中小企业安全生产“无人管、不会管”问题，促进安全生产管理人员队伍朝着专业化、职业化方向发展，国家自 2004 年以来连续 10 年实施了全国注册安全工程师执业资格统一考试，21.8 万人取得了资格证书。截至 2013 年 12 月，已有近 15 万人注册并在生产经营单位和安全生产中介服务机构执业。为此新法确立了注册安全工程师制度，并从两个方面加以推进：一是危险物品的生产、储存单位以及矿山、金属冶炼单位应当有注册安全工程师从事安全生产管理工作，鼓励其他生产经营单位聘用注册安全工程师从事安全生产管理工作；二是建立按专业分类管理的注册安全工程师制度，授权国务院有关部门制定具体实施办法。

9. 推进安全生产责任保险制度

新法总结近年来的试点经验，通过引入保险机制，促进安全生产，规定国家鼓励生产经营单位投保安全生产责任保险。安全生产责任保险具有其他保险所不具备的特殊功能和优势：一是增加事故救援费用和第三人（事故单位从业人员以外的事故受害人）赔付的资金来源；二是有利于现行安全生产经济政策的完善和发展；三是通过保险费率浮动、引进保险公司参与企业安全管理，可以有效促进企业加强安全生产工作。

10. 加大对安全生产违法行为的责任追究力度

一是规定了事故行政处罚和终身行业禁入。按照两个责任主体、四个事故等级，设立了对生产经营单位及其主要负责人的八项罚款处罚明文，大幅提高对事故责任单位的罚款金额。

二是加大罚款处罚力度。结合各地区经济发展水平、企业规模等实际，新法维持罚款下限基本不变、将罚款上限提高了2～5倍，并且大多数罚则不再将限期整改作为前置条件。这反映了“打非治违”“重典治乱”的现实需要，强化了对安全生产违法行为的震慑力，也有利于降低执法成本、提高执法效能。

三是建立了严重违法行为公告和通报制度。要求负有安全生产监督管理职责的部门建立安全生产违法行为信息库，如实记录生产经营单位的违法行为信息；对违法行为情节严重的生产经营单位，应当向社会公告，并通报行业主管部门、投资主管部门、国土资源主管部门、证券监督管理部门和有关金融机构。

三、新法确立安全生产工作机制的内涵及构建思路

坚持“十二字方针”，总结实践经验，新法明确要求建立生产经营单位负责、职工参与、政府监管、行业自律、社会监督的机制，进一步明确各方安全生产职责。其中，生产经营单位负责是根本，职工参与是基础，政府监管是关键，行业自律是发展方向，社会监督是实现预防和减少生产安全事故的重要推动力量。

1. 生产经营单位负责，就是要生产经营单位对本单位的安全生产负责

生产经营单位是安全生产的责任主体，对本单位的安全生产保障负责，新法从多个方面进行了规定，包括生产经营单位应当具备法定的安全生产条件、生产经营单位主要负责人的安全生产职责、安全生产投入、安全生产责任制、安全生产管理机构以及安全生产管理人员的职责及配备、从业人员安全生产教育和培训、安全设施与主体工程“三同时”、安全警示标志、安全设备管理、危险物品安全管理、危险作业和交叉作业安全管理、发包出租的安全管理、事故隐患排查治理、有关从业人员安全管理等20个方面。

2. 职工参与，就是要从业人员积极参与本单位的安全生产管理，正确履行相应的权利和义务

要积极参加安全生产教育，提高自我保护意识和安全生产意识。职工有权对本单位的安全生产工作提出建议，对本单位安全生产工作中存在的问题，有权批评检举控告，有权拒绝违章指挥和强令冒险作业。生产经营单位的工会要依法组织职工参加本单位安全生产工作的民主管理和民主监督，维护职工在安全生产方面的合法权益。生产经营单位制定或者修改有关安全生产的规章制度，应当吸取工会的意见。新法设立了从业人员的安全生产权利义务专章。

3. 政府监管，就是要切实履行政府及其监管部门的安全生产监督管理职责

健全完善安全生产综合监管和行业监管相结合的工作机制，强化安全生产监管部门对安全生产工作的综合监管，全面落实行业主管部门的专业监管和行业管理指导职责。各部门要加强协作，形成监管合力，在各级政府统一领导下，严厉打击违法生产、经营等影响安全生产的行为，对拒不执行监管监察指令的生产经营单位，要依法依规从重处罚。新法设立了安全生产的监督管理专章，从多个方面对监督管理的职责进行了规定。

4. 行业自律，主要是指行业协会等行业组织要自我约束

一方面，各个行业都要遵守国家法律、法规和政策；另一方面行业组织要通过行规、行约制约本行业生产经营单位的行为。通过行业间的自律，促使生产经营单位能从自身

安全生产的需要和保护从业人员生命健康的角度出发，自觉开展安全生产工作，切实履行生产经营单位的法定职责和社会职责。新法规定："有关协会组织依照法律、行政法规和章程，为生产经营单位提供安全生产方面的信息、培训等服务，发挥自律作用，促进生产经营单位加强安全生产管理"。

5. 社会监督，就是要充分发挥社会监督的作用，任何单位和个人都有权对违反安全生产的行为进行检举和控告

注重发挥新闻媒体的舆论监督作用。有关部门和地区要进一步畅通安全生产的社会监督渠道，设立举报电话，接受人民群众的公开监督。新法规定："任何单位或者个人对事故隐患或者安全生产违法行为，均有权向负有安全生产监督管理职责的部门报告或者举报。居民委员会、村民委员会发现其所在区域内的生产经营单位存在事故隐患或者安全生产违法行为时，应当向当地人民政府或者有关部门报告。新闻、出版、广播、电影、电视等单位有进行安全生产公益宣传教育的义务，有对违反安全生产法律、法规的行为进行舆论监督的权利"。

四、安全生产法与其他相关法律的关系

《安全生产法》的适用范围是其第二条所规定的，分为两个层次，第一层次为一般规定；第二层次为"另有规定"。

1. 对安全生产法适用范围中"一般规定"的理解

安全生产法适用范围第一层次的规定是，在中华人民共和国领域内从事生产经营活动的单位的安全生产，适用本法(安全生产法)。这项规定所包含的内容和所覆盖的范围都是清楚的，在立法过程中曾经讨论到对从事生产经营活动的单位如何具体理解，这应当是指：

(1)各种所有制的生产经营单位，包括国有的、集体的、混合经济的、私营的、个体经营的、中外合资的、外商独资的等，都在适用范围之列；

(2)各个地区、各种行业、各个部门、各个系统中从事生产经营活动的单位都应当在适用范围之列；

(3)安全生产法所指的生产经营活动，是一个广义的概念，既包括生产活动又包括经营活动，既包括合法的生产经营活动，也包括非法的生产经营活动等；

(4)从事生产经营活动的单位，是指在社会生产经营活动中作为一个基本单元出现的实体，比如一个个体工商户，从事生产活动或者从事经营活动，是社会生产经营的基本单元，涉及安全生产的仍要遵守安全生产法。

2. 对安全生产法适用范围中"另有规定"的理解

(1)有一部分生产经营活动的单位或安全事项具有特殊性，国家对其另行立法进行规范是必要的，对这部分在法律、行政法规中另有规定的，从其规定。这部分另有规定的范围在新法中做出了划分，为消防安全、道路交通安全、铁路交通安全、水上交通安全、民用航空安全、核与辐射安全、特种设备安全。也就是在这些领域中的安全事务，由有关的法律、行政法规进行调整，执行有关法律、行政法规中已做出的规定。但是，新法确立的以人为本、安全发展的理念，安全生产工作方针、基本法律制度仍然适用于其他行业和领

域的安全生产工作。

(2)还有一些立法，有专门为安全生产立法的，如1992年制定的《中华人民共和国矿山安全法》；还有在一些有关法律中对安全生产做出规定的，如在《中华人民共和国劳动法》中对劳动安全、《中华人民共和国煤炭法》中对煤矿安全、建筑法中对建筑安全生产等都做出了规定。这些规定与新法的规定是基本一致的。

五、安全生产法涉及的配套法规和标准制度

根据新法规定，需要国务院和国务院有关部门制定的配套法律和标准制度有8个，有的已经制定，有的尚未制定，需要各有关部门按照职责分工抓紧制定。

一是安全生产法第二十条规定的安全生产费用提取、使用和监管的具体办法。财政部、安全监管总局已于2012年2月14日制定了《企业安全生产费用提取和使用管理办法》(财企〔2012〕16号)。

二是安全生产法第二十四条规定的注册安全工程师按照专业分类管理的具体办法。由人力资源和社会保障部和安全监管总局会同国务院有关部门制定，争取用一年左右的时间完成。

三是安全生产法二十七条规定的特种作业人员范围。新法规定由安全监管总局会同国务院有关部门确定。安全监管总局已于2010年5月24日制定了《特种作业人员培训考核管理规定》(安全监管总局第30号)。

四是安全生产法第三十五条规定的严重危及生产安全的工艺、设备目录。由安全监管总局会同国务院有关部门制定。

五是安全生产法第四十条规定的其他危险作业的范围，由安全监管总局会同国务院有关部门制定。

六是安全生产法第七十三条规定的安全生产重大事故隐患或者违法行为举报奖励办法，由安全监管总局会同国务院财政部门制定。安全监管总局、财政部已于2012年5月2日制定了《安全生产举报奖励办法》。

七是安全生产法第八十三条规定的生产安全事故报告和调查处理的具体办法由国务院制定。2007年4月9日国务院已经公布了《生产安全事故报告和调查处理条例》。

八是安全生产法第一百一十三条规定的重大事故隐患判定标准。由国务院安全生产监督管理部门和其他负有安全生产监督管理职责的部门根据各自的职责分工，分别制定相关行业领域的重大事故隐患判定标准。

第二节 职业病防治法

一、概述

2001年10月27日第九届全国人民代表大会常务委员会第二十四次会议通过；根据

2011年12月31日第十一届全国人民代表大会常务委员会第二十四次会议《关于修改〈中华人民共和国职业病防治法〉的决定》修正。2016年7月2日第十二届全国人民代表大会常务委员会第二十一次会议通过关于修改《中华人民共和国职业病防治法》的决定修正案。新修订的《中华人民共和国职业病防治法》(以下简称《职业病防治法》)共七章八十八条,包括:

第一章总则,第二章前期预防,第三章劳动过程中的防护与管理,第四章职业病诊断与职业病病人保障第五章监督检查,第六章法律责任,第七章附则。

《职业病防治法》的制定和实施,对于预防、控制和消除职业病危害,防治职业病,保护劳动者健康及其相关权益,促进经济发展起到了重要作用。

该法给出了职业病、职业病危害、职业禁忌的定义,本法所称职业病,是指企业、事业单位和个体经济组织(以下统称用人单位)的劳动者在职业活动中,因接触粉尘、放射性物质和其他有毒、有害物质等因素而引起的疾病。职业病危害,是指对从事职业活动的劳动者可能导致职业病的各种危害。职业病危害因素包括:职业活动中存在的各种有害的化学、物理、生物因素以及在作业过程中产生的其他职业有害因素。职业禁忌,是指劳动者从事特定职业或者接触特定职业病危害因素时,比一般职业人群更易于遭受职业病危害和罹患职业病或者可能导致原有自身疾病病情加重,或者在从事作业过程中诱发可能导致对他人生命健康构成危险的疾病的个人特殊生理或者病理状态。

该法提出了我国职业病防治的方针政策,即职业病防治工作坚持预防为主、防治结合的方针,建立用人单位负责、行政机关监管、行业自律、职工参与和社会监督的机制,实行分类管理、综合治理。

该法规定了用人单位的职业健康安全职责,用人单位应当为劳动者创造符合国家职业卫生标准和卫生要求的工作环境和条件,并采取措施保障劳动者获得职业卫生保护。用人单位应当建立、健全职业病防治责任制,加强对职业病防治的管理,提高职业病防治水平,对本单位产生的职业病危害承担责任。用人单位的主要负责人对本单位的职业病防治工作全面负责。用人单位必须依法参加工伤社会保险。

二、重点内容介绍

《职业病防治法》第十五条规定了用人单位工作场所的职业卫生要求,包括:

1)职业病危害因素的强度或者浓度符合国家职业卫生标准;

2)有与职业病危害防护相适应的设施;

3)生产布局合理,符合有害与无害作业分开的原则;

4)有配套的更衣间、洗浴间、孕妇休息间等卫生设施;

5)设备、工具、用具等设施符合保护劳动者生理、心理健康的要求;

6)法律、行政法规和国务院卫生行政部门、安全生产监督管理部门关于保护劳动者健康的其他要求。

《职业病防治法》第十七和十八条规定了对新建、扩建、改建建设项目和技术改造、技术引进项目实行职业病危害预评价和建设项目的职业病防护设施所需费用应当纳入建设项目工程预算，并与主体工程同时设计，同时施工，同时投入生产和使用的“三同时”制度。

《职业病防治法》第二十条规定了用人单位应当采取下列职业病防治管理措施：包括：

1)设置或者指定职业卫生管理机构或者组织，配备专职或者兼职的职业卫生专业人员，负责本单位的职业病防治工作；

2)制定职业病防治计划和实施方案；

3)建立、健全职业卫生管理制度和操作规程；

4)建立、健全职业卫生档案和劳动者健康监护档案；

5)建立、健全工作场所职业病危害因素监测及评价制度；

6)建立、健全职业病危害事故应急救援预案。

《职业病防治法》第二十四和二十五条规定了警示标识和报警装置的要求。法规要求：产生职业病危害的用人单位，应当在醒目位置设置公告栏，公布有关职业病防治的规章制度、操作规程、职业病危害事故应急救援措施和工作场所职业病危害因素检测结果。对产生严重职业病危害的作业岗位，应当在其醒目位置，设置警示标识和中文警示说明。警示说明应当载明产生职业病危害的种类、后果、预防以及应急救治措施等内容。对可能发生急性职业损伤的有毒、有害工作场所，用人单位应当设置报警装置，配置现场急救用品、冲洗设备、应急撤离通道和必要的泄险区。对放射工作场所和放射性同位素的运输、贮存，用人单位必须配置防护设备和报警装置，保证接触放射线的工作人员佩戴个人剂量计。

《职业病防治法》第二十九条对用有单位使用可能产生职业病危害的化学品的管理做了规定。向用人单位提供可能产生职业病危害的化学品、放射性同位素和含有放射性物质的材料的，应当提供中文说明书。说明书应当载明产品特性、主要成分、存在的有害因素、可能产生的危害后果、安全使用注意事项、职业病防护以及应急救治措施等内容。产品包装应当有醒目的警示标识和中文警示说明。贮存上述材料的场所应当在规定的部位设置危险物品标识或者放射性警示标识。

《职业病防治法》第二十六条对职业病危害因素监测做了规定：要求用人单位实施由专人负责的职业病危害因素日常监测，并确保监测系统处于正常运行状态。按照国务院卫生行政部门的规定，定期对工作场所进行职业病危害因素检测、评价。检测、评价结果存入用人单位职业卫生档案，定期向所在地卫生行政部门报告并向劳动者公布。

《职业病防治法》第三十五条对劳动者的健康体检做了规定：要求用人单位按照国务院卫生行政部门的规定，对从事接触职业病危害的作业的劳动者，组织上岗前、在岗期间和离岗时的职业健康检查，并将检查结果如实告知劳动者。要求用人单位不得安排未经上岗前职业健康检查的劳动者从事接触职业病危害的作业；不得安排有职业禁忌的劳动者从事其所禁忌的作业；对在职业健康检查中发现有与所从事的职业相关的健康损害的劳动者，应当调离原工作岗位，并妥善安置；对未进行离岗前职业健康检查的劳动者不得解除或者终止与其订立的劳动合同。

《职业病防治法》还规定了劳动者享有的职业卫生保护权利，包括：

1)获得职业卫生教育、培训；

2)获得职业健康检查、职业病诊疗、康复等职业病防治服务;

3)了解工作场所产生或者可能产生的职业病危害因素、危害后果和应当采取的职业病防护措施;

4)要求用人单位提供符合防治职业病要求的职业病防护设施和个人使用的职业病防护用品,改善工作条件;

5)对违反职业病防治法律、法规以及危及生命健康的行为提出批评、检举和控告;

6)拒绝违章指挥和强令进行没有职业病防护措施的作业;

7)参与用人单位职业卫生工作的民主管理,对职业病防治工作提出意见和建议。

三、主要修改条文

第三十五条 对从事接触职业病危害的作业的劳动者,用人单位应当按照国务院安全生产监督管理部门、卫生行政部门的规定组织上岗前、在岗期间和离岗时的职业健康检查,并将检查结果书面告知劳动者。职业健康检查费用由用人单位承担。

用人单位不得安排未经上岗前职业健康检查的劳动者从事接触职业病危害的作业;不得安排有职业禁忌的劳动者从事其所禁忌的作业;对在职业健康检查中发现有与所从事的职业相关的健康损害的劳动者,应当调离原工作岗位,并妥善安置;对未进行离岗前职业健康检查的劳动者不得解除或者终止与其订立的劳动合同。

职业健康检查应当由取得《医疗机构执业许可证》的医疗卫生机构承担。卫生行政部门应当加强对职业健康检查工作的规范管理,具体管理办法由国务院卫生行政部门制定。(修改)

(修改前:职业健康检查应当由省级以上人民政府卫生行政部门批准的医疗卫生机构承担。)

第四十六条 职业病诊断,应当综合分析下列因素:

(一)病人的职业史;

(二)职业病危害接触史和工作场所职业病危害因素情况;

(三)临床表现以及辅助检查结果等。

没有证据否定职业病危害因素与病人临床表现之间的必然联系的,应当诊断为职业病。

承担职业病诊断的医疗卫生机构在进行职业病诊断时,应当组织三名以上取得职业病诊断资格的执业医师集体诊断。(删除)

职业病诊断证明书应当由参与诊断的取得职业病诊断资格的执业医师签署,并经承担职业病诊断的医疗卫生机构审核盖章。(修改)

(修改前:职业病诊断证明书应当由参与诊断的医师共同签署,并经承担职业病诊断的医疗卫生机构审核盖章。)

第七十九条 未取得职业卫生技术服务资质认可擅自从事职业卫生技术服务的,或者医疗卫生机构未经批准擅自从事职业病诊断的,由安全生产监督管理部门和卫生行政部门依据职责分工责令立即停止违法行为,没收违法所得;违法所得五千元以上的,并处违法所得二倍以上十倍以下的罚款;没有违法所得或者违法所得不足五千元的,并处五千元以上五万元以下的罚款；情节严重的，对直接负责的主管人员和其他直接责任人员，依法给予降级、撤职或者开除的处分。（修改，删除原条文中“职业健康检查”）

（修改前：未取得职业卫生技术服务资质认可擅自从事职业卫生技术服务的，或者医疗卫生机构未经批准擅自从事职业健康检查、职业病诊断的，由安全生产监督管理部门和卫生行政部门依据职责分工责令立即停止违法行为，没收违法所得；违法所得五千元以上的，并处违法所得二倍以上十倍以下的罚款；没有违法所得或者违法所得不足五千元的，并处五千元以上五万元以下的罚款；情节严重的，对直接负责的主管人员和其他直接责任人员，依法给予降级、撤职或者开除的处分。）

第八十条 从事职业卫生技术服务的机构和承担职业病诊断的医疗卫生机构违反本法规定，有下列行为之一的，由安全生产监督管理部门和卫生行政部门依据职责分工责令立即停止违法行为，给予警告，没收违法所得；违法所得五千元以上的，并处违法所得二倍以上五倍以下的罚款；没有违法所得或者违法所得不足五千元的，并处五千元以上二万元以下的罚款；情节严重的，由原认可或者批准机关取消其相应的资格；对直接负责的主管人员和其他直接责任人员，依法给予降级、撤职或者开除的处分；构成犯罪的，依法追究刑事责任：

（一）超出资质认可或者批准范围从事职业卫生技术服务或者职业病诊断的；

（二）不按照本法规定履行法定职责的；

（三）出具虚假证明文件的。

（修改，删除原条文中“职业健康检查”）

修改前：从事职业卫生技术服务的机构和承担职业健康检查、职业病诊断的医疗卫生机构违反本法规定，有下列行为之一的，由安全生产监督管理部门和卫生行政部门依据职责分工责令立即停止违法行为，给予警告，没收违法所得；违法所得五千元以上的，并处违法所得两倍以上五倍以下的罚款；没有违法所得或者违法所得不足五千元的，并处五千元以上两万元以下的罚款；情节严重的，由原认可或者批准机关取消其相应的资格；对直接负责的主管人员和其他直接责任人员，依法给予降级、撤职或者开除的处分；构成犯罪的，依法追究刑事责任：

（一）超出资质认可或者批准范围从事职业卫生技术服务或者职业健康检查、职业病诊断的；

（二）不按照本法规定履行法定职责的；

（三）出具虚假证明文件的。

第三节 消防法

一、概述

《中华人民共和国消防法》1998 年 4 月 29 日第九届全国人民代表大会常务委员会第

二次会议通过,1998 年 9 月 1 日起施行。中华人民共和国第十一届全国人民代表大会常务委员会第五次会议于 2008 年 10 月 28 日修订通过,现将修订后的《中华人民共和国消防法》公布,自 2009 年 5 月 1 日起施行。

《中华人民共和国消防法》(以下简称《消防法》)共七章七十四条。包括总则、火灾预防、消防组织、灭火求援、监督检查、法律责任和附则。

《消防法》的制定和实施对于预防火灾和减少火灾危害,保护公民人身、公共财产和公民财产的安全,维护公共安全,保障社会主义现代化建设的顺利进行起到了重要作用。

《消防法》提出了我国消防工作的方针,即消防工作贯彻预防为主、防消结合的方针,按照政府统一领导、部门依法监管、单位全面负责、公民积极参与的原则,实行消防安全责任制,建立健全社会化的消防工作网络。

《消防法》规定了机关、团体、企业、事业单位应当履行下列消防安全职责,包括:

(1)落实消防安全责任制,制定本单位的消防安全制度、消防安全操作规程,制定灭火和应急疏散预案;

(2)按照国家标准、行业标准配置消防设施、器材,设置消防安全标志,并定期组织检验、维修,确保完好有效;

(3)对建筑消防设施每年至少进行一次全面检测,确保完好有效,检测记录应当完整准确,存档备查;

(4)保障疏散通道、安全出口、消防车通道畅通,保证防火防烟分区、防火间距符合消防技术标准;

(5)组织防火检查,及时消除火灾隐患;

(6)组织进行有针对性的消防演练;

(7)法律、法规规定的其他消防安全职责。

单位的主要负责人是本单位的消防安全责任人。

《消防法》规定要建立专职消防队的单位,包括:

(1)核电厂、大型发电厂、民用机场、大型港口;

(2)生产、储存易燃易爆危险物品的大型企业;

(3)储备可燃的重要物资的大型仓库、基地;

(4)第一项、第二项、第三项规定以外的火灾危险性较大、距离当地公安消防队较远的其他大型企业;

(5)距离当地公安消防队较远的列为全国重点文物保护单位的古建筑群的管理单位。

二、重点条款理解

《消防法》第九条规定:“建设工程的消防设计、施工必须符合国家工程建设消防技术标准。建设、设计、施工、工程监理等单位依法对建设工程的消防设计、施工质量负责。”

《消防法》第十三条规定了消防工程的验收要求,即:按照国家工程建筑消防技术标准需要进行消防设计的建筑工程，设计单位应当按照国家工程建筑消防技术标准进行设计，建设单位应当将建筑工程的消防设计图纸及有关资料报送公安消防机构审核；未经审核或者经审核不合格的，建设行政主管部门不得发给施工许可证，建设单位不得施工。

经公安消防机构审核的建筑工程消防设计需要变更的，应当报经原审核的公安消防机构核准；未经核准的，任何单位、个人不得变更。按照国家工程建筑消防技术标准进行消防设计的建筑工程竣工时，必须经公安消防机构进行消防验收；未经验收或者经验收不合格的，不得投入使用。

消防法第十九条规定“生产、储存、经营易燃易爆危险品的场所不得与居住场所设置在同一建筑物内，并应当与居住场所保持安全距离。

生产、储存、经营其他物品的场所与居住场所设置在同一建筑物内的，应当符合国家工程建设消防技术标准”。

《消防法》第二十八条对消防设施的管理提出了要求：任何单位、个人不得损坏或者擅自挪用、拆除、停用消防设施、器材，不得埋压、圈占消火栓，不得占用防火间距，不得堵塞消防通道。

《消防法》第二十四条对消防产品做了规定：消防产品的质量必须符合国家标准或者行业标准。禁止生产、销售或者使用未经依照产品质量法的规定确定的检验机构检验合格的消防产品。

第四节　建筑工程安全生产管理条例

《建设工程安全生产管理条例》（以下简称《条例》）是根据《中华人民共和国建筑法》《中华人民共和国安全生产法》制定的国家法规，目的是加强建设工程安全生产监督管理，保障人民群众生命和财产安全。由国务院于2003年11月24日发布，自2004年2月1日起施行。共计八章七十一条。

本条例所称建设工程，是指土木工程、建筑工程、线路管道和设备安装工程及装修工程。

《条例》规定了建设单位的安全管理职责：建设单位应当向施工单位提供施工现场及毗邻区域内供水、排水、供电、供气、供热、通信、广播电视等地下管线资料，气象和水文观测资料，相邻建筑物和构筑物、地下工程的有关资料；不得对勘察、设计、施工、工程监理等单位提出不符合建设工程安全生产法律、法规和强制性标准规定的要求，不得压缩合同约定的工期；在编制工程概算时，应当确定建设工程安全作业环境及安全施工措施所需费用；不得明示或者暗示施工单位购买、租赁、使用不符合安全施工要求的安全防护用具、机械设备、施工机具及配件、消防设施和器材；在申请领取施工许可证时，应当提供建设工程有关安全施工措施的资料；应当将拆除工程发包给具有相应资质等级的施工单位。

《条例》明确了施工施工单位的安全管理责任：从事建设工程的新建、扩建、改建和拆除等活动，应当具备国家规定的注册资本、专业技术人员、技术装备和安全生产等条件，依法取得相应等级的资质证书，并在其资质等级许可的范围内承揽工程。施工单位主要负责人依法对本单位的安全生产工作全面负责。施工单位应当建立健全安全生产责任制度和安全生产教育培训制度，制定安全生产规章制度和操作规程，保证本单位安全生产条件所需资金的投入，对所承担的建设工程进行定期和专项安全检查，并做好安全检查记录。施工单位的项目负责人应当由取得相应执业资格的人员担任，对建设工程项目的安全施工负责，落实安全生产责任制度、安全生产规章制度和操作规程，确保安全生产费用的有效使用，并根据工程的特点组织制定安全施工措施，消除安全事故隐患，及时、如实报告生产安全事故。施工单位对列入建设工程概算的安全作业环境及安全施工措施所需费用，应当用于施工安全防护用具及设施的采购和更新、安全施工措施的落实、安全生产条件的改善，不得挪作他用。施工单位应当设立安全生产管理机构，配备专职安全生产管理人员。

垂直运输机械作业人员、安装拆卸工、爆破作业人员、起重信号工、登高架设作业人员等特种作业人员，必须按照国家有关规定经过专门的安全作业培训，并取得特种作业操作资格证书后，方可上岗作业。施工单位应当在施工组织设计中编制安全技术措施和施工现场临时用电方案，对下列达到一定规模的危险性较大的分部分项工程编制专项施工方案，并附具安全验算结果，经施工单位技术负责人、总监理工程师签字后实施，由专职安全生产管理人员进行现场监督：

（一）基坑支护与降水工程；

（二）土方开挖工程；

（三）模板工程；

（四）起重吊装工程；

（五）脚手架工程；

（六）拆除、爆破工程；

（七）国务院建设行政主管部门或者其他有关部门规定的其他危险性较大的工程。

本条第一款规定的达到一定规模的危险性较大工程的标准，由国务院建设行政主管部门会同国务院其他有关部门制定。

建设工程施工前，施工单位负责项目管理的技术人员应当对有关安全施工的技术要求向施工作业班组、作业人员做出详细说明，并由双方签字确认。施工单位应当在施工现场入口处、施工起重机械、临时用电设施、脚手架、出入通道口、楼梯口、电梯井口、孔洞口、桥梁口、隧道口、基坑边沿、爆破物及有害危险气体和液体存放处等危险部位，设置明显的安全警示标志。安全警示标志必须符合国家标准。

施工单位应当将施工现场的办公、生活区与作业区分开设置，并保持安全距离；办公、生活区的选址应当符合安全性要求。职工的膳食、饮水、休息场所等应当符合卫生标准。施工单位不得在尚未竣工的建筑物内设置员工集体宿舍。

施工现场临时搭建的建筑物应当符合安全使用要求。施工现场使用的装配式活动房屋应当具有产品合格证。

施工单位对因建设工程施工可能造成损害的毗邻建筑物、构筑物和地下管线等，应当采取专项防护措施。

施工单位应当遵守有关环境保护法律、法规的规定，在施工现场采取措施，防止或者减少粉尘、废气、废水、固体废物、噪声、振动和施工照明对人和环境的危害和污染。

在城市市区内的建设工程，施工单位应当对施工现场实行封闭围挡。

施工单位应当在施工现场建立消防安全责任制度，确定消防安全责任人，制定用火、用电、使用易燃易爆材料等各项消防安全管理制度和操作规程，设置消防通道、消防水源，配备消防设施和灭火器材，并在施工现场入口处设置明显标志。施工单位应当向作业人员提供安全防护用具和安全防护服装，并书面告知危险岗位的操作规程和违章操作的危害。

作业人员应当遵守安全施工的强制性标准、规章制度和操作规程，正确使用安全防护用具、机械设备等。施工单位采购、租赁的安全防护用具、机械设备、施工机具及配件，应当具有生产(制造)许可证、产品合格证，并在进入施工现场前进行查验。

施工现场的安全防护用具、机械设备、施工机具及配件必须由专人管理，定期进行检查、维修和保养，建立相应的资料档案，并按照国家有关规定及时报废。

施工单位在使用施工起重机械和整体提升脚手架、模板等自升式架设设施前，应当组织有关单位进行验收，也可以委托具有相应资质的检验检测机构进行验收；使用承租的机械设备和施工机具及配件的，由施工总承包单位、分包单位、出租单位和安装单位共同进行验收。验收合格的方可使用。

《特种设备安全监察条例》规定的施工起重机械，在验收前应当经有相应资质的检验检测机构监督检验合格。

施工单位应当自施工起重机械和整体提升脚手架、模板等自升式架设设施验收合格之日起30日内，向建设行政主管部门或者其他有关部门登记。登记标志应当置于或者附着于该设备的显著位置。

施工单位的主要负责人、项目负责人、专职安全生产管理人员应当经建设行政主管部门或者其他有关部门考核合格后方可任职。施工单位应当对管理人员和作业人员每年至少进行一次安全生产教育培训，其教育培训情况记入个人工作档案。安全生产教育培训考核不合格的人员，不得上岗。作业人员进入新的岗位或者新的施工现场前，应当接受安全生产教育培训。未经教育培训或者教育培训考核不合格的人员，不得上岗作业。

施工单位在采用新技术、新工艺、新设备、新材料时，应当对作业人员进行相应的安全生产教育培训。

施工单位应当为施工现场从事危险作业的人员办理意外伤害保险。意外伤害保险费由施工单位支付。实行施工总承包的，由总承包单位支付意外伤害保险费。意外伤害保险期限自建设工程开工之日起至竣工验收合格止。

第五节 安全生产许可证条例

《安全生产许可证条例》已经2004年1月7日国务院第34次常务会议通过，现予公布，自公布之日起施行，共二十四条。根据2014年7月29日《国务院关于修改部分行政法规的决定》进行修订，共计二十四条。

为了严格规范安全生产条件，进一步加强安全生产监督管理，防止和减少生产安全事故，根据《中华人民共和国安全生产法》的有关规定，国家对矿山企业、建筑施工企业和危险化学品、烟花爆竹、民用爆炸物品生产企业（以下统称企业）实行安全生产许可制度。

《安全生产许可证条例》规定：企业取得安全生产许可证，应当具备下列安全生产条件：

（1）建立、健全安全生产责任制，制定完备的安全生产规章制度和操作规程；

（2）安全投入符合安全生产要求；

（3）设置安全生产管理机构，配备专职安全生产管理人员；

（4）主要负责人和安全生产管理人员经考核合格；

（5）特种作业人员经有关业务主管部门考核合格，取得特种作业操作资格证书；

（6）从业人员经安全生产教育和培训合格；

（7）依法参加工伤保险，为从业人员缴纳保险费；

（8）厂房、作业场所和安全设施、设备、工艺符合有关安全生产法律、法规、标准和规程的要求；

（9）有职业危害防治措施，并为从业人员配备符合国家标准或者行业标准的劳动防护用品；

（10）依法进行安全评价；

（11）有重大危险源检测、评估、监控措施和应急预案；

（12）有生产安全事故应急救援预案、应急救援组织或者应急救援人员，配备必要的应急救援器材、设备；

（13）法律、法规规定的其他条件。

《安全生产许可证条例》规定：安全生产许可证的有效期为3年。

第六节 特种设备管理条例

《特种设备安全监察条例》经2003年2月19日国务院第68次常务会议通过，2003年6月1日起施行。依《国务院关于修改〈特种设备安全监察条例〉的决定》（国务院令第549号）修订，修订版于2009年1月24日公布，自2009年5月1日起施行。共八章103条。包括总则、特种设备的生产、使用、检测、检查、预防和调查处理、法律责任和附则。

《特种设备安全监察条例》所称特种设备是指涉及生命安全、危险性较大的锅炉、压力容器(含气瓶，下同)、压力管道、电梯、起重机械、客运索道、大型游乐设施和场(厂)内专用机动车辆。

一、责任主体

生产单位:设计、制造、安装、改造、修理

使用单位:充装单位，共有人可以委托

经销单位:销售、出租、进口

检验、检测单位:监督检验、定期检验、型式试验、设计文件鉴定、无损检测

安全监管部门

以上组织中的相关人员

二、企业的主体责任

1. 遵守本法和其他有关法律、法规，建立健全安全和节能责任制度，加强管理，保安全，符合节能。(《条例》第五条第1款第3款/第3条)

2. 遵守特种设备安全技术规范及相关标准。(新增)

3. 对其负责的特种设备安全负责。配备安全管理人员、检测人员和作业人员，并对其安全教育和技能培训。(第五条第2款、第三十九条第1款/同4)

4. 人员取得资格，执行安全技术规范和管理制度，保证特种设备安全。(第三十八条、第三十九条第2款/第十三条第2款)

5. 对其负责的设备进行自检和维保，规定检验的特种设备及时申报并接受检验。(第二十七条第1款/第十三条第3款和第4款)

6. 向特种设备检验、检测机构及其人员提供相关资料和必要的检验、检测条件，并对资料的真实性负责。(新增条款)

7. 受到故意刁难，有权向负责特种设备安全监督管理的部门投诉。(第四十九条/第七条)

三、使用单位的责任

1. 使用经许可生产并经检验合格的设备，禁止使用淘汰和已经报废的设备。(新增条款/第十三条第4款和第5款)

2. 投用前或使用后30日办理使用登记，取得证书。将登记标志应当置于该特种设备的显著位置。(第二十五条)

3. 建立岗位责任、隐患治理、应急救援等安全管理制度，制定操作规程。(新增条款/第十三条第5款)

4. 建立安全技术档案。(第二十六条)

5. 为公众提供服务的单位承担安全责任,并设置安全管理机构或者配备专职的安全管理人员,否则设置安全管理机构或者配备专职、兼职安全管理人员。(第三十三条第1款)为公众提供服务的运营使用单位:电梯、客运索道、大型游乐设施。

6. 特种设备的安全距离、安全防护措施以及与其安全相关的建筑物、附属设施,应当符合规定。(新增条款)

7. 特种设备共有人的责任划分。(新增条款)

8. 经常性维护保养和定期自行检查,并做出记录。对设备的安全附件、安全保护装置进行定期校验、检修,并做出记录。(第二十七条第2款和第3款)

9. 有效期届满前一个月向检验机构提出定检要求。将定检标志置于显著位置。未经定检或检验不合格不得继续使用。(第二十八条)

10. 安全管理人员和作业人员的职责。(第三十三条第2款第四十条)

11. 出现故障或异常,全面检查、消除事故隐患。(第二十九条/第十三条第5款)

12. 隐患未消除不得重新投用;不符合能效指标的,必须整改。

四、关于隐患的管理是安全责任的焦点

1. 应建立《隐患管理台账》;

2. 应分级管理;

3. 逐一落实整改方案、整改人员、整改期限,按照规定程序审批后组织实施;

4. 对隐患的整改情况应进行确认;

5. 外部发现隐患整改后应报告;

6. 保证形成闭环使用未经定期检验或检验不合格的设备;

7. 出现故障或者发生异常情况,未对其进行全面检查、消除事故隐患,继续投入使用;

8. 未制定应急专项预案;

9. 未对电梯进行清洁、润滑、调整和检查:

10. 未进行锅炉水(介)质处理的;

11. 设备不符合能效指标,未及时采取措施进行整改。

责任形式:责令限期改正;逾期未改,两千元以上两万元以下;情节严重的,责令停止使用或者停产停业整顿。

第七节 危险化学品管理条例

《危险化学品安全管理条例》已经2002年1月9日国务院第52次常务会议通过,现予公布,自2002年3月15日起施行。2011年2月16日修订。根据2013年12月4日国务院第32次常务会议通过,2013年12月7日中华人民共和国国务院令第645号公布,自2013年12月7日起施行的《国务院关于修改部分行政法规的决定》修正共8章102

条。新条例突出四项备案制度(企业责任)、五项名单公告制度(政府责任)、七项其他法律规章(企业责任、政府责任)、十五项审查、审批制度(企业责任、政府责任)。

《危险化学品安全管理条例》(以下简称条例)所称危险化学品是指具有毒害、腐蚀、爆炸、燃烧、助燃等性质,对人体、设施、环境具有危害的剧毒化学品和其他化学品。

《危险化学品安全管理条例》规定:危险化学品安全管理,应当坚持安全第一、预防为主、综合治理的方针,强化和落实企业的主体责任。

一、四项备案制度(企业责任)

备案制度是指依照法定程序报送有关机关备案,对符合法定条件的,有关机关应当予以登记的法律性要求。为了保障《条例》在实施过程中能合法有效地对危险化学品的安全管理,预防和减少危险化学品事故,针对危险化学品安全管理的实际情况,结合危险化学品生产、储存、经营、运输过程中的所存在的危险特性和风险程度,《条例》共确立了四项备案制度。

1. 安全评价报告以及整改方案的落实情况备案(县级安全监管部门或港口行政部门)

《条例》第二十二条生产、储存危险化学品的企业,应当将安全评价报告以及整改方案的落实情况报所在地县级人民政府安全生产监督管理部门备案。在港区内储存危险化学品的企业,应当将安全评价报告以及整改方案的落实情况报港口行政管理部门备案。

2. 储存剧毒化学品以及储存数量构成重大危险源的其他危险化学品的备案(县级安全监管部门或港口行政部门、公安机关)

《条例》第二十五条对剧毒化学品以及储存数量构成重大危险源的其他危险化学品,储存单位应当将其储存数量、储存地点以及管理人员的情况,报所在地县级人民政府安全生产监督管理部门(在港区内储存的,报港口行政管理部门)和公安机关备案。

3. 剧毒化学品、易制爆危险化学品销售情况备案(县级公安机关)

《条例》第四十一条剧毒化学品、易制爆危险化学品的销售企业、购买单位应当在销售、购买后5日内,将所销售、购买的剧毒化学品、易制爆危险化学品的品种、数量以及流向信息报所在地县级人民政府公安机关备案,并输入计算机系统。

4. 危险化学品事故应急预案(市级安全监管部门)

《条例》第七十条危险化学品单位应当将其危险化学品事故应急预案报所在地设区的市级人民政府安全生产监督管理部门备案。

二、六项名单公告制度(政府责任)

为了贯彻国家相关政策,进一步突出重点、强化监管,需要对监管对象确定范围,以便落实责任,更好的实施危险化学品的安全监管工作。在《条例》中共提出了6项名单公告制度,其中有1项属于引用。

1. 危险化学品目录(国务院安全生产监督管理部门会同国务院工业和信息化、公安、环境保护、卫生、质量监督检验检疫、交通运输、铁路、民用航空、农业主管部门确定)

《条例》第三条危险化学品目录,由国务院安全生产监督管理部门会同国务院工业和信息化、公安、环境保护、卫生、质量监督检验检疫、交通运输、铁路、民用航空、农业主管部门,根据化学品危险特性的鉴别和分类标准确定、公布,并适时调整。

2. 实施重点环境管理的危险化学品(环境保护主管部门确定)

《条例》第六条(四)环境保护主管部门负责废弃危险化学品处置的监督管理,组织危险化学品的环境危害性鉴定和环境风险程度评估,确定实施重点环境管理的危险化学品,负责危险化学品环境管理登记和新化学物质环境管理登记;依照职责分工调查相关危险化学品环境污染事故和生态破坏事件,负责危险化学品事故现场的应急环境监测。

3. 易制爆危险化学品(国务院公安部门规定)

《条例》第二十三条生产、储存剧毒化学品或者国务院公安部门规定的可用于制造爆炸物品的危险化学品(以下简称易制爆危险化学品)的单位,应当如实记录其生产、储存的剧毒化学品、易制爆危险化学品的数量、流向,并采取必要的安全防范措施,防止剧毒化学品、易制爆危险化学品丢失或者被盗;发现剧毒化学品、易制爆危险化学品丢失或者被盗的,应当立即向当地公安机关报告。

4. 危险化学品使用量的数量标准(国务院安全生产监督管理部门会同国务院公安部门、农业主管部门确定)

《条例》第二十九条使用危险化学品从事生产并且使用量达到规定数量的化工企业(属于危险化学品生产企业的除外,下同),应当依照本条例的规定取得危险化学品安全使用许可证。

前款规定的危险化学品使用量的数量标准,由国务院安全生产监督管理部门会同国务院公安部门、农业主管部门确定并公布。

5. 禁止通过内河运输的剧毒化学品以及其他危险化学品(国务院交通运输主管部门会同国务院环境保护主管部门、工业和信息化主管部门、安全生产监督管理部门规定)

《条例》第五十四条禁止通过内河运输的剧毒化学品以及其他危险化学品的范围,由国务院交通运输主管部门会同国务院环境保护主管部门、工业和信息化主管部门、安全生产监督管理部门,根据危险化学品的危险特性、危险化学品对人体和水环境的危害程度以及消除危害后果的难易程度等因素规定并公布。

6. 列入国家实行生产许可证制度的工业产品目录的危险化学品(国务院工业产品生产许可证主管部门会同国务院有关部门制定)

《条例》第十四条生产列入国家实行生产许可证制度的工业产品目录的危险化学品的企业,应当依照《中华人民共和国工业产品生产许可证管理条例》的规定,取得工业产品生产许可证。

注:中华人民共和国国务院令第440号《中华人民共和国工业产品生产许可证管理条例》,自2005年9月1日起施行。

第二条国家对生产下列重要工业产品的企业实行生产许可证制度:……(五)电力铁

塔、桥梁支座、铁路工业产品、水工金属结构、危险化学品及其包装物、容器等影响生产安全、公共安全的产品；

第三条国家实行生产许可证制度的工业产品目录（以下简称目录）由国务院工业产品生产许可证主管部门会同国务院有关部门制定，并征求消费者协会和相关产品行业协会的意见，报国务院批准后向社会公布。

三、七项其他法律规章（企业责任、政府责任）

为了更好地与相关法律法规的适应，同时也避免法规条文的臃肿，在《条例》中共涉及7个已经发布的法律法规，相对于国务院令第344号来说全部为新增内容。更体现了法规制定的关联性，完整性。

1.《中华人民共和国港口法》（中华人民共和国主席令第5号），自2004年1月1日起施行。

《条例》第三十三条依照《中华人民共和国港口法》的规定取得港口经营许可证的港口经营人，在港区内从事危险化学品仓储经营，不需要取得危险化学品经营许可。

《条例》第九十二条未向港口行政管理部门报告并经其同意，在港口内进行危险化学品的装卸、过驳作业的，依照《中华人民共和国港口法》的规定处罚。

2.《中华人民共和国邮政法》（中华人民共和国主席令第12号），自2009年10月1日起施行。

《条例》第八十七条邮政企业、快递企业收寄危险化学品的，依照《中华人民共和国邮政法》的规定处罚。

3.《中华人民共和国工业产品生产许可证管理条例》（中华人民共和国国务院令第440号），自2005年9月1日起施行。

《条例》第十四条生产列入国家实行生产许可证制度的工业产品目录的危险化学品的企业，应当依照《中华人民共和国工业产品生产许可证管理条例》的规定，取得工业产品生产许可证。

《条例》第十八条生产列入国家实行生产许可证制度的工业产品目录的危险化学品包装物、容器的企业，应当依照《中华人民共和国工业产品生产许可证管理条例》的规定，取得工业产品生产许可证；其生产的危险化学品包装物、容器经国务院质量监督检验检疫部门认定的检验机构检验合格，方可出厂销售。

4.《安全生产许可证条例》（中华人民共和国国务院令第397号），自2004年1月13日起正式施行。

《条例》第十四条危险化学品生产企业进行生产前，应当依照《安全生产许可证条例》的规定，取得危险化学品安全生产许可证。

5.《中华人民共和国内河交通安全管理条例》（国务院令第355号），自2002年8月1日起施行。

《条例》第九十二条有下列情形之一的，依照《中华人民共和国内河交通安全管理条例》的规定处罚：（一）通过内河运输危险化学品的水路运输企业未制定运输船舶危险化学品事故应急救援预案，或者未为运输船舶配备充足、有效的应急救援器材和设备的；（二）通过内河运输危险化学品的船舶的所有人或者经营人未取得船舶污染损害责任保险证书或者财务担保证明的；（三）船舶载运危险化学品进出内河港口，未将有关事项事先报告海事管理机构并经其同意的；（四）载运危险化学品的船舶在内河航行、装卸或者停泊，未悬挂专用的警示标志，或者未按照规定显示专用信号，或者未按照规定申请引航的。

6.《企业事业单位内部治安保卫条例》（中华人民共和国国务院令第42号），自2004年12月1日起施行。

《条例》第七十八条生产、储存剧毒化学品、易制爆危险化学品的单位未设置治安保卫机构、配备专职治安保卫人员的，依照《企业事业单位内部治安保卫条例》的规定处罚。

7.《生产安全事故报告和调查处理条例》（中华人民共和国国务院令第493号），自2007年6月1日起施行。

《条例》第九十四条危险化学品单位发生危险化学品事故，其主要负责人不立即组织救援或者不立即向有关部门报告的，依照《生产安全事故报告和调查处理条例》的规定处罚。

四、十四项审查、审批制度（企业责任、政府责任）

1. 危险化学品生产企业的安全生产许可制度

《条例》第十四条危险化学品生产企业进行生产前，应当依照《安全生产许可证条例》的规定，取得危险化学品安全生产许可证。

目前已经发布的相关法规有：《危险化学品生产企业安全生产许可证实施办法》（原国家安全监管局令第10号），根据《条例》规定需要修订。

2. 危险化学品安全使用许可制度

《条例》第二十九条使用危险化学品从事生产并且使用量达到规定数量的化工企业（属于危险化学品生产企业的除外，下同），应当依照本条例的规定取得危险化学品安全使用许可证。

目前没有发布与此相关的法规，根据《条例》规定需要制定。

3. 危险化学品经营许可制度

《条例》第三十三条国家对危险化学品经营（包括仓储经营，下同）实行许可制度。未经许可，任何单位和个人不得经营危险化学品。

目前已经发布的相关法规有：《危险化学品经营许可证管理办法》（中华人民共和国国家经济贸易委员会令第36号），根据《条例》规定需要修订。

4. 危险化学品禁止与限制制度

《条例》第五条任何单位和个人不得生产、经营、使用国家禁止生产、经营、使用的危险化学品。

国家对危险化学品的使用有限制性规定的，任何单位和个人不得违反限制性规定使用危险化学品。

《条例》第四十条禁止向个人销售剧毒化学品（属于剧毒化学品的农药除外）和易制爆危险化学品。

《条例》第四十九条未经公安机关批准，运输危险化学品的车辆不得进入危险化学品运输车辆限制通行的区域。危险化学品运输车辆限制通行的区域由县级人民政府公安机关划定，并设置明显的标志。

《条例》第五十四条禁止通过内河封闭水域运输剧毒化学品以及国家规定禁止通过内河运输的其他危险化学品。前款规定以外的内河水域，禁止运输国家规定禁止通过内河运输的剧毒化学品以及其他危险化学品。

《条例》第五十八条通过内河运输危险化学品，危险化学品包装物的材质、形式、强度以及包装方法应当符合水路运输危险化学品包装规范的要求。国务院交通运输主管部门对单船运输的危险化学品数量有限制性规定的，承运人应当按照规定安排运输数量。

目前没有发布与此相关的法规，根据《条例》规定需要制定。

《条例》第十二条新建、改建、扩建生产、储存危险化学品的建设项目（以下简称建设项目），应当由安全生产监督管理部门进行安全条件审查。

建设单位应当对建设项目进行安全条件论证，委托具备国家规定的资质条件的机构对建设项目进行安全评价，并将安全条件论证和安全评价的情况报告报建设项目所在地设区的市级以上人民政府安全生产监督管理部门；安全生产监督管理部门应当自收到报告之日起 45 日内做出审查决定，并书面通知建设单位。具体办法由国务院安全生产监督管理部门制定。

新建、改建、扩建储存、装卸危险化学品的港口建设项目，由港口行政管理部门按照国务院交通运输主管部门的规定进行安全条件审查。

目前已经发布的相关法规有：《危险化学品建设项目安全许可实施办法》（原国家安全生产监督管理总局令第 8 号），根据《条例》规定需要修订。

5. 作业场所和安全设施、设备安全警示制度

《条例》第二十条生产、储存危险化学品的单位，应当在其作业场所和安全设施、设备上设置明显的安全警示标志。

目前已经发布的相关法规有：《作业场所职业健康监督管理暂行规定》（原国家安全生产监督管理总局第 23 令），即将发布的有《化学品作业场所安全警示标志编制规范》。

6. 人员培训考核与持证上岗制度

《条例》第四条危险化学品单位应当具备法律、行政法规规定和国家标准、行业标准要求的安全条件，建立、健全安全管理规章制度和岗位安全责任制度，对从业人员进行安全教育、法制教育和岗位技术培训。从业人员应当接受教育和培训，考核合格后上岗作业；对有资格要求的岗位，应当配备依法取得相应资格的人员。目前已经发布的相关法规有：《生产经营单位安全培训规定》（原国家安全生产监督管理总局令第 3 号）、《特种作业人员安全技术培训考核管理规定》（原国家安全生产监督管理总局令第 30 号）等。根据《条例》规定需要对《生产经营单位安全培训规定》进行修订。

7. 剧毒化学品、易制爆危险化学品准购、准运制度

《条例》第三十八条依法取得危险化学品安全生产许可证、危险化学品安全使用许可证、危险化学品经营许可证的企业，凭相应的许可证件购买剧毒化学品、易制爆危险化学品。民用爆炸物品生产企业凭民用爆炸物品生产许可证购买易制爆危险化学品。

前款规定以外的单位购买剧毒化学品的，应当向所在地县级人民政府公安机关申请取得剧毒化学品购买许可证；购买易制爆危险化学品的，应当持本单位出具的合法用途说明。

《条例》第三十九条剧毒化学品购买许可证管理办法由国务院公安部门制定。

《条例》第五十条通过道路运输剧毒化学品的，托运人应当向运输始发地或者目的地县级人民政府公安机关申请剧毒化学品道路运输通行证。

剧毒化学品道路运输通行证管理办法由国务院公安部门制定。

目前已经发布的相关法规有：《剧毒化学品购买和公路运输许可证件管理办法》(公安部 77 号令)。

8. 从事危险化学品运输企业的资质认定制度

《条例》第四十三条从事危险化学品道路运输、水路运输的，应当分别依照有关道路运输、水路运输的法律、行政法规的规定，取得危险货物道路运输许可、危险货物水路运输许可，并向工商行政管理部门办理登记手续。

目前已经发布的相关法规有：《中华人民共和国道路运输条例》(国务院令第 406 号公布)、《中华人民共和国内河交通安全管理条例》(中华人民共和国国务院令第 355 号)。

9. 危险化学品登记制度

《条例》第六十六条国家实行危险化学品登记制度，为危险化学品安全管理以及危险化学品事故预防和应急救援提供技术、信息支持。

目前已经发布的相关法规有：《危险化学品登记管理办法》(中华人民共和国国家经济贸易委员会令第 35 号)，根据《条例》关于“危险化学品登记”方面部分内容的改变，需要重新修订。

10. 危险化学品和新化学物质环境管理登记

《条例》第九十八条危险化学品环境管理登记和新化学物质环境管理登记，依照有关环境保护的法律、行政法规、规章的规定执行。

目前已经发布的相关法规有：《新化学物质环境管理办法》(环境保护部 2010 年第 7 号令)及《新化学物质申报登记指南》《新化学物质监督管理检查规范》《新化学物质常规申报表及填表说明》《新化学物质简易申报表及填表说明》《新化学物质科学研究备案表及填表说明》和《新化学物质首次活动情况报告表及填表说明》等六项实施配套文件(环办〔2010〕124 号)。没有与“危险化学品环境管理登记”相关的法律规章，需要新制定。

11. 危险化学品环境释放信息报告制度

《条例》第十六条生产实施重点环境管理的危险化学品的企业，应当按照国务院环境保护主管部门的规定，将该危险化学品向环境中释放等相关信息向环境保护主管部门报告。环境保护主管部门可以根据情况采取相应的环境风险控制措施。目前没有发布与此相关的法规，根据《条例》规定需要制定。

12. 化学品危险性鉴定制度

《条例》第一百条化学品的危险特性尚未确定的，由国务院安全生产监督管理部门、国务院环境保护主管部门、国务院卫生主管部门分别负责组织对该化学品的物理危险性、环境危害性、毒理特性进行鉴定。根据鉴定结果，需要调整危险化学品目录的，依照本条例第三条第二款的规定办理。

目前没有发布与此相关的法规，根据《条例》规定需要制定。

13. 危险化学品事故应急救援管理制度

《条例》第七十三条有关危险化学品单位应当为危险化学品事故应急救援提供技术指导和必要的协助。

目前已经发布的相关法规有：《生产安全事故应急预案管理办法》(原国家安全生产监督管理总局令第 17 号)、AQ/T 9007—2011《生产安全事故应急演练指南》、AQ/T 9002—2006《生产经营单位安全生产事故应急预案编制导则》，即将发布的有《危险化学品单位事故应急预案编制通则》。

14. 法律责任追究制度

《条例》第七章法律责任中的第七十五条、第七十六条、第七十七条、第七十九条、第八十条、第八十二条、第八十六条、第八十七条、第八十八条、第九十三条、第九十五条、第九十六条。

《条例》第七章有 12 条提到了相关法律责任追究问题，针对此需要制定相关“法律责任追究”方面的规章文件，以保障《条例》的充分合理的实施与运用。

第八节　安全生产应急管理九条规定

2015 年 2 月 28 日，国家安全监管总局以 74 号令，颁布实施《企业安全生产应急管理九条规定》(以下简称《九条规定》)。《九条规定》的主要内容由 9 个必须组成，抓住了企业安全生产应急管理的主要矛盾和关键问题，就进一步加强安全生产应急管理工作提出了具体意见和要求。其主要特点：

一是突出重点，针对性强。《九条规定》结合企业安全生产应急管理工作实际，在归纳总结近些年应急管理和事故应急救援与处置工作的经验教训基础上，从企业落实责任、机构人员、队伍装备、预案演练、培训考核、情况告知、停产撤人、事故报告、总结评估等九个方面提出要求，明确了企业应急管理工作中最基本、最重要的规定，突出了应急管理的关键要素；

二是依据充分，执行力强。《九条规定》中的每一个“必须”，都依据《安全生产法》《突发事件应对法》《生产安全事故报告和调查处理条例》《危险化学品安全管理条例》和即将出台的《应急管理条例》等法律法规要求，按照《国务院关于加强企业安全生产工作的通知》《国务院安委会关于进一步加强生产安全事故应急处置工作的通知》《生产安全事故预案管理办法》等文件和部门规章要求，做到有法可依、有章可循，确保了《九条规定》的严肃性和科学性。《九条规定》以总局局长令形式发布，具有法律效力，企业必须严格执行；

三是简明扼要，便于熟记。《九条规定》的内容只有425个字，简明扼要，一目了然。虽然有的要求被多次提及，但散落在多项法律法规和技术标准之中，许多企业负责人、安全管理人员和从业人员不够熟悉。《九条规定》把企业在应急管理工作中应该做、必须做的基本要求都规定得非常清楚，便于记忆和执行。

现逐条说明如下：

(1)必须落实企业主要负责人是安全生产应急管理第一责任人的工作责任制，层层建立安全生产应急管理责任体系。

依据《安全生产法》第18条有关要求做出规定。

企业是生产经营活动的主体，是保障安全生产和应急管理的根本和关键所在。做好应急管理工作，强化和落实企业主体责任是根本，强化落实企业主要负责人是应急管理第一责任人是关键，这已经被我国的安全生产和应急管理实践所证明。企业主要负责人作为应急管理的第一责任人，必须对本单位应急管理工作的各个方面、各个环节都要负责，而不是仅仅负责某些方面或者部分环节；必须对本单位应急管理工作全程负责，不能间断；必须对应急管理工作负最终责任，不能以任何借口规避、逃避。《安全生产法》及《九条规定》对此进一步明确重申和强调，具有重要的现实意义。

安全生产应急管理责任体系是明确本单位各岗位应急管理责任及其配置、分解和监督落实的工作体系，是保障本单位应急管理工作顺利开展的关键制度体系。实践证明，只有建立、健全应急管理责任体系，才能做到明确责任、各负其责；才能更好地互相监督、层层落实责任，真正使应急管理有人抓、有人管、有人负责。因此，层层建立安全生产应急管理责任体系是企业加强安全生产应急管理的最为重要的途径。

在实践中，由于企业生产经营活动的性质、特点以及应急管理的状况不同，其应急管理责任制的内容也不完全相同，应当按照相关法律法规要求，明确在责任体系中各岗位责任人员、责任范围和考核标准等内容，这是所有企业应急管理责任体系中必须具备的重要内容。通过这些手段，最终达到层层落实应急管理责任的目的。

事故案例：2014年1月14日14时40分左右，浙江省温岭市台州大东鞋业有限公司发生火灾事故，造成16人死亡，5人受伤，过火面积约1080m^2。经调查，大东鞋厂内部安全管理混乱，安全生产和应急管理主体责任不落实，应急管理、消防安全等工作无专职人员负责，并因计件工资及员工流动性大等原因，企业内部组织管理松散，没有建立安全生产应急管理责任体系，各项安全生产规章制度均得不到有效执行。

(2)必须依法设置安全生产应急管理机构，配备专职或者兼职安全生产应急管理人员，建立应急管理工作制度。

依据《安全生产法》第4条、第21条、第22条、第79条，《突发事件应对法》第22条有关要求做出规定。

《安全生产法》新增的第22条对生产经营单位的安全生产管理机构以及安全生产管

理人员应当履行的职责进行了明确规定，分项职责中有4项与应急管理工作相关；第79条对高危行业建立应急救援组织做出了明确规定，体现出应急管理在安全生产工作中的重要地位。

落实企业应急管理主体责任，需要企业在内部机构设置和人员配备上予以充分保障。应急管理机构和应急管理人员，是企业开展应急管理工作的基本前提，在企业的应急管理工作中发挥着不可或缺的重要作用。特别是在危险性较大的矿山、金属冶炼、城市轨道交通、建筑施工和危险物品的生产、经营、储存、运输单位，应当按照《安全生产法》的要求，将设置应急救援机构作为一项强制要求。

应急管理机构的规模、人员结构、专业技能等，应根据不同企业的实际情况和特点确定。为了保证应急管理机构和人员能够适应应急管理工作需要，应对应急管理人员进行必要的培训演练，使其适应工作需要。对于企业规模较小，设置专职应急管理人员确实有困难的，《九条规定》体现了实事求是的原则，企业规模较小的，可以不设置专职安全生产应急管理人员，但必须指定兼职的安全生产应急管理人员。兼职应急管理人员应该具有与专职应急管理人员相同的素质和能力，能够承担企业日常的应急管理工作，并在企业发生事故时具有相应的事故响应和处置能力。

《安全生产法》第4条新增"安全生产规章制度"内容，主要是考虑到建立、健全安全生产规章制度在加强安全生产工作中的重要作用，因此有必要在法律中予以强调。进一步加强应急管理制度建设，对提升企业安全生产应急管理水平具有重要意义。企业建立的应急管理工作制度，是企业根据有关法律、法规、规章，结合自身情况和安全生产特点制定的关于应急管理工作的规范和要求，是保证企业应急管理工作规范、有效开展的重要保障，也是开展工作最直接的制度依据。企业要强化并规范应急管理工作，就必须建立、健全应急管理各项工作制度，并保证其有效实施。

事故案例：2014年8月2日7时34分，江苏昆山中荣金属制品有限公司抛光二车间发生特别重大铝粉尘爆炸事故，造成97人死亡、163人受伤（事故报告期后，医治无效陆续死亡49人）。中荣公司安全生产和应急管理规章制度不健全、不规范，盲目组织生产，未建立岗位安全操作规程，现有的规章制度未落实到车间、班组；未建立隐患排查治理制度，无《隐患排查治理台账》。因违法违规组织项目建设和生产，造成事故发生。

（3）必须依法建立专（兼）职应急救援队伍或与邻近专职救援队签订救援协议，配备必要的应急装备、物资，危险作业必须有专人监护。

依据《安全生产法》第40条、第76条、第79条，《突发事件应对法》第26条、第27条有关要求做出规定。

《安全生产法》第76条规定，"鼓励生产经营单位和其他社会力量建立应急救援队伍，配备相应的应急救援装备和物资，提高应急救援的专业化水平"。《突发事件应对法》第26条规定，"单位应当建立由本单位职工组成的专职或者兼职应急救援队伍"。2009年国务院办公厅印发的《关于加强基层应急队伍建设的意见》明确提出，重要基础设施运行单位要组建本单位运营保障应急队伍，推进矿山、危险化学品、高风险油气田勘探与开采、核工业、森工、民航、铁路、水运、电力和电信等企事业单位应急救援队伍建设，以有效提高现场先期快速处置能力。国务院国资委发布的《中央企业应急管理暂行办法》提出，中央企业应当按照专业救援和职工参与相结合、险时救援和平时防范相结合的原则，建设以专业队伍为骨干、兼职队伍为辅助、职工队伍为基础的企业应急救援队伍体系。以上规定均对企业建立救援队伍提出了明确要求。

企业建立的专(兼)职应急救援队伍，在事故发生时，能够在第一时间迅速、有效地投入救援与处置工作，防止事故进一步扩大，最大限度地减少人员伤亡和财产损失。考虑到不同行业面临的生产安全事故的风险差异，大中小各类企业的规模不同，《安全生产法》中并没有把建立专(兼)职应急救援队伍作为所有生产经营单位的强制性义务，除了有关法律法规做出强制要求的高危行业企业，对其他生产经营单位只作政策性引导。在无法建立专(兼)职应急救援队伍的情况下，应与邻近的专职应急救援队伍签订救援协议，确保事故状态下能够有专业救援队伍到场开展应急处置。

配备必要的应急救援装备、物资，是开展应急救援不可或缺的保障，既可以保障救援人员的人身安全，又可以保障救援工作的顺利进行。应急救援装备、物资必须在平时就予以储备，确保事故发生时可立即投入使用。企业要根据生产规模、经营活动性质、安全生产风险等客观条件，以满足应急救援工作的实际需要为原则，有针对性、有选择地配备相应数量、种类的应急救援装备、物资。同时，要注意装备、物资的维护和保养，确保处于正常运转状态。

《安全生产法》第 40 条明确了爆破、吊装等危险作业必须安排专人进行现场安全管理，确保操作规程的遵守和安全措施的落实。总局发布的《工贸企业有限空间作业安全管理与监督暂行规定》《有限空间安全作业五条规定》中，明确提出了设立监护人员、加强监护措施等要求。安排专人监护，对于保证危险作业的现场安全特别是作业人员的安全十分重要。所谓专人，是指具有一定安全知识、熟悉风险作业特点和操作规程，并具有救援能力的人员。监护人员要严格履行现场安全管理的职责，包括监督操作人员遵守操作规程，检查各项安全措施落实情况，处理现场紧急事件，第一时间开展现场救援，确保危险作业的安全。

事故案例:2014 年 4 月 7 日 4 时 50 分，云南省曲靖市麒麟区黎明实业有限公司下海子煤矿发生一起重大水害事故，造成 21 人死亡，1 人下落不明。救援过程中，云南省调集省内 9 支专业矿山救护队、60 支煤矿兼职救护队、3 支钻井队，大型排水设备 49 台件，采购大型物资设备 94 台件，电缆 8000m，排水管 8000m，投入 1800 余名抢险救援人员参与救援工作。由于云南省及整个西南地区缺乏耐酸潜水泵及高压柔性软管等救援装备、物资，国家安全生产应急救援指挥中心及时协调河南、山西两省有关企业的大型排水设备，协调总参作战部、空军、民航运输排水管线，协调公安部、交通运输部为设备运输提供支持，保证了应急救援工作的顺利开展。

(4)必须在风险评估的基础上，编制与当地政府及相关部门相衔接的应急预案，重点岗位制定应急处置卡，每年至少组织一次应急演练。

依据《安全生产法》第 37 条、第 41 条、第 78 条有关要求做出规定。

原《安全生产法》仅对政府组织有关部门制定生产安全事故应急救援预案做了规定，

没有规定企业的这项职责。新《安全生产法》增加的第78条对企业制定应急预案做了明确规定，要求与所在地县级以上人民政府组织制定的生产安全事故应急救援预案相衔接，并定期组织演练。《生产安全事故应急预案管理办法》明确规定："生产经营单位应当依据有关法律、法规和《生产经营单位安全生产事故应急预案编制导则》，结合本单位的危险源状况、危险性分析和可能发生的事故特点，制定相应的应急预案"。

由于在企业生产经营活动中，作业人员所从事的工作潜在危险性较大，一旦发生事故不仅会给作业人员自身的生命安全造成危害，而且也容易对其他作业人员的生命和财产安全造成威胁。因此，要对企业存在的危险因素较多、危险性较大、事故易发多发区域和环节和重大危险源开展全面细致的风险评估，对各种危险因素进行综合的分析、判断，掌握其危险程度，针对危险因素特点和危险程度制定相应的应急措施，避免事故发生或者降低事故造成的损失。风险评估的结论，对于企业有针对性地开展应急培训、演练、装备物资储备和救援指挥程序等全环节的应急管理活动都具有重要的参考意义，应当高度重视并切实做好风险评估工作。

按照《国家公共突发事件总体应急预案》中"应急预案体系"的规定，企业根据有关法律法规制定的应急预案是应急预案体系的一部分，各预案之间应当协调一致，充分发挥其整体作用。县级以上地方人民政府组织制定的生产安全事故应急预案是综合性的，适用于本地区所有生产经营单位。企业制定的本单位事故应急预案应与综合性应急预案相衔接，确保协调一致，互相配套，一旦启动能够顺畅运行，提高事故应急救援工作的效率。企业应按照《生产安全事故应急预案管理办法》和《生产安全事故应急演练指南》的要求，对应急预案定期组织演练，使企业主要负责人、有关管理人员和从业人员都能够身临其境积累"实战"经验，熟悉、掌握应急预案的内容和要求，相互协作、配合。同时，通过组织演练，也能够发现应急预案存在的问题，及时修改完善。若企业关键、重点岗位从业人员及管理人员发生变动时，必须组织相关人员开展演练活动，并考虑增加演练频次，使相关人员尽快熟练掌握岗位所需的应急知识，提高处置能力。

《安全生产法》中将定期组织应急演练明确规定为企业的一项法定义务，督促企业定期组织开展演练。要坚决纠正重演轻练的错误倾向，真正通过演练检验预案、磨合机制、锻炼队伍、教育公众。企业要按照《生产安全事故应急预案管理办法》第26条关于演练次数的要求，每年至少组织一次综合应急演练或者专项应急演练。

重点岗位《应急处置卡》是加强应急知识普及、面向企业一线从业人员的应急技能培训和提高自救互救能力的有效手段。《应急处置卡》是在编制企业应急预案的基础上，针对车间、岗位存在的危险性因素及可能引发的事故，按照具体、简单、针对性强的原则，做到关键、重点岗位的应急程序简明化、牌板化、图表化，制定出的简明扼要现场处置方案，在事故应急处置过程中可以简便快捷地予以实施。这一方面有利于使从业人员做到心中有数，提高安全生产意识和事故防范能力，减少事故发生，降低事故损失；另一方面方便企业如实告知从业人员应当采取的防范措施和事故应急措施，提高自救互救能力。

事故案例：2003年12月23日21时57分，重庆市开县高桥镇"罗家16H"井发生了特大井喷事故，造成243人死亡，9.3万余人受灾，6.5万余人被迫疏散转移。事故发生后，由于中央企业与地方政府特别是区县级人民政府在事故报告、情况通报方面程序不完善，没有制定相互衔接的应急预案，导致企业与地方政府之间缺乏及时沟通协调。钻探公司先报告四川石油管理局，再转报重庆市安监局，然后转报市政府，最后才通知开县县政府，此时距事故发生已有一个半小时，而人员伤亡最大的高桥镇却一直没有接到钻井队事故报告，致使事故应急救援严重滞后。

（5）必须开展从业人员岗位应急知识教育和自救互救、避险逃生技能培训，并定期组织考核。

依据《安全生产法》第25条、第55条有关要求做出规定。

《安全生产法》第25条中明确了安全生产教育和培训应当包括的内容，增加规定了“了解事故应急处理措施以及熟悉从业人员自身在安全生产方面的权利和义务”两方面的内容。事故应急知识是应急培训的重要内容，从业人员掌握了这些知识，可以在事故发生时有效应对，在保护自身安全的同时，防止事故扩大，减少事故损失。

应急处置是一个复杂的系统工程，作为岗位从业人员，在事故发生后第一时间开展自救互救、避险逃生，对于减少事故造成的人员伤亡具有十分重要的作用。岗位从业人员是企业安全生产应急管理的第一道防线，是生产安全事故应急处置的首要响应者。加强岗位从业人员的应急培训，特别是加强岗位应急知识教育和自救互救、避险逃生技能的培训，既是全面提高企业应急处置能力的要求，也是有效防止因应急知识缺乏导致事故扩大的迫切需要。

企业要提高认识，认真履行职责，以全面提升岗位从业人员应急能力为目标，制定培训计划、设置培训内容、严格培训考核、抓好培训落实。要牢牢坚守“发展决不能以牺牲人的生命为代价”这条红线，牢固树立培训不到位是重大安全隐患的理念，全面落实应急培训主体责任。必须按照国家有关规定对所有岗位从业人员进行应急培训，确保其具备本岗位安全操作、自救互救以及应急处置所需的知识和技能，切实突出厂（矿）、车间（工段、区、队）、班组三级安全培训，不断提升岗位从业人员应急能力。

针对实践中安全生产教育和培训不落实、不规范甚至流于形式等问题，《安全生产法》第25条在修改中专门增加规定，要求企业应当建立安全生产教育培训档案，如实记录培训的时间、内容、参加人员以及考核结果等情况。企业要将应急知识培训作为岗位从业人员的必修课并进行考核，建立健全适应企业自身发展的应急培训与考核制度，确保应急培训和考核效果。将考核结果与员工绩效挂钩，实行企业与员工在应急培训考核上双向盖章、签字管理，严禁形式主义和弄虚作假，切实做到企业每发展一步，应急培训就跟进一课，考核就进行一次，始终保持应急培训和考核的规范化、制度化。

事故案例：2013年9月28日3时许，山西汾西正升煤业有限责任公司东翼回风大巷掘进工作面发生重大透水事故，造成10人死亡。由于企业对从业人员的应急培训教育不足，也未认真落实《煤矿防治水规定》，致使从业人员安全意识、应急知识淡薄，水害辨识、防治能力差。事发前支护工在打锚杆时钻孔已出现较大水流，且水发臭、发红，现场作业人员在出现透水征兆的情况下未引起足够重视，及时采取停止施工、撤出人员等有效的应急措施，而是在水流变小后启动综掘机继续掘进，最终导致事故发生。

(6)必须向从业人员告知作业岗位、场所危险因素和险情处置要点，高风险区域和重大危险源必须设立明显标识，并确保逃生通道畅通。

依据《安全生产法》第32条、第39条、第41条、第50条，《突发事件应对法》第24条有关要求做出规定。

企业的生产行为多种多样，作业场所和工作岗位存在危险因素也是多种多样的。对于从业人员来说，熟悉作业场所和工作岗位存在的危险因素、应采取的防范措施和事故应急措施是十分必要的。因此，企业有义务告知从业人员作业场所和工作岗位存在的危险因素、应当采取的防范措施和事故应急措施、险情处置要点等。这一方面有利于从业人员做到心中有数，提高应急处置意识和事故防范能力，减少事故发生，降低事故损失；另一方面也是从业人员知情权的体现。因此，本条规定了对作业场所和工作岗位存在的危险因素、应当采取的防范措施和事故应急措施，企业应当如实告知从业人员。如实告知是指按实际情况告知，不得隐瞒、保留，更不能欺骗从业人员。

在高风险区域和重大危险源场所或者有关设施、设备上设立明显的安全警示标识，可以提醒、警告作业人员或者其他有关人员时刻清醒认识所处环境的危险，提高注意力，加强自身安全保护，严格遵守操作规程，减少事故的发生。因此，企业在高风险区域和重大危险源设立明显标识，是企业的一项法定义务，也是企业应急管理的重要内容，必须高度重视，认真执行。国家制定了一系列关于安全警示标识的标准，如《安全标示》《安全标示使用导则》《安全色》《矿山安全标示图》和《工作场所职业病危害警示标识》等，原国家安监总局还建立了安全警示标志管理制度。这些标准和制度都是企业切实履行本条规定义务的重要依据。

关于逃生通道畅通，这是实践中血的教训总结出的结论。一些企业的生产经营场所建设不符合安全要求，不设紧急出口或出口不规范；有的虽然设了紧急出口，但没有疏散标志或标志不明显；有的疏散通道乱堆乱放，不能保证畅通，发生事故时从业人员无法紧急疏散。也有一些企业出于各种目的，锁闭、封堵生产经营场所或者员工宿舍的出口，致使发生事故时从业人员逃生无门，造成大量的人员伤亡。为了从制度上解决这一问题，避免类似悲剧再次发生，《安全生产法》第39条明确规定，“生产经营场所和员工宿舍应当设有符合紧急疏散需要、标志明显、保持畅通的出口。禁止锁闭、封堵生产经营场所或者员工宿舍的出口”。这就要求企业的生产经营场所和员工宿舍在建设时就要考虑好疏散通道、安全出口，出口应当有明显标志，即标志应在容易看到的地方，并保证标志清晰、规范、易于识别。出口应随时保持畅通，不得堆放有碍通行的物品。更不能以任何理由、任何方式，锁闭、封堵生产经营场所或者员工宿舍的出口。

事故案例：2013年6月3日6时10分许，吉林省长春市德惠市宝源丰禽业有限公司主厂房发生特别重大火灾爆炸事故，造成121人死亡、76人受伤，17234m^{2}主厂房及主厂房内生产设备被损毁。由于主厂房内逃生通道复杂，且南部主通道西侧安全出口和另一直通室外的安全出口被锁闭，火灾发生时主厂房内作业人员人员无法及时逃生，造成重大人员伤亡。

(7)必须落实从业人员在发现直接危及人身安全的紧急情况时停止作业，或在采取可能的应急措施后撤离作业场所的权利。

依据《安全生产法》第 52 条、第 55 条有关要求做出规定。

《安全生产法》明确规定，从业人员发现直接危及人身安全的紧急情况，如果继续作业很有可能会发生重大事故时（如矿井内瓦斯浓度严重超标），有权停止作业；或者事故马上就要发生，不撤离作业场所就会造成重大伤亡时，可以在采取可能的应急措施后撤离作业场所。《国务院关于进一步加强企业安全生产工作的通知》文件提出，赋予企业生产现场带班人员、班组长和调度人员在遇到险情的第一时间下达停产撤人命令的直接决策权和指挥权。由于企业活动具有不可完全预测的风险，从业人员在作业过程中有可能会突然遇到直接危及人身安全的紧急情况。此时，如果不停止作业或者撤离作业场所，就极有可能造成重大的人身伤亡。因此，必须赋予从业人员在紧急情况下可以停止作业以及撤离作业场所的权利，这是从业人员可以自行做出的一项保证生命安全的重要决定，企业必须无条件落实。

在企业生产经营活动中，从业人员如何判断“直接危及人身安全的紧急情况”，采取什么“可能的应急措施”，需要根据现场具体情况来判断。从业人员应正确判断险情危及人身安全的程度，行使这一权利既要积极，又要慎重。因此，应不断提升从业人员安全培训教育，特别是应急处置能力的培训教育，全面提升从业人员的基本素质，使从业人员掌握本岗位所需要的应急管理知识，提高第一时间应急处置技能，不断增强事故防范能力。

事故案例：2013 年 3 月 29 日 21 时 56 分，吉林省吉煤集团通化矿业集团公司八宝煤业公司发生特别重大瓦斯爆炸事故，造成 36 人死亡，12 人受伤。在事故现场连续 3 次发生瓦斯爆炸的情况下，部分工人已经逃离危险区（其中有 6 名密闭工升井，坚决拒绝再冒险作业），但现场指挥人员不仅没有采取措施撤人，而且强令其他工人返回危险区域继续作业，并从地面再次调人入井参加作业。在第 4 次瓦斯爆炸时，造成重大人员伤亡。

(8)必须在险情或事故发生后第一时间做好先期处置，及时采取隔离和疏散措施，并按规定立即如实向当地政府及有关部门报告。

依据《安全生产法》第 80 条，《突发事件应对法》第 56 条有关要求做出规定。

《国务院安委会关于进一步加强生产安全事故应急处置工作的通知》对应急处置过程的管理和控制提出了严格要求。企业负责人的重要责任之一就是组织本企业事故的抢险救援。企业负责人是最有条件开展第一时间处置的，在第一时间组织抢救，又熟悉本企业生产经营活动和事故的特点，其迅速组织救援，避免事故扩大，意义重大。在开展先期处置的过程中，企业要充分发挥现场管理人员和专业技术人员以及救援队伍指挥员的作用，根据需要及时划定警戒区域，及时采取隔离和疏散措施。同时，企业要立即报告驻地政府并及时通知周边群众撤离，对现场周边及有关区域实行交通管制，确保救援安全、顺利开展。

《安全生产法》《突发事件应对法》等法律中明确规定：事故发生后，事故现场有关人员应当立即报告本单位负责人，企业负责人要按照国家有关规定立即向当地负有安全生产监管职责的部门如实报告。这里的“规定”是指《特种设备安全法》和《生产安全事故报告和调查处理条例》以及其他相关的法律、行政法规。这些法律、行政法规对单位负责人报告事故的时限、程序、内容等做了明确规定。按照要求，单位负责人应当在接到事故报告后1小时内向事故发生地县级以上人民政府安全生产监督管理部门和负有安全生产监督管理职责的有关部门报告。事故报告的内容包括事故企业概况或者可能造成的伤亡人数，已经采取的措施以及其他应当报告的情况。企业负责人应当将这些情况全面、如实上报，不得隐瞒不报、谎报或者迟报，以免影响及时组织更有力的应急救援工作。

事故案例：2013年11月22日10时25分，中国石油化工股份有限公司管道储运分公司东黄输油管道泄漏原油进入青岛市经济技术开发区市政排水暗渠，在形成密闭空间的暗渠内发生爆炸，造成62人死亡、136人受伤。2时12分泄漏发生后，青岛站、潍坊输油处、中石化管道分公司对事故风险评估出现严重错误，没有及时下达启动应急预案的指令；未按要求及时全面报告泄漏量、泄漏油品等信息，存在漏报问题；现场处置人员没有对泄漏区域实施有效警戒和围挡。在管道堵漏作业严重违规违章的情况下，致使爆炸发生。

(9)必须每年对应急投入、应急准备、应急处置与救援等工作进行总结评估。

依据《安全生产法》第20条，《突发事件应对法》第22条有关要求做出规定。

落实应急处置总结评估制度，是贯彻落实《国务院安委会关于进一步加强生产安全事故应急处置工作的通知》的一个重要体现，《通知》要求建立健全事故应急处置总结和评估制度，并对总结报告的主要内容做了明确规定，要求在事故调查报告中对应急处置做出评估结论。

《国家突发公共事件总体应急预案》中，对应急保障工作提出了明确要求，其中关于财力及物资保障方面的要求对企业开展应急投入和应急准备具有指导作用。企业作为安全生产应急管理工作的主体，必须强化并落实《安全生产法》《突发事件应对法》中关于安全投入、应急准备和应急处置与救援的各方面要求。企业应当确保应急管理所需的资金、技术、装备、人员等方面投入，应急投入必须满足日常应急管理工作需要，且必须保障紧急情况下特别是事故处置和救援过程中的应急投入，确保投入到位。企业要针对安全生产和应急管理的季节性特点，进一步强化防范自然灾害引发的生产安全事故，加强汛期等重点时段的应急准备，强化应急值守、加强巡视检查、做好物资储备、做到有备无患。在事故应急救援和处置结束后，要及时总结事故应急救援和处置情况，按照原国家安监总局办公厅印发的《生产安全事故应急处置评估暂行办法》的要求，详细总结相关情况，并按照要求向地方政府负有安全生产和应急管理职责的部门进行报告。

以上工作内容，企业需按年度进行总结评估，并通过总结评估不断改进、提升企业的应急管理工作水平。

事故案例：2014年3月1日14时45分许，晋济高速公路山西晋城段岩后隧道发生道路交通危险化学品爆燃特别重大事故，造成40人死亡、12人受伤和42辆车烧毁。经事故调查组对应急处置和应急救援调查评估，提出了进一步加强公路隧道和危险货物运输应急管理的意见：一是抓紧完善危险货物道路运输事故应急预案和各类公路隧道事故应急处置方案；二是统一和规范地方政府危险货物事故接处警平台，强化应急响应和处置工作；三是当地政府及其有关部门、单位和涉事人员在事故发生第一时间要及时、安全、有力、有序、有效进行应急处置，准确上报和发布事故信息；四是要针对危险货物运输事故尤其是隧道事故特点，建立专兼职应急救援队伍，配备专门装备和物资，加强技战术训练和应急演练；五是加强事故应急意识和自救互救技能教育培训，不断提高全民事故防范意识和逃生避险、自救互救技能。

《九条规定》是企业安全生产应急管理工作的基本要求和底线。地方各级安全生产应急管理部门和各类企业要以贯彻执行《九条规定》为契机，落实责任，突出重点，推动企业安全生产应急管理工作再上新台阶，严防事故特别是较大以上事故发生，促进全国安全生产形势持续稳定好转。

2018 年 7 月，由原国家安全生产总局组织起草的《安全生产应急条例》报国务院审查。

参考文献

[1] 中质协质量保证中心.OSHMS职业安全健康管理体系建立与实施[M].北京:中国标准出版社.

[2] 中质协质量保证中心.ISO 9001/ISO 14001/OHSAS 18001 整合型管理体系建立与实施[M].北京:中国标准出版社,2002.

[3] 李在卿.GB/T 28001—2001 职业健康安全管理体系内审员培训教程[M].北京:中国环境出版社,2005.

[4] 李在卿.OHSAS 18001 十大行业危险源的辨识与风险评价[M].北京:中国标准出版社,2006.

[5] 李在卿.职业健康安全管理体系国家注册审核员考试培训教程[M].北京:中国质检出版社,2012.

[6] 李在卿.管理体系审核指南[M].北京:中国质检出版社,2014.

[7] 罗伯特·卡普兰,戴维·诺顿.战略中心型组织:平衡计分卡的制胜方略[M].北京:中国人民大学出版社,2008.

[8] 方红星等译.企业风险管理　整合框架[M].辽宁:东北财经大学出版社,2017.

[9] 李在卿.准确理解 ISO 45001 标准　做好职业健康安全管理体系转化[J].中国认证认可,2015(5).

[10] 陈全.ISO 45001:2018 标准的产生及制定过程[J].质量与认证,2018(7).

[11] 王顺祺.ISO 45001:2018 与 OHSAS 18001 相比的主要变化[J].质量与认证,2018(7).

[12] 徐京龙,李东鑫.解读 ISO 45001 标准中 5.4 条款"工作人员的协商和参与"[J].质量与认证,2018(7).

[13] 李在卿.如何准确理解和应用 ISO 45001 标准中的"采购"要求[J].质量与认证,2018,7.

[14] IFC 环境与社会管理体系工具箱.国际金融公司/世界银行集团,2015.

[15] IFC 环境与社会管理体系实施手册.国际金融公司/世界银行集团,2015.

[16] IFC 环境、健康与安全通用指南.国际金融公司/世界银行集团,2015.